XINXING DIANHUAXUE NENGYUAN CAILIAO

# 新型电化学能源材料

曾蓉 张爽 邹淑芬 吴玲 编著

化学工业出版社

·北京·

本书根据当前电化学能源材料领域的最新研究进展，并结合国家能源发展战略，在阐述电化学能源与电化学的相关基础理论知识基础上，着重介绍了有重要意义且发展前景看好的电化学储能器件及应用于其中的新材料，包括：新型二次电池中的锂离子电池、锂硫电池、其它碱金属离子电池、铝离子电池、锌离子电池；新型超级电容器；燃料电池中的质子交换膜燃料电池、固体氧化物燃料电池；金属-空气电池。

本书深入浅出，可作为大学应用化学、能源化学、新能源材料与器件等专业的教材，也可作为化学、化工、材料、能源等领域相关专业的教学参考书；同时也是新能源、锂离子电池、燃料电池、电动汽车、规模储能等领域研究与应用人员的基础参考书。

**图书在版编目（CIP）数据**

新型电化学能源材料 / 曾蓉等编著. —北京：化学工业出版社，2019.12（2022. 9 重印）

ISBN 978-7-122-35523-2

Ⅰ. ①新… Ⅱ. ①曾… Ⅲ. ①电化学-能源-材料 Ⅳ. ①TK01

中国版本图书馆 CIP 数据核字（2019）第 248316 号

---

责任编辑：傅聪智　　装帧设计：刘丽华

责任校对：张雨彤

---

出版发行：化学工业出版社（北京市东城区青年湖南街 13 号　邮政编码 100011）

印　　装：北京科印技术咨询服务有限公司数码印刷分部

710mm×1000mm　1/16　印张 11¾　字数 215 千字　2022 年 9 月北京第 1 版第 3 次印刷

---

购书咨询：010-64518888　　售后服务：010-64518899

网　　址：http: // www. cip. com. cn

凡购买本书，如有缺损质量问题，本社销售中心负责调换。

---

定　　价：49.00 元

# 前言

材料和能源是现代文明的两大支柱。材料是人类社会进步的重要里程碑，它是一切物质生产和日常生活不可缺少的要素。随着人类社会工农业生产的快速发展，与人类休戚相关的石油、天然气和煤等传统能源的资源日益减少，同时这些传统能源消耗带来的环境污染日益严重，威胁着人类赖以生存的环境。为了实现可持续发展，同时保护人类赖以生存的自然环境与自然资源，发展新能源及新能源材料是人类必须解决的重大课题。为了平衡发展、资源、环境三者的关系，科学家提出了资源与能源最充分利用技术和环境最小负担技术。发展新能源和新能源材料是这两大技术的重要组成部分。我国历年来都较为重视新能源与新能源材料的研究，在“十三五”规划中明确指出新能源材料是高新技术研究和产业化的重点之一。

减少污染物排放、优化能源结构、实现人类社会的可持续发展是新能源发展的最终目标。在新能源的发展过程中，新能源材料可以起到引导和支撑作用。为了适应我国经济发展战略、提高人才市场竞争力以及新能源及新能源材料产业发展的需求，同时也为了培养专业面宽、知识面广和工程能力强的应用型能源方面的人才，我们编写了《新型电化学能源材料》这本书。作为能源与材料科学方面的人才，了解与掌握电化学能源领域的新材料重要组成及发展前景，是社会与市场的需要，同时也是材料发展的需要。

本书根据当前电化学能源材料领域最新研究进展，并结合国家能源发展战略，全面系统地归纳总结了新型电化学能源材料。本书先阐述了电化学能源与电化学的相关基础理论知识，再着重介绍了有重要意义且发展前景看好的电化学储能器件及应用于其中的新材料，包括：新型二次电池中的锂离子电池、锂硫电池、其它碱金属离子电池、铝离子电池、锌离子电池；新型超级电容器；燃料电池中的质子交换膜燃料电池、固体氧化物燃料电池；金属-空气电池。

在本书编写过程中，参考了大量的文献资料，本书的出版还得到了东华理工大学化学江西省一流学科和材料科学与工程江西省一流专业给予的经费支持，在此一并表示感谢。另外，本书涉及的知识面较广，限于编者学识水平，不妥之处敬请批评指正。

编者

2019年8月

# 目录

## 第1章 绪论 / 001



## 第2章 新型二次电池/ 010

# 第1章
# 绪论

## 1.1 能源

能源是指能够通过直接或间接的方式获取某种能量的资源。能源是人类赖以生存和发展的重要物质基础。人类文明的发展与能源结构的更新迭代密切相关。现代化社会生活的各个方面都需要能源提供的动力支持。能源也是一个国家经济发展的战略性物质基础。能源工业的发展是国家前进的动力。此外，能源问题还事关国家安全问题，能源市场的稳定是国家安全的保障。目前，能源领域最重要的石油资源，仍对全球的经济和国家安全影响重大，石油市场的稳定是国家安全的保证。

### 1.1.1 能源利用与环境问题

自然界中存在的能源主要分为两大类：常规化石能源（包括煤炭、石油、天然气等）和可再生能源（例如太阳能、核能、生物质能、风能、地热能和氢能等）[1]。几百年来全球经济的发展主要依靠的是化石能源。据统计，2015 年世界能源消费中，石油占比 33%、煤炭占比 29%、天然气占比 24%。这三大化石能源消费占比高达 86%（图 1-1）[2]。图 1-2 给出的是我国从 1965 到 2015 年的能源消费数据图[3]。从图中可以看出，随着时间的推移，我国的能源结构发生了明显的变化，消费的化石能源比例开始下降，而核能和可再生能源的比例则在增加。1965 年，我国消耗大量的煤炭资源（占比大于 80%），到 2015 年煤炭资源的消耗明显下降。但是，我国的能源消费结构中化石能源仍占主导地位。而化石能源是不可再生资源，人类的大量使用和不断开采使得该类资源有枯竭的风险。虽然全球的化石能源储量丰富，但是由于人类的大量消耗，人类仍将面临严重的能源危机。有研究者通过模型计算发现，煤炭资源有可能只能维持到 2112 年[4]，天然气和石油也有可能会在未来几十年之后枯竭。

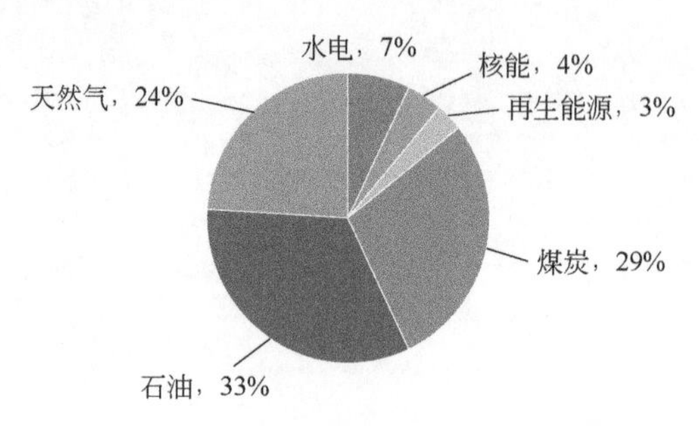


图 1-1　2015 年世界能源消费结构图[2]

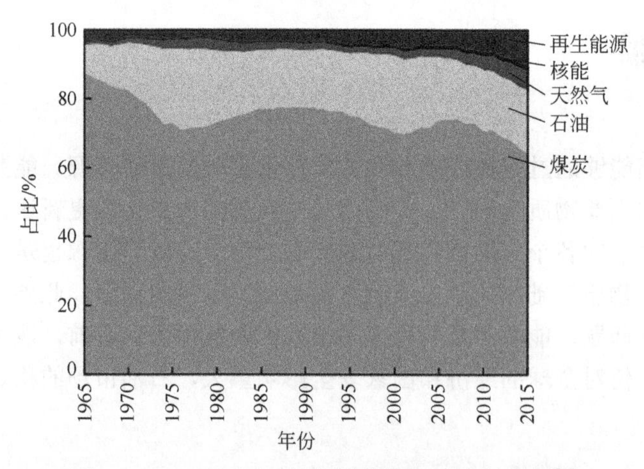


图 1-2　1965—2015 年中国的能源消费数据图[3]

此外，化石能源的大规模使用带来了严重的环境污染和气候变化问题。化石能源在使用过程中有可能会产生大量的温室气体，进而引发温室效应，加剧全球气候变暖。其中，煤的不完全燃烧会排出大量的污染物，如 $SO_2$、$CO_2$、$NO_x$ 和粉尘等，还有可能引发酸雨，破坏生态环境。大气中 $CO_2$ 含量的增加还使得海洋酸化问题日益严重。化石能源利用过程中产生的污染物是大气污染的主要原因之一。近年来，严重的大气污染影响了人类的健康并引发了很多社会问题。由于日益发达的全球工业对化石能源的消耗总量还在持续增加，使得大气中对人体有害的细颗粒物（空气动力学直径小于 2.5 μm 的颗粒物，$PM_{2.5}$）浓度明显增加，这给人类健康带来了很大的负面影响。$PM_{2.5}$成为了监测空气污染程度的重要指标。一方面，化石能源的使用促进了人类的文明和经济发展，另一方面，化石能源也带来了一系列的环境问题，如全球变暖、冰山融化、极端气候、海洋酸化和大气污染等。因此，如何解决和应对化石能源枯竭而引发的能源危机以及由化石能源利用带来的环境气候问题，是当前人类面对的一大挑战。

### 1.1.2 能源发展趋势

为了解决和应对能源危机和环境问题，开发和利用可再生能源是解决问题的重要途径。可再生能源具有环保、资源潜力大、可持续利用等特点，将成为人类可持续发展的重要能源。可再生能源主要有：太阳能、氢能、核能、生物质能、水能、风能、地热能、潮汐能等。

可再生能源各有其特点和优势。太阳能是一种储量丰富、用之不竭的可再生能源。目前，太阳能的开发主要通过太阳能光伏和光热的形式进行收集和利用。氢能是近年来备受关注的一种清洁能源。大力发展氢能产业也是我们国家的重要能源战略之一。而且氢能在燃料电池和燃料汽车等领域的工艺技术日趋成熟。核能是一种储量丰富的清洁能源。利用核能进行发电的核电是一种高效、安全、清洁的大规模发电方式。生物质能是指取材于生物本身的一种可再生能源，其直接或间接来源于植物的光合作用。生物质能的原材料有：生活垃圾中的有机物、各类植物、动物排泄物等。这些原材料可以通过物理、化学和生物等形式转换成燃料。生物质能的开发技术主要包括生物质发电、生物燃气、生物基液体燃料等。水和风能的主要用途是发电。水电站和风力发电站提供的大量能源为我国的经济发展做出了巨大贡献。地热能主要指的是地下蒸汽和地热水提供的能量。地热能可以用来发电和供暖等。潮汐能是利用海水的周期性涨落形成的势能，是一种海洋能。潮汐能也可以用来发电。

这些可再生能源具有的共同点是：能源密度低、分散性和随机性。因此开发和利用可再生能源有诸多限制，在技术上也存在一定的难度。但是这些丰富的可再生能源同时属于清洁能源，对它们的开发利用对环境污染程度小，同时可以应对能源危机问题。因此，大力发展可再生能源，并用可再生能源替代化石能源是未来的发展趋势。

### 1.1.3 能源与电化学

可再生新能源的开发和利用对社会经济发展和人类文明进步有重要的意义。新能源开发利用的难点在于收集、存储和转换。因此开发利用新技术和新材料对实现新能源的高效储存和转换关系重大。对于新能源发电领域，储能设备是制约能量转化的关键因素。电化学能源储存与转换技术是解决该难题的一种有效措施。

电化学能源是能源与电化学的交叉领域。电化学能源储存与转换技术是在电化学储能与转换理论基础上发展起来的新能源技术。该技术主要包括电池、超级电容器、燃料电池、金属-空气电池和电催化等。而该技术的发展与电化学能源材料密切相关。因此发展新型电化学能源材料也是近年来的研究热点之一。

电化学能源研究所涉及的化学电源是通过化学反应将化学能转化为电能的装置。化学电源可以分为一次电池、二次电池、储备电池和燃料电池。一次电池(原电池)是一次性地将化学能转变为电能并输出的电化学装置,不能反复充放电。常见的一次电池有：锌锰干电池、汞电池、氯化银电池、碱锰干电池等。二次电池（蓄电池）是可以通过反复充放电过程将化学能转换为电能并输出的电化学装置。二次电池包括：铅酸蓄电池、镍镉蓄电池、镍氢电池、锂离子电池等。相比于一次电池而言，二次电池可反复使用，提高了资源利用率，更节能环保。储备电池（激活电池）是需要激活的电池，通常该类电池的正、负极在贮存期不直接接触，在使用前通过临时注入电解液或其它方式来激活的电池。燃料电池是一种以电化学方法将燃料的化学能转换为电能的发电装置，又被称为连续电池。随着科技的进步以及社会经济的发展，对化学电源提出了更高的要求。发展体积小、质量轻、循环寿命长、对环境污染小的新型先进化学电池更符合新时代的要求。

### 1.1.4 化学电源的发展简史

1799 年，物理学家伏打（Volta）发明了世界上的第一个化学电源——铜锌原电池。他把很多个原电池串联起来构成了电池组，该电池组被称为伏打电堆（伏打电池）。第一次尝试用电分解水发生在 1800 年，当时尼克松（Nichoson）和卡利苏（Carlisle）尝试利用伏打电堆来电解水溶液。他们在实验过程中观察到两个电极上有气体析出。电化学研究就此拉开序幕。1836 年，丹尼尔在伏打电堆的基础上发明了世界上第一个实用电池，该类电池被称为丹尼尔电池，其电池结构如图 1-3 所示。在干电池发明之前，伏打电堆和丹尼尔电池等电池的电解液都为液体，容易漏液，不方便输运，因此没有得到广泛应用。

1859 年普兰特（Plante）发明了第一个可充电的铅酸蓄电池。1887 年，赫勒森（Wilhelm Hellesen）发明了不会漏液的干电池，使得电池方便携带使用。干电池的出现使得化学电池在人们的生活中得到广泛应用。1890 年，爱迪生发明了可充电的铁镍电池。1910 年，可充电的铁镍电池开始商业化生产，二次电池开始走进人们的视野。1976 年 Exxon 公司的 M. Stanley Whittingham 发明了锂离子电池的雏形。他开发的锂离子电池是以 $TiS_2$ 为正极，Li-Al 合金为负极的嵌入式反应

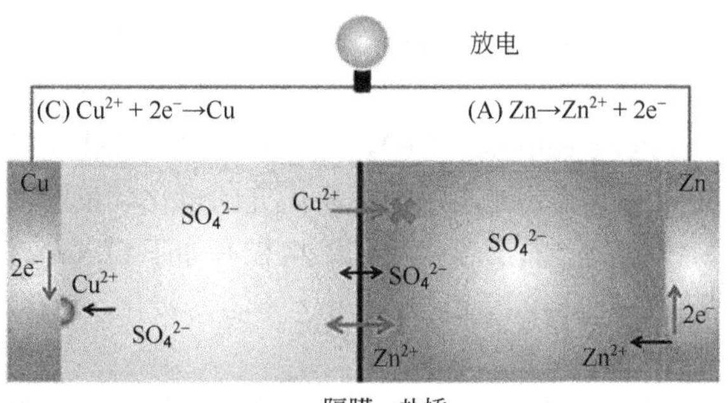


图 1-3 经典的丹尼尔电池示意图[5]

的二次电池。后来的研究者在他研究的基础上改良和开发了锂离子电池。1980 年 John B. Goodenough 课题组制备了钴酸锂（$LiCoO_2$）正极材料。1985 年，Akira Yoshino 在 Goodenough 研究的基础上，开发了以石油焦炭材料为负极的锂离子电池，创造了第一个商业上可行的锂离子电池模型。1990 年，Sony 公司在这些技术的基础上推出了商品化的锂离子电池。锂离子电池发展至今，已成为世界上应用最广泛的化学电池之一。John B. Goodenough、M. Stanley Whittingham 和 Akira Yoshino 三人也因为对锂离子电池的发展所做出的杰出贡献，被授予了 2019 年的诺贝尔化学奖。除了锂离子电池之外，还有很多新型化学电源被开发出来，如锂硫电池、燃料电池、金属-空气电池以及各种金属离子电池等。

## 1.2 电化学测量体系

化学电源中的一个重要研究对象是其中的电化学反应。研究电化学反应，可以从电化学体系入手。电化学体系通常含有电极和电解质溶液，可以分为二电极体系和三电极体系。电极是指与电解质溶液或电解质直接接触的导体或半导体，是电极反应发生的场所。三电极体系中的三个电极分别为工作电极、参比电极和辅助电极。二电极体系中参比电极和辅助电极合二为一。与二电极相比，利用三电极体系的测试结果相对准确，因此使用较多的是三电极体系。

工作电极（Working electrode，WE），又称研究电极，所研究的电化学反应在该电极上发生。工作电极可以是固体也可以是液体。采用固体电极时，为了保证实验的重现性，必须注意建立合适的电极预处理步骤。对工作电极的要求有：①所研究的电化学反应不因该电极发生的反应而受到影响，能在较大的电势区域中测定；②该电极不与溶剂、电解质发生反应；③电极面积适中，表面均一，表面容易净化。常用固体工作电极有玻璃碳电极和铂电极等。液体工作电极中常用汞或汞齐电极。

辅助电极（Counter electrode，CE），又称对电极，其作用是与工作电极组成回路，使工作电极上的电流畅通，以保证所研究的电化学反应在工作电极上发生并且不显著影响工作电极上的反应。对辅助电极有如下要求：有较大的表面积，使极化作用主要作用于工作电极上；电阻小，不容易极化，对形状、位置有要求。常见的辅助电极有铂（Pt）、银（Ag）等。

参比电极（Reference electrode，RE），是指一个已知电势的接近于理想的不极化的电极。参比电极的作用是用来测定工作电极的电极电势。对参比电极的要求有：良好的电势稳定性和重现性；可逆性好，交换电流密度高；流过微小的电流时，电极电势能迅速恢复原状等。水参比体系常用的电极有饱和甘汞电极（SCE）、Ag/AgCl 电极、标准氢电极（SHE）、氧化汞电极等。非水参比体系常用的电极有 $Ag/Ag^+$（乙腈）电极。在使用参比电极时，为了防止溶液间的相互作用，常使用同种离子溶液的参比电极。例如，在 NaCl 溶液中采用甘汞电极，在 $H_2SO_4$ 溶液体系中采用硫酸亚汞电极等。

三电极体系在电化学能源的研究中应用广泛。例如，有研究者以金电极为工作电极、铂为辅助电极、Ag/AgCl 为参比电极组成了三电极测试系统，如图 1-4 所示[6]。

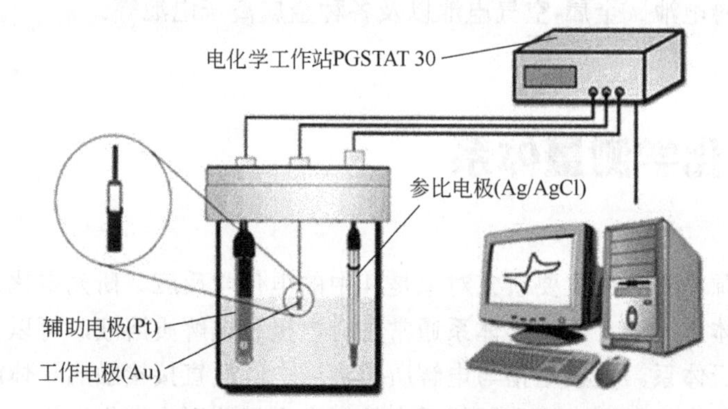


图 1-4　三电极电化学电池测试体系示意图[6]

# 1.3　电化学性能测试方法

随着计算机科学技术的发展，现代电化学测试系统已经完全实现了计算机化。现代的电化学测试装置一般包括恒电势仪及能控制其工作的计算机和相关的测试软件。测试者只需准备好所研究的电极体系，通过计算机输入实验参数，计算机上的软件可以自动完成数据的采集，并根据需要画出结果曲线。化学电源性能的好坏可以通过电化学性能测试得到的相关参数来评价。常见的性能测试方法有：电化学交流阻抗谱、线性扫描伏安、循环伏安以及恒流充放电测试。

## 1.3.1 电化学交流阻抗谱

电化学交流阻抗谱（Electrochemical impedance spectroscopy, EIS），又称交流阻抗谱（AC Impedance）。电化学交流阻抗分析测试方法是通过在被测体系施加一个小振幅的正弦波电流（或正弦波电势）扰动信号，并根据响应信号（输出的正弦波电流）与相应的扰动信号之间的关系，研究电化学动力学过程的一种方法。根据正弦电势和正弦电流的数值可以计算得到被测体系的电化学阻抗值。通过测试不同频率下的电化学阻抗值，可以得到被测体系的电化学阻抗谱。通常电化学交流阻抗谱是通过电化学工作站来测得，测试时需要设定的参数有频率范围（例如 0.01～100000 Hz）和交流信号振幅（例如 2 mV）。

电化学交流阻抗谱可以用来分析电化学反应机理和步骤。以锂离子电池为例，锂离子在电极活性物质中的嵌入和脱出过程是一种特殊的电化学反应。电化学阻抗谱能够根据电化学嵌入反应每一步弛豫时间常数的不同，表征电化学的嵌入反应。例如，Cui 等人利用电化学交流阻抗谱研究了硅纳米线作为锂离子电池负极时的电化学动力学[7]；Zhang 等人利用阻抗数据分析了锂/石墨电池表面形成固体电解质界面（Solid electrolyte interphase，SEI）层的过程[8]。图 1-5 给出的是锂/石墨电池的 EIS 图和等效电路。作者研究发现 SEI 层的形成分两个电压区域，不同电压下形成的 SEI 膜的电阻值不同。

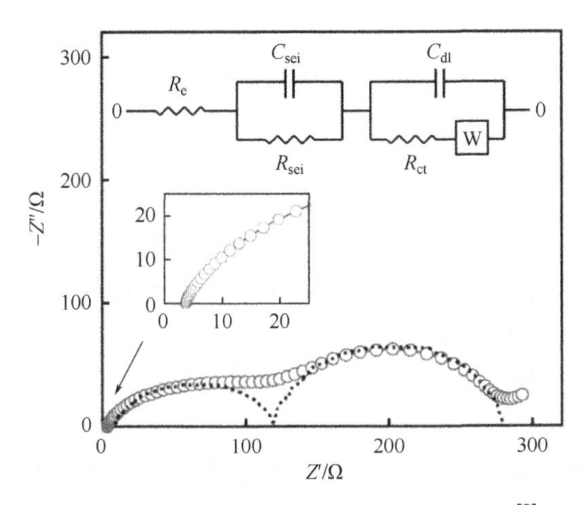


图 1-5 锂/石墨电池的 EIS 图和等效电路[8]

在电池体系中，电化学交流阻抗谱还可以用来测试材料的离子电导率。离子电导率的计算公式为：

$$\sigma = \frac{D}{R_b \times S} \tag{1-1}$$

其中，$\sigma$ 为电导率，$D$ 为材料厚度，$S$ 为面积，$R_b$ 为材料的本体电阻。

## 1.3.2 线性扫描伏安法

线性扫描伏安法（Liner sweep voltammetry，LSV）是在被研究的测试体系上施加恒定速率的电极电势，同时测量并记录工作电极上的响应电流信号。记录的电流随电势的变化曲线被称为线性伏安曲线。通常设定扫描速率和电压范围，就可以测得线性扫描伏安曲线，并由此获得电化学稳定窗口值。例如，Zhang 等人利用 LSV 扫描方法获得了锂离子固态电解质的电化学稳定窗口信息[9]。从图 1-6 的 LSV 曲线中可以看出该固态电解质的电压窗口可以稳定到 4.8 V。

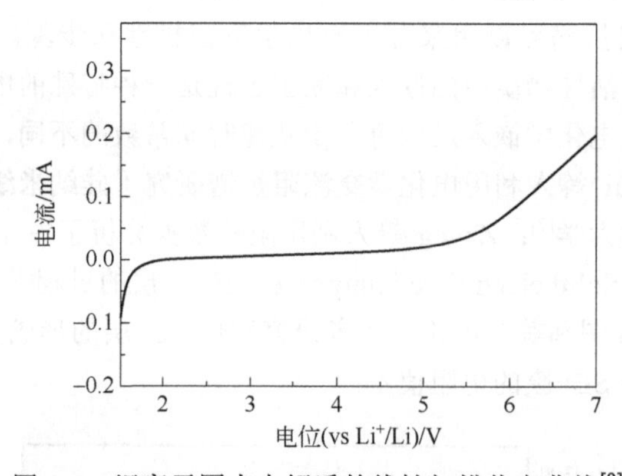


图 1-6 锂离子固态电解质的线性扫描伏安曲线[9]

## 1.3.3 循环伏安法

循环伏安法（Cyclic voltammetry，CV）也是一种常用的电化学研究方法。该方法的原理与线性扫描伏安法相同，只是比线性扫描伏安法多了一个回扫，所以称为循环伏安法。循环伏安法测试时，以一个不发生电极反应的电位为起始电位，控制电极电势按指定的方向和速率随时间线性变化扫描至某一终止电位，然后再以相同的速率反向扫描至初始电位，可以进行一次或多次反复扫描[10]。

在电池研究中，通常在工作电极上施加等腰三角形的脉冲电压，记录得到的电流电压曲线即为循环伏安曲线。其包括两个部分，分别代表氧化波和还原波。

循环伏安法有两个重要的实验参数，一是峰电流之比，二是峰电位之差。利用循环伏安法可以得到氧化还原电位、电化学活性、电化学反应的可逆性和反应机理等信息。通过循环伏安曲线中的氧化、还原峰位置可以推测电极充放电过程中的平台电位和电极极化情况。对于可逆电极反应，阴极峰电流与阳极峰电流之比的绝对值约等于 1。利用电化学工作站测试循环伏安曲线时，需要设定的参数有：初始电位、终止电位、扫描速度。选择合适的扫描速度对测试结果的准确度影响很大。

### 1.3.4 恒流充放电测试

恒流充放电测试（Discharge/charge measurements）是检测电池电化学性能最直接、最重要的一种方法。恒流充放电是通过预先设定好的充放电步骤，在电池工作区间内给电池恒定的电流进行充电和放电。通过该测试可以得到电池的充放电曲线，并得到电池的放电平台、内阻、比容量、能量、库伦效率、循环性能、倍率性能以及安全性能等信息。恒流充放电测试一般通过电池测试系统（常用的蓝电测试系统）来进行测试，测试需要测定的参数主要包括充放电电压范围和电流密度。

在一定的电压窗口和电流密度下，对组装好的电池进行恒流充放电测试，可以获得电池性能的相关信息。从得到的充放电曲线中可以获得电池的放电比容量。放电比容量的高低是评价电池性能好坏最直接的一个参数。在不同电流密度下进行充放电测试，则可以获得电池的倍率性能。通过在固定电流密度下进行的反复充放电过程，可以获得电池体系的循环性能。

此外，恒流充放电的测试结果还受环境的影响。其中，环境温度对电池的充放电性能影响最大。这是因为在电极/电解液界面上的电化学反应与环境温度有关。因此保持恒定的环境温度是获得稳定的电池充放电测试数据的保证。

## 参考文献

[1] 陆天虹，等. 能源电化学. 北京：化学工业出版社，2014.
[2] Musa S D, Tang Z, Ibrahim A O, et al. Renewable and Sustainable Energy Reviews, 2018, 81: 2281-2290.
[3] Dong K Y, Sun R J, Li H, et al. Petroleum Science, 2017, 14: 214-227.
[4] Shafiee S, Topal E. Energy Policy, 2009, 37: 181-189.
[5] Yagi S, Ichitsubo T, Shirai Y, et al. Journal of Materials Chemistry A, 2014, 2: 1144-1149.
[6] Olad A, Gharekhani H. Progress in Organic Coatings, 2015, 81: 19-26.
[7] Ruffo R, Hong S S, Chan C K, et al. The Journal of Physical Chemistry C, 2009, 113: 11390-11398.
[8] Zhang S S, Xu K, Jow T R. Electrochimica Acta, 2006, 51: 1636-1640.
[9] Zhang M, Yu S R, Mai Y Y, et al. Chemical Communications, 2019, 55: 6715-6718.
[10] 杨勇. 固态电化学. 北京：化学工业出版社，2016.

第2章

# 新型二次电池

随着人类的生活逐渐步入智能新时代，对微小型移动智能设备（手机、平板电脑、可穿戴设备等）、大型动力汽车等的需求增加，因此也对能源储存系统提出了更高的要求。电池是储存能源的一种方式。其中，二次电池（即可充电电池）是一种高效、可循环使用的能量转换与储存方式，具有能量密度高、便携性好、寿命长等优点[1,2]。它为解决能源短缺和环境问题提供了重要途径，被用作便携式电子设备的主要电源，是世界主要发达国家优先发展的领域。开发高比能量密度、高功率密度以及长循环寿命的新型二次电池是国际前沿的热点研究领域。如何研发具有优异电化学性能的新型二次电池，同时解决电池的安全性、成本、资源再生以及环境等一系列问题，这对化学、能源、材料等相关学科提出了新的挑战。

## 2.1 锂离子电池

### 2.1.1 概述

锂离子电池（Lithium ion battery，LIB）是商业化应用最广泛的二次电池，具有输出电压高、使用寿命长、安全性能好等特点[2]。1980 年，Goodenough 等人发明了以钴酸锂为正极材料的锂离子电池[3]。Agarwal 和 Selman 发现锂离子具有嵌入石墨的特性，且该过程可逆。利用锂离子嵌入石墨的特性，索尼公司制备了首个商用锂离子电池。随着信息技术、智能设备和电动汽车的迅猛发展，对高效能电源的需求急剧增长，锂离子电池的研究和商业化进入了快速发展阶段。目前，锂离子电池技术已发展成为相对成熟的二次电池体系。未来高能量密度、高循环寿命、高效率锂离子电池的发展还需依靠技术的革新以及新材料的研究和发现。

锂离子电池主要由四个元件构成：正极、隔膜、电解液和负极，其基本结构如图 2-1 所示。正、负电极主要由集流体和表面活性物质构成，是电池的核心组件。锂离子电池的正极材料主要有：层状结构的钴酸锂（$LiCoO_2$）、尖晶石结构的锰酸锂（$LiMn_2O_4$）、橄榄石结构的磷酸铁锂（$LiFePO_4$）、层状结构的镍酸锂（$LiNiO_2$）以及新型的三元复合正极材料（如镍钴锰酸锂）等[4,5]。一般使用铝箔作为正极材料的导电集流体。隔膜的主要作用是隔离正、负电极片，以防止正、负极直接接触而发生短路，同时还能让锂离子自由通过[6]。目前使用较多的是商业化的多孔聚烯烃隔膜，如聚乙烯（PE）和聚丙烯（PP）的单层或多层复合隔膜。电解液通常由锂盐和溶剂组成[7]。锂离子电池常用的锂盐有：六氟磷酸锂（$LiPF_6$）、高氯酸锂（$LiClO_4$）、四氟硼酸锂（$LiBF_4$）、六氟砷酸锂（$LiAsF_6$）等。常用的有机溶剂有：碳酸乙烯酯（EC）、碳酸丙烯酯（PC）和碳酸二乙酯（DEC）等。锂离子电池负极材料主要有碳材料（石墨、无定形碳等）和非碳材料两大类。一般使用铜箔作为负极材料的导电集流体。

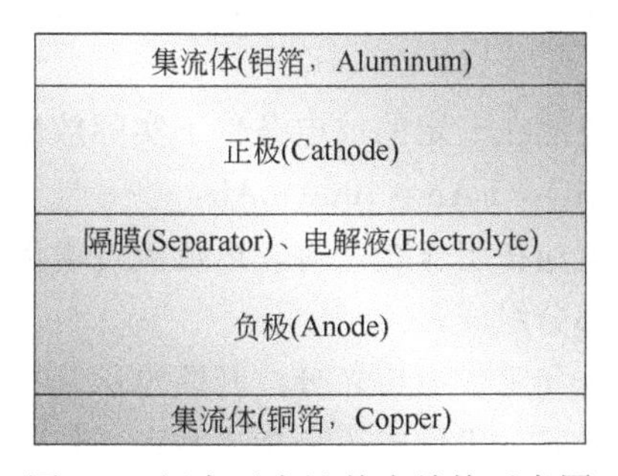


图 2-1　锂离子电池基本结构示意图

锂离子电池的基本工作原理为锂离子的脱嵌反应，如图 2-2 所示（正极活性物质以 $LiCoO_2$ 为例)[8]。充电时，锂离子（$Li^+$）从正极活性物质中脱出，在外加电源的驱动下，经过电解液的传输向负极移动，并嵌入负极材料。同时，电子由正极迁移到负极形成电流。放电时，锂离子从负极材料脱出，经过电解液的传输向正极移动，同时电子通过外电路由负极迁移到正极。锂离子电池经由上述反应得以实现循环充放电。在锂离子电池的充放电过程中，由于锂离子的运动轨迹是正极—负极—正极，因此有人把电池的两端比喻为摇椅，而锂离子在摇椅的两端来回运动，所以锂离子电池又被称为摇椅式电池。以 $LiCoO_2$ 为正极材料、石墨（C）为负极材料组装的锂离子电池，其中发生的电极反应方程式见图 2-2。

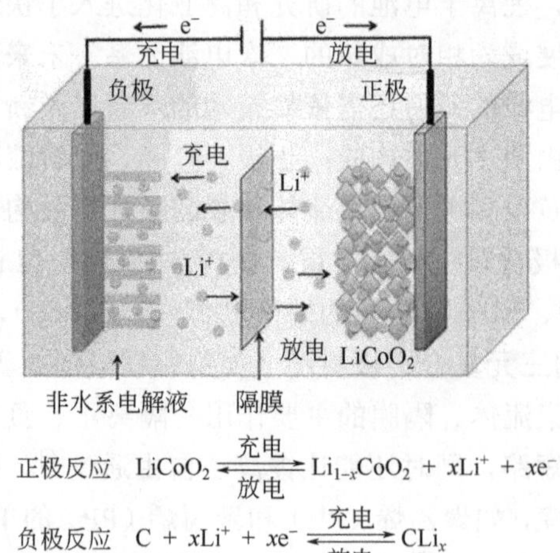


正极反应 $LiCoO_2 \underset{放电}{\overset{充电}{\rightleftharpoons}} Li_{1-x}CoO_2 + xLi^+ + xe^-$

负极反应 $C + xLi^+ + xe^- \underset{放电}{\overset{充电}{\rightleftharpoons}} CLi_x$

电池反应 $LiCoO_2 + C \underset{放电}{\overset{充电}{\rightleftharpoons}} Li_{1-x}CoO_2 + CLi_x$

图 2-2 锂离子电池工作原理示意图[8]

为了衡量和评价锂离子电池的电化学性能，以下几个参数可以参考：电池容量、电池内阻、电压、充电效率、放电效率和循环寿命等。这些参数的具体含义如下：

（1）电池容量是指电池在一定的放电条件下实际放出的电量。容量单位为毫安时（mAh）和安时（Ah），1 Ah = 1000 mAh。

（2）电池内阻是指电池在工作状态时，电流流过电池内部受到的阻力。它由欧姆内阻和极化内阻两部分组成。

（3）电压有开路电压和工作电压之分。开路电压是指电池在非工作状态时，电池正、负极之间的电势差。工作电压是指电池在工作状态时，电池正、负极之间的电势差。

（4）充电效率是指电池在充电过程中所消耗的电能转换为电池所储存的化学能程度的量度。

（5）放电效率是指电池在一定的放电条件下，放电至终点电压时，所放出的实际电量与额定容量之比。

（6）循环寿命是指电池容量下降到某一规定值时，电池在某一充放电条件下经历的充放电圈数。

锂离子电池的快速发展得益于其自身具有的明显优势：能量密度高、循环寿命长、工作温度范围较宽、自放电低和环境友好等。此外，锂离子电池也存在一些不足，比如由于锂资源匮乏导致成本高、生产工艺困难、存在安全隐患等。为此，研发新的电池材料和新工艺是解决现有问题和继续发展锂离子电池的有效途径。

## 2.1.2 三元正极材料

正极材料是锂离子电池的关键材料之一，在锂离子电池成本中占比最大。正极材料的性能对锂离子电池的最终性能有很大的影响。由于锂离子电池通常使用碳材料（如石墨材料）作为负极，而负极材料的容量比正极材料高很多，因此锂离子电池的发展在很大程度上受到正极材料的制约。开发高性能正极材料是提高锂离子电池性能的一个关键因素。常用的正极材料有 $LiCoO_2$ 和 $LiMn_2O_4$ 等。由于这些材料自身都存在一些缺点，从而阻碍了锂离子电池的发展。$LiCoO_2$ 成本高、有毒性。$LiMn_2O_4$ 虽然成本低也没有毒性，但是其高温性能差。三元材料是一种含有三种过渡金属元素的氧化物[5]，由于其具有高能量密度、高振实密度和高比容量的优势，开发高性能锂离子电池三元正极材料成为了近年来的一个研究热点。常见的三元正极材料分为两大类：镍钴锰酸锂（NCM）和镍钴铝酸锂（NCA）。文献报道的三元材料的合成方法主要有：高温固相法、共沉淀法、水热与溶剂热合成法、溶胶-凝胶法、微波合成法以及喷雾干燥法等。

对于锂离子电池而言，理想的正极材料需要具备的特征如下[9]：①锂离子脱出嵌入的高度可逆性；②较多的可自由脱出嵌入的锂离子；③较高的锂离子扩散系数和电子电导率；④充放电过程中电压平台较平稳；⑤资源丰富、价格低廉且环境友好；⑥制备工艺简单、重复性好。为了获得理想性能的三元正极材料，研究者们对三元材料进行了大量的研究工作。

### 2.1.2.1 镍钴锰酸锂（NCM）

Liu 等人 1999 年首次制备了结合了钴酸锂、锰酸锂和镍酸锂三种材料优点的镍钴锰三元复合材料（$LiNi_{1-x-y}Co_xMn_yO_2$），并将其作为正极材料应用于锂二次电池[10]。镍钴锰酸锂三元复合材料的优势在于：钴（Co）元素能减少阳离子混合占位，从而稳定层状结构；镍（Ni）元素有利于提高材料的容量；锰（Mn）元素可以降低材料成本，同时提高电池的安全性和稳定性[10]。这三种元素的协同作用使得三元复合正极材料具有很好的发展潜力。

为了获得结构性能稳定的镍钴锰酸锂三元材料，研究者们在制备工艺的改进上做出了很多努力[11,12]。该材料的制备经历了三个阶段：第一个阶段，研究者通过体相掺杂的方式将钴和锰引入到镍酸锂晶体结构中。体相掺杂一般是指在材料中掺入与材料中离子半径比较接近的离子（金属离子或非金属离子）；第二个阶段，研究者利用共沉淀法先制备出镍钴锰的氢氧化物前驱体，然后再将其与氢氧化锂混合研磨，高温烧结出三元材料；第三个阶段，研究者通过优化前驱体制备工艺和粉体烧结技术，制备出了具有更加完善晶体结构、较高压实密度和优异加工性能的三元材料。此外，制备的镍钴锰三元复合材料可以通过调控镍、钴和锰的组成比例、结构来实现调控材料的比容量、安全性等诸多性能。目前在锂离子电池上使用较多的三元正极材料是 Ni、Co、Mn 比例分别为 1∶1∶1 和 5∶2∶3 以及 6∶2∶2（简称 NCM111、NCM523、NCM622 材料）的体系[13-16]。NCM 的晶胞结构示意图见图 2-3。De Biasi 等人研究发现了不同比例组成的 NCM 材料在电池循环过程中的结构变化及其对电池容量和循环性能的影响[16]。结果显示，富镍 NCM［NCM811（Ni、Co、Mn 比例为 8∶1∶1）和 NCM851005（Ni、Co、Mn 比例为 0.85∶0.1∶0.05）］在 3.0～4.3 V 范围内具有最高的能量密度。

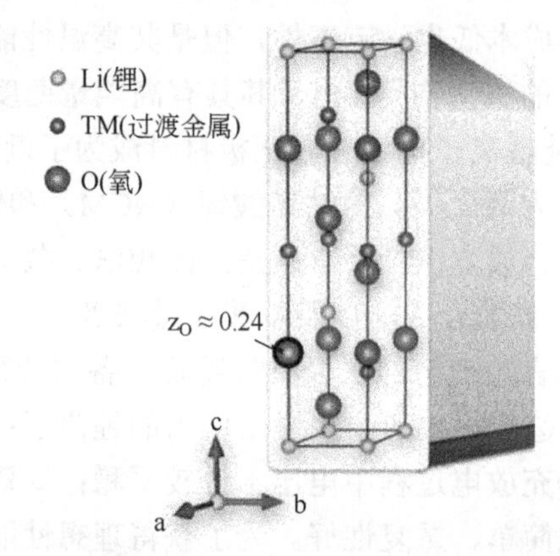


图 2-3　层状 $LiNi_xCo_yMn_zO_2$ 晶胞结构示意图[16]

#### 2.1.2.2　镍钴铝酸锂（NCA）

镍钴铝酸锂正极材料为镍酸锂（$LiNiO_2$）、$LiCoO_2$ 和铝酸锂（$LiAlO_2$）三者的固溶体，同时结合了三者的优势[17]。$LiNiO_2$ 具有高容量、低成本、低毒性的特点。$LiCoO_2$ 具有良好的循环性能及高电导率的优点。$LiAlO_2$ 则具有高热稳定性和结构稳定的特征。因此 NCA 也被认为是极具应用前景的新一代锂离子电池正极材料。其中，研究得最为成熟的 NCA 是 $LiNi_{0.8}Co_{0.15}Al_{0.05}O_2$ 体系[17]。该材料因为具有优异的容量性能和振实密度，受到了研究人员的广泛关注。该材料也同样存在一些缺点，比如其会在锂离子脱嵌过程发生晶型变化，从而引起电池容量的衰减。

为了提高 NCA 材料的性能，一种简单、有效的策略就是对 NCA 材料进行改性。常见 NCA 的改性方法有：烧结工艺优化、合成方法改进、体相掺杂等。Liu 等人利用前驱体（$Ni_{0.8}Co_{0.15}Al_{0.05}OOH$）烧结的方法制备了 $LiNi_{0.8}Co_{0.15}Al_{0.05}O_2$ 正极材料，并研究了烧结工艺（温度和时间）对材料电化学性能的影响[18]。实验结果表明，烧结条件为 700℃、6 h 时获得的 NCA 材料的电化学性能最优，初始放电容量高达 196.8 mAh/g，在 0.2 C 倍率下循环 50 圈的容量保持率为 96.1%。Hu

等人通过共沉淀和固相烧结的方法将钠离子引入到 NCA（$LiNi_{0.8}Co_{0.15}Al_{0.05}O_2$）材料中，制备了一系列钠掺杂的 NCA 材料[19]。其中 $Li_{0.99}Na_{0.01}Ni_{0.8}Co_{0.15}Al_{0.05}O_2$ 材料组装的电池在 0.1 C 倍率下的放电容量为 184.6 mAh/g，在 1 C 倍率下循环 200 圈后的容量保持率高达 90.71%。作者研究发现，掺杂钠离子可以使得 NCA 材料的结构发生变化（图 2-4），锂层间距有所增大，降低了锂离子迁移活化能，从而改善了电池的电化学性能。

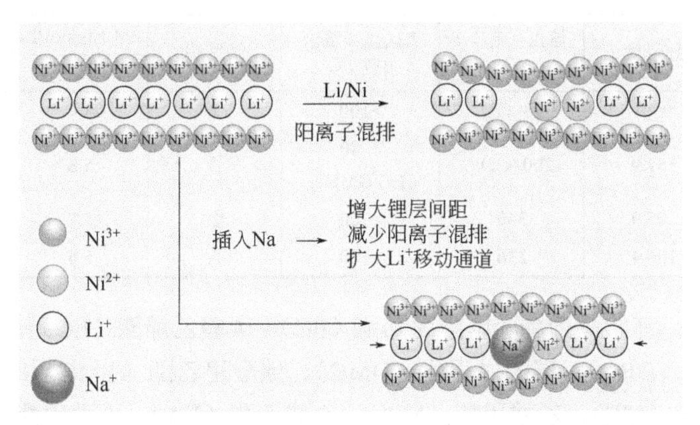


图 2-4　掺杂钠离子的 NCA 空间结构变化示意图[19]

## 2.1.3　电解液

电解液是锂离子电池的重要组成部分，对锂离子电池的性能也有很大的影响。而目前商业化的电解液体系存在很多问题[20]，比如：形成固体电解质界面（SEI）层会导致不可逆的容量损耗；溶剂低温下不稳定、锂盐高温下不稳定而导致适用温度范围窄；有机溶剂的易燃性使得电池在实际使用中存在安全隐患；有机溶剂体系的离子电导率低于水系的离子电导率；常规碳酸酯类电解液在高电压下不稳定，使得溶剂发生分解和电极界面层的连续生长，导致库伦效率降低和产生大量气体等。因此，为了提高新一代锂离子电池的性能，开发和研究高性能电解液也是非常有必要的。

### 2.1.3.1　电解液组成和基本性质

电解液最主要的功能是满足离子传输的需求。此外，为了实现锂离子电池性能，电解液还需要满足以下基本要求：a. 高的离子电导率；b. 高的热稳定性和化学稳定性；c. 较宽的电化学窗口，在较宽的电压范围内能保持电化学性能的稳定；d. 与电池其它部分比如正、负极材料和隔膜等具有良好的相容性；e. 安全、无毒、无污染。通常电解液由锂盐、溶剂和添加剂三个部分组成。以有机系锂离子电池为例，其常用的锂盐、溶剂和添加剂的材料如下：

① 锂盐　$LiPF_6$、$LiClO_4$、$LiBF_4$、$LiAsF_6$等；常用锂盐及其物理性质列于表2-1[7]。锂离子电池用的锂盐需要满足的基本要求有[7]：能在非水系溶剂中完全溶解或解离；溶剂化离子（尤其是锂离子）应具有高的迁移能力；阴离子不与电解质溶剂反应；阴离子和阳离子不与电池其它组件反应等。

**表 2-1　常用锂盐的基本性质[7]**

| 盐 | 分子量 | 熔点（$T_m$）/℃ | $T_{decomp}$（溶液中）/℃ | 腐蚀铝 | σ（1.0 mol/L，25℃）/(mS/cm) | |
|---|---|---|---|---|---|---|
| | | | | | PC | EC/DMC |
| $LiBF_4$ | 93.9 | 293（d） | >100 | 否 | 3.4 | 4.9 |
| $LiPF_6$ | 151.9 | 200（d） | ～80（EC/DMC） | 否 | 5.8 | 10.7 |
| $LiAsF_6$ | 195.9 | 340 | >100 | 否 | 5.7 | 11.1 |
| $LiClO_4$ | 106.4 | 236 | >100 | 否 | 5.6 | 8.4 |

② 溶剂　环状碳酸酯［碳酸丙烯酯（PC）、碳酸乙烯酯（EC）］；链状碳酸酯［碳酸二乙酯（DEC）、碳酸二甲酯（DMC）、碳酸甲乙酯（EMC）］；链状羧酸酯类［甲酸甲酯（MF）、乙酸甲酯（MA）、乙酸乙酯（EA）、丙酸甲酯（MP）］。常用溶剂的物理性质列于表2-2[7]。

**表 2-2　电解液常用溶剂的物理性质[7]**

| 溶剂 | 分子量 | 熔点（$T_m$）/℃ | $T_b$/℃ | $\eta/C_p$（25℃） | ε（25℃） | 偶极矩（Debye） | $T_f$/℃ | 密度（25℃）/(g/cm³) |
|---|---|---|---|---|---|---|---|---|
| EC | 88 | 36.4 | 248 | 1.90① | 89.78 | 4.61 | 160 | 1.321 |
| PC | 102 | −48.8 | 242 | 2.53 | 64.92 | 4.81 | 132 | 1.2 |
| BC | 116 | −53 | 240 | 3.2 | 53 | — | — | — |
| γBL | 86 | −43.5 | 204 | 1.73 | 39 | 4.23 | 97 | 1.199 |
| γVL | 100 | −31 | 208 | 2 | 34 | 4.29 | 81 | 1.057 |
| NMO | 101 | 15 | 270 | 2.5 | 78 | 4.52 | 110 | 1.17 |
| DMC | 90 | 4.6 | 91 | 0.59② | 3.107 | 0.76 | 18 | 1.063 |
| DEC | 118 | −74.3 | 126 | 0.75 | 2.805 | 0.96 | 31 | 0.969 |
| EMC | 104 | −53 | 110 | 0.65 | 2.958 | 0.89 | — | 1.006 |
| EA | 88 | −84 | 77 | 0.45 | 6.02 | — | −3 | 0.902 |
| MB | 102 | −84 | 102 | 0.6 | — | — | 11 | 0.898 |
| EB | 116 | −93 | 120 | 0.71 | — | — | 19 | 0.878 |

① 40℃。

② 20℃。

注：EC—碳酸乙烯酯；PC—碳酸丙烯酯；BC—碳酸丁烯酯；γBL—γ-丁内酯；γVL—γ-戊内酯；NMO—3-甲基-2-噁唑烷酮；DMC—碳酸二甲酯；DEC—碳酸二乙酯；EMC—碳酸甲乙酯；EA—乙酸乙酯；MB—丁酸甲酯；EB—丁酸乙酯。

③ 添加剂有成膜添加剂、阻燃添加剂、多功能添加剂等。

#### 2.1.3.2 电解液添加剂

（1）成膜添加剂

锂离子电池在充放电最开始的几个循环中，电解液会与负极和正极发生反应形成钝化的保护层（SEI 层）[21]。图 2-5 给出了在石墨上形成 SEI 层的结构和组成示意图[21]。SEI 层结构具有不溶于有机溶剂的特点，能够阻止溶剂分子对电极的腐蚀和消耗，同时允许锂离子自由通过，因此 SEI 层的存在有利于提升电池的循环和容量等性能。为了促使形成稳定结构的 SEI 层，研究者们开发了一系列成膜电解液添加剂。目前已有报道的包括：氟代碳酸乙烯酯（FEC）、碳酸丙烯酯（PC）、碳酸亚乙烯酯（VC）、二草酸硼酸锂（LiBOB）等。

促进 SEI 层形成的添加剂主要有三大类[21]。第一类是通过对添加剂进行电化学还原，将有机薄膜化学涂覆到石墨表面来实现。这类添加剂的特点是分子链中包含有一个或多个碳碳双键，比如碳酸亚乙烯酯、碳酸乙烯酯和碳酸丙烯酯等。第二类是通过将添加剂的还原产物吸附到石墨表面来实现。这类添加剂包括硫基化合物［如二氧化硫（$SO_2$）、二硫化碳（$CS_2$）、聚硫等］、氮基化合物和碳基化合物。第三类是反应型添加剂，其通过清除自由基离子或者与 SEI 膜的最终产物结合起作用。比如提供二氧化碳（$CO_2$）的添加剂，在 EC 基或者 PC 基的电解液中 $CO_2$ 能够促进 SEI 层的形成。

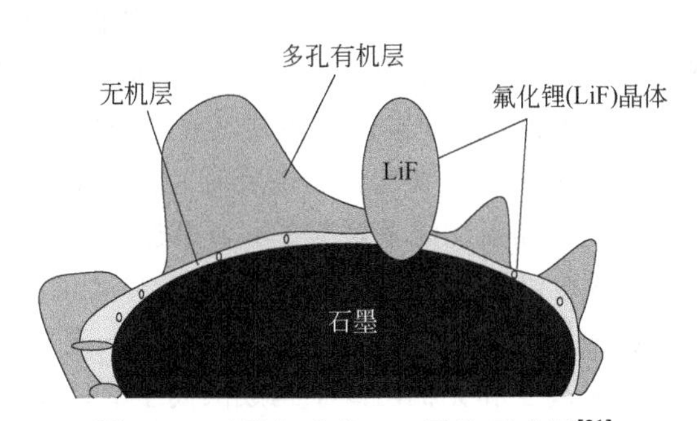


图 2-5 石墨上形成 SEI 层的示意图[21]

在上述三种方法之外，近年来很多研究者发现了一些新的能促进形成稳定 SEI 层的电解液添加剂。Gao 等人通过在电解液中引入三氧化二铝（$Al_2O_3$）纳米纤维实现了改善正极材料循环稳定性的目的[22]。研究发现，$Al_2O_3$ 纳米纤维能够在正极表面形成一层具有良好机械强度的薄保护层。该保护层的存在减少了界面的副反应，从而提升了正极材料的循环稳定性。该功能性电解液在电池循环过程中形成 SEI 层的示意如图 2-6 所示。Pang 等人发现用三组分的添加剂［己二腈、硼酸三(六氟异丙基)酯、环己基苯］可以协同促进形成更有效的 SEI 层，从而实

现提高 $LiCoO_2$/石墨全电池的循环性能和倍率性能的目的[23]。Sun 课题组报道了一种能够有效提升高电压正极材料性能的电解液添加剂双(2-甲基-2-焦丙二酸)硼酸锂（LiBMFMB）。研究发现，这种添加剂能够促使电池经过第一圈充放电就可以形成稳定的 SEI 层[24]。电化学性能测试结果显示，在传统电解液里添加 0.05 mol/L 的 LiBMFMB 可以使用镍锰酸锂（$LiNi_{0.5}Mn_{1.5}O_4$）正极材料组装的半电池在 1 C 倍率下循环 100 圈后的容量衰减从未添加时的 42.18%下降为 13.5%。

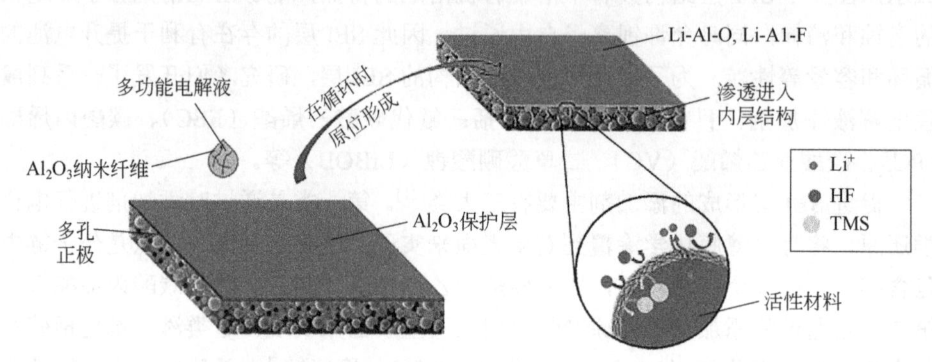


图 2-6 SEI 层的形成示意图[22]

（2）阻燃添加剂

由于有机溶剂易燃，因此锂离子电池应用时存在热失控和电池起火的隐患。若使用不当，锂离子电池还有发生爆炸的危险。为了增加锂离子电池的安全性能，一个简单高效的策略就是：在电解液里加入阻燃添加剂来降低锂离子电池的燃烧性。加入阻燃添加剂可以降低电池的自热速率并延迟热失控[25]。一种阻燃策略是：利用化学自由基清除过程来终止负责气相燃烧反应的自由基链反应。这种阻燃添加剂主要是有机磷化物，比如氟化烷基磷酸酯和环磷腈族化合物等[25]。在电解液燃烧过程中，这类添加剂可以捕获氢、氢氧等自由基，从而有效地猝灭燃烧反应。另一种常用的降低电解液可燃性的策略是在电解液中加入离子液体（Ionic liquids, IL）[26]。这是因为由有机阳离子和无机阴离子构成的离子液体在室温下具有不挥发和不易燃的优点。

（3）多功能添加剂

为了提高电池的整体性能，加入能实现多个功能叠加的添加剂是最优选择。有些添加剂本身同时可以实现多种功能，比如芳香族异氰酸酯添加剂，首先，它可以稳定 SEI 层；第二，它能够清除电解质中的水和氢氟酸；第三，可以使电子与电解液反应的活性失效[27]。Yang 等人将三炔丙基磷酸酯作为多功能添加剂应用于石墨/$LiNi_{0.5}Mn_{0.3}Co_{0.2}O_2$ 全电池时，发现该添加剂可以明显改善电池在 55℃下的循环稳定性[28]。研究发现，加入三炔丙基磷酸酯有三重功效：①促使在正负电极上都形成稳定的 SEI 层；②形成的 SEI 层能抑制过渡金属元素的溶解和电解液的分解；③有效减缓电解液的降解。

### 2.1.4 新型隔膜

虽然隔膜不参与锂离子电池的电化学反应，但是隔膜有两个重要的功能：一是提供锂离子传输通道；二是防止正、负极接触发生短路。这对锂离子电池的安全起着非常重要的作用[29]。理想的锂离子电池隔膜需要满足以下几个条件[29]：①具有电子绝缘性；②低离子迁移内阻和高离子电导率；③耐电解液腐蚀，电化学稳定性好；④良好的电解液浸润性和足够的吸液能力；⑤足够的力学性能；⑥热稳定性好。

目前，锂离子电池中应用最广泛的是微孔聚烯烃基隔膜，大部分隔膜的厚度约为 20～30μm，孔的尺寸为亚微米大小，孔隙率在 40%～70%之间。这类隔膜具有优异的化学和电化学稳定性、高机械强度以及较高的离子电导率[29]。同时，这类商业隔膜也存在一些问题，比如热稳定性较差，当电池温度升高时，会出现较大的热收缩，进而导致电池内部短路，有着火甚至爆炸的风险，极大地限制了电池的工作温度范围。此外，聚烯烃微孔膜的原料主要来自不可再生的化石燃料，不符合当今绿色环保、可持续发展的理念。为了解决上述聚烯烃基微孔隔膜存在的问题，研究者们也做了很多相关的研究工作，开发了很多具有特定功能的隔膜。

#### 2.1.4.1 防火隔膜

为了提高锂离子电池的安全性能，除了在电解液中加入阻燃添加剂之外，还可以开发使用具有阻燃特性的隔膜。Cui 等人利用静电纺丝技术制备了以核-壳结构包覆防火剂的具有阻燃特性的高分子纤维膜[30]。核-壳结构的电纺纤维中的核层材料为磷酸三苯酯的防火剂，壳层材料则由高分子材料聚偏氟乙烯-六氟丙烯（PVDF-HFP）构成。由电纺得到的单根纤维无序堆叠形成多孔高分子纤维膜。这种核壳结构的防火隔膜的结构和作用机理如图 2-7 所示。在电池正常运行的情况下，阻燃剂与电解液被聚合物纤维层隔离开，减小了其对电化学性能的负面影响。如果电池发生热失控导致温度升高，聚合物纤维层会发生部分熔化，磷酸三苯酯被释放出来起到抑制燃烧的作用，因此该隔膜能够极大地提升电池的安全性能。

#### 2.1.4.2 热稳定性隔膜

锂离子电池商用隔膜材料的热稳定性差也是亟待解决的问题之一。Xu 等人报道了一种新的制备高热稳定性隔膜的方法[31]。他们利用热致相分离法（TIPS）制备梯度孔分离膜，同时将聚偏氟乙烯（PVDF）与聚对苯二甲酸乙二醇酯（PET）无纺布进行复合。该复合材料中由于存在无纺布夹心层，从而提高了隔膜的热稳定

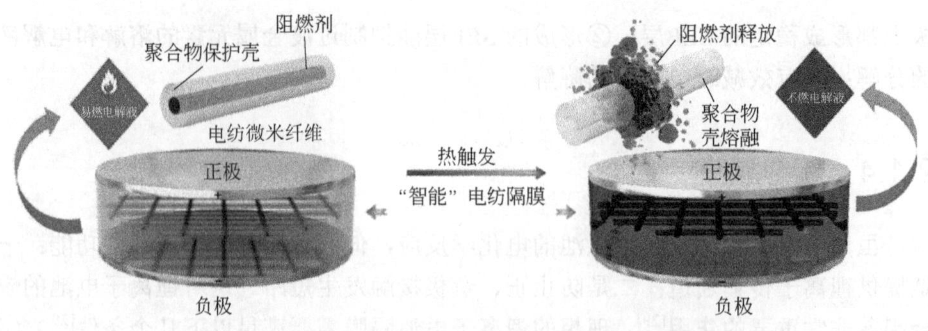


图 2-7　核壳结构防火隔膜及其作用机理示意图[30]

性，使得其在高温下不易变形。同时该隔膜还具有高温下闭孔的特性，从而避免了电池在极端高温条件下工作时容易出现的电池短路问题，提高了电池安全性能。此外，利用无机纳米颗粒作为隔膜材料也是提升隔膜热稳定性的一个有效手段。Goodenough 等人发现更便宜、容易大规模量产的二氧化硅纳米颗粒可以用作锂离子电池隔膜[32]。由于二氧化硅无机材料成膜性差，所以需要特别的制备过程。二氧化硅隔膜组装锂离子电池的过程示意图见图 2-8。作者将二氧化硅涂覆在正极材料表面，然后加入电解液和负极材料就组成了锂离子电池。与商用的聚烯烃隔膜相比，使用二氧化硅纳米隔膜组装的锂离子电池的循环稳定性有了很大的提升。Hu 等人利用羟基磷灰石超长纳米线制备了耐高温的柔性锂离子电池隔膜[33]。该隔膜本身具有很多优点，比如柔韧性高、力学强度好、孔隙率高和阻燃性好等，尤为突出的是其耐高温特性，在 700℃的高温下还可以保持结构的完整。用该隔膜组装的锂离子电池比采用 PP 隔膜组装的电池性能更优异。同时该电池也具有优异的热稳定性，在 150℃高温条件下能正常工作。

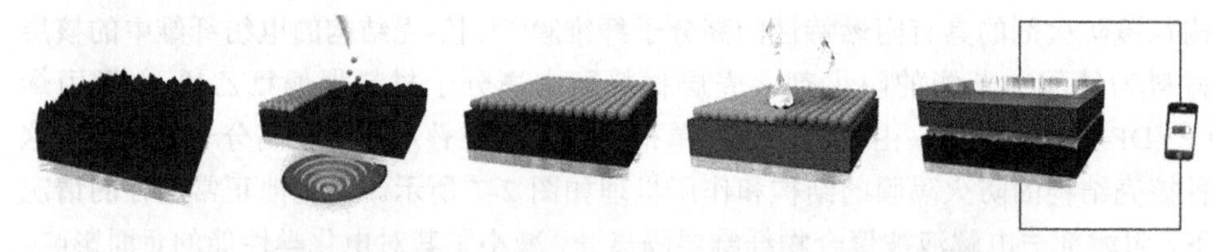

图 2-8　二氧化硅隔膜组装锂离子电池的过程示意图[32]

## 2.1.5　固态电解质

目前，基于液态电解质的锂离子电池存在很多问题，比如能量密度不够高，难以满足电动汽车和智能电子产品的长续航要求。同时，由于有机溶剂电解质易燃的特性，使得其存在很大的安全隐患。因此，为了解决能量密度不够高的问题以及从根本上解决传统锂离子电池在碰撞、过充以及长时间使用带来的安全隐患，研究者们开发了一系列固态电解质。固态电解质可分为凝胶电解质和全固态电解质。此类电解质在功能上兼具隔膜与液态电解质的作用，具有不漏液和易封装的优势，用其替代原有的电解液和隔膜可以确保锂离子电池的结构更加完善和电池的使用更加安全。与液态锂离子电池相比，固态电解质锂离子电池在一定程度上避免了液体电解质电池的漏液问题，提高了电池的安全性。为满足锂离子电池应用的需要，固态电解质需要满足一些基本条件：①高的离子电导率；②高的锂离子迁移数；③优异的力学性能；④宽的电化学稳定窗口；⑤良好的化学和热稳定性。

#### 2.1.5.1 凝胶电解质

（1）凝胶聚合物电解质（Gel polymer electrolyte，GPE）

凝胶聚合物电解质由聚合物基体、增塑剂和有机液体组成，兼具隔绝电子和离子传导的功能。其中，聚合物基体主要起骨架支撑作用。常见的聚合物基体有：聚氧化乙烯（PEO）[34]、聚甲基丙烯酸甲酯（PMMA）[35]、聚丙烯腈（PAN）[36]、聚偏氟乙烯（PVDF）[37] 和聚偏氟乙烯-六氟丙烯[38]。这几种聚合物用作凝胶聚合物电解质的骨架材料各有其特点。比如，PEO 中的 C—O 官能团与 $Li^+$以及电解液中的溶剂存在较强的相互作用，同时 PEO 与锂电极的相容性较好。PMMA 中的酯基团与电解液的亲和性较好。PAN 本身具有优异的物理化学性能。PVDF 本身具有较大的介电常数，有助于锂盐在聚合物中的溶解，而且 PVDF 中的强吸电子基团—CF 使 PVDF 表现出了高的电化学稳定性。但是，这些聚合物也存在一些问题，比如 PEO 和 PMMA 的力学性能差，PAN 会使得锂金属电极界面发生严重的钝化现象，而 PVDF 与电解液的相容性较差等。为了优化聚合物电解质的性能，早期的研究工作主要是通过共混、化学交联或者共聚等方式来改善凝胶聚合物电解质的性能。

近年来，利用新工艺和引入新材料开发和制备凝胶聚合物电解质成为了研究热点之一。Wen 等人引入石榴石型固体电解质（$Li_{6.4}Ga_{0.2}La_3Zr_2O_{12}$）开发了一种新型的凝胶聚合物电解质[39]。该凝胶电解质的制备过程为：在 PVDF-HFP 的磷酸三乙酯/氟代碳酸乙烯酯（TEP/FEC）混合溶液中加入作为引发剂和离子导电型填料的石榴石型固体电解质（$Li_{6.4}Ga_{0.2}La_3Zr_2O_{12}$），引发 PVDF-HFP 的脱氟和交联过程，从而实现凝胶聚合物电解质的原位制备，见图 2-9。该凝胶聚合物电解质具有较高的离子电导率（20℃时，$1.83\times10^{-3}$ S/cm）和较宽的电化学稳定窗口（室温下，4.75 V）。此外，该凝胶聚合物电解质具有特别优异的耐火性能，所组装的锂电池在剪切和火烧条件（火焰温度 528℃）下仍然能够正常点亮发光二极管。基于该凝胶聚合物电解质的电池在 0.5 C 倍率下循环 360 次后的容量保持率为 94.08%，平均库伦效率大于 98%。

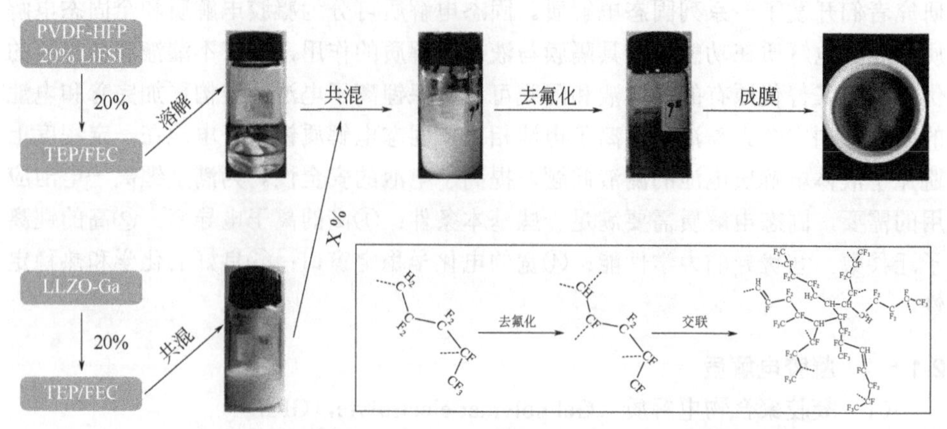


图 2-9 凝胶聚合物电解质原位制备过程示意图[39]

Liu 等人开发了一种新的原位制备聚合物基凝胶电解质的方法[40]。该方法创造性地在传统的醚基 1,3-二氧戊环（DOL）和 1,2-二甲氧基乙烷（DME）中添加六氟磷酸锂，利用 $LiPF_6$ 和 DOL 之间的阳离子开环聚合反应，诱导 DOL/DME 原位形成凝胶电解质。图 2-10 给出了用该凝胶电解质（GPE）和传统液态电解质（LE）组装的对称电池电化学性能测试对比图。从图中可以看出，GPE 组装的电池循环稳定性更好。研究结果还发现该凝胶电解质与锂负极的兼容性很好。在 $LiFePO_4$/锂半电池中使用该凝胶电解质，电池表现出优异的循环稳定性，经历过 700 次循环后，其容量保持率仍高达 95.6%。

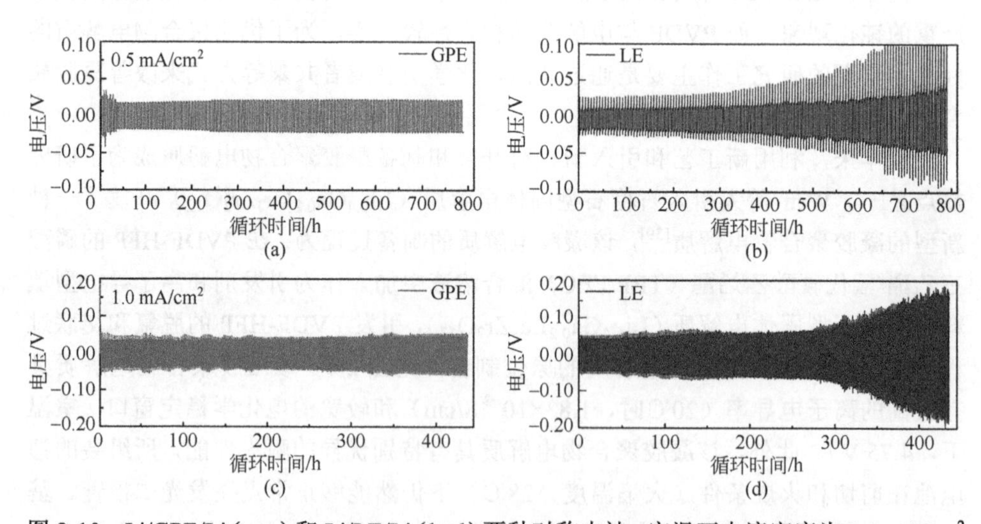


图 2-10 Li/GPE/Li（a, c）和 Li/LE/Li（b, d）两种对称电池，室温下电流密度为 0.5 mA/$cm^2$（a, b）和 1.0 mA/$cm^2$（c, d）时的电化学性能测试对比图[40]

功能型的凝胶聚合物电解质也受到研究者们的广泛关注。比如，研究者们开发了一系列针对锂离子电池负极进行功能化改进的凝胶聚合物电解质。锂金属材料具备高的理论容量（3860 mAh/g）、低密度（0.59 g/$cm^3$）和极低的氧化还原电势（−3.04 V）等特点，是一种理想的锂离子电池的负极材料。但是，锂金属作为负极材料存在一个很大的问题：锂枝晶的生长问题。锂枝晶生长会带来很多副作用，比如容量和库伦效率下降，以及因为锂枝晶刺穿隔膜导致短路而带来严重的安全隐患。因此，解决负极锂的锂枝晶生长问题是提高锂离子电池性能的一个重要手段。而利用功能化的凝胶电解质来解决该问题也是近年来的研究热点之一。Lu 等人制备了一种既有韧性且密实的三维交联网络结构的凝胶聚合物电解质[41]。该凝胶电解质的锂离子电导率足够大，且能够有效地抑制锂枝晶的生长。图 2-11 给出了三维交联网络凝胶电解质抑制锂枝晶生长过程的示意图。Wu 等人利用 PVDF-HFP 和 PEO 作为聚合物骨架材料制备了高强度的双网络结构的凝胶电解质，也能达到抑制锂枝晶生长的目的[42]。该双网络凝胶电解质的制备过程如图 2-12 所示。使用这种双网络结构的凝胶电解质，锂金属电极可以循环 400 圈以上，库伦效率高达 96.3%。

Zhu 等人制备了同时具有抑制锂枝晶生长和捕捉锰离子双重功能的生物基复合凝胶电解质[43]。该复合凝胶电解质同时解决了锂离子电池中存在的两个大问题，形成锂金属负极枝晶以及正极过渡金属氧化物的溶解和溶解后的金属离子的迁移。

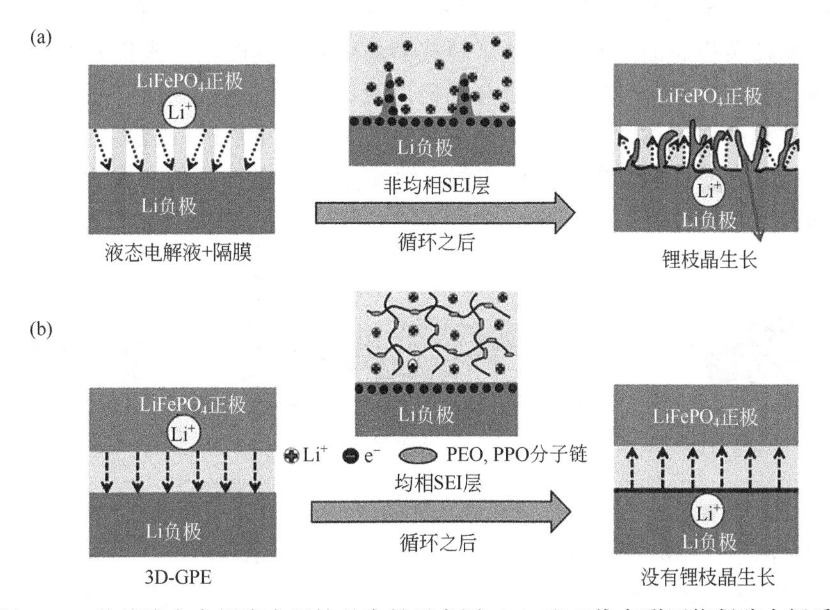


图 2-11　传统液态电解液中锂枝晶生长示意图（a）和三维交联网络凝胶电解质（3D-GPE）抑制锂枝晶生长的示意图（b）[41]

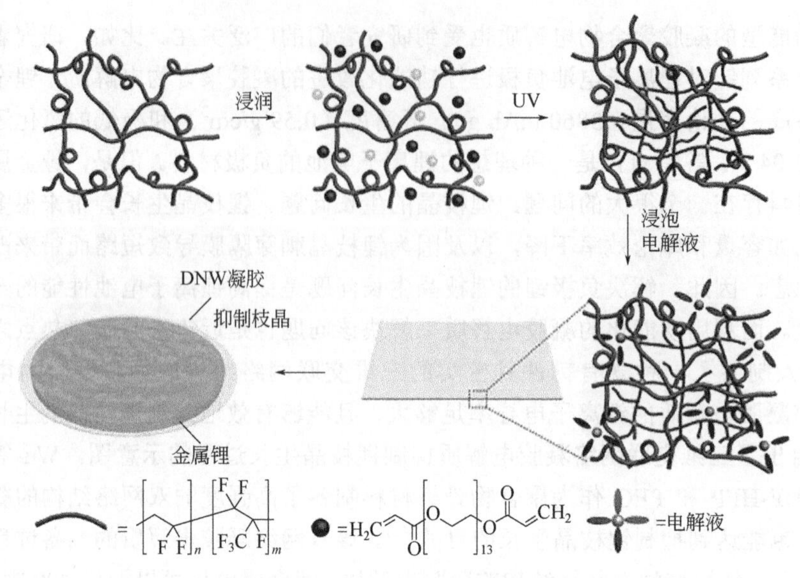


图 2-12　双网络结构凝胶电解质制备过程的示意图[42]

复合凝胶电解质的结构为：包含两层环境友好型大豆蛋白基纳米纤维膜作为骨架材料，中间夹有聚多巴胺微球形成三明治结构，纤维膜表面再覆盖碳化的多孔聚多巴胺微球。该复合凝胶电解质的制备过程如图 2-13 所示。表面覆盖的多孔聚多巴胺碳球具有导电性、高比表面积和氮掺杂的亲锂性等特点，能够促使锂离子均匀地沉积在负极表面，从而抑制了锂枝晶的生长。同时，聚多巴胺和蛋白基纳米纤维存在的大量极性官能团会与正极以及逃脱的金属锰离子产生相互作用，从而有效地减缓了锰酸锂正极的锰溶解，并可对少量溶解的锰离子进行有效捕捉。用该复合凝胶电解质组装成的锰酸锂/锂电池的循环和倍率性能都得到了大幅度的提升。

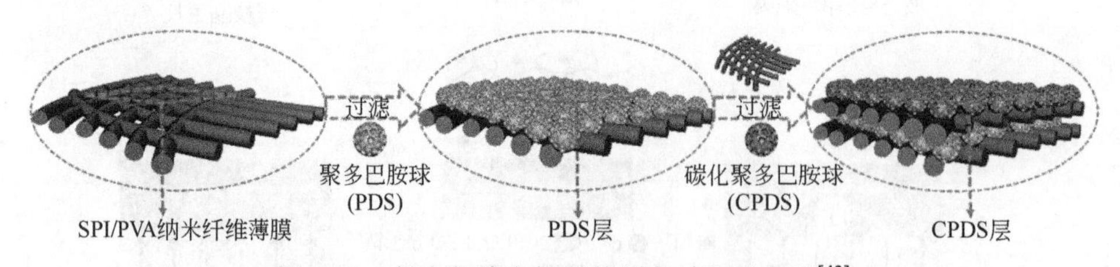


图 2-13　复合凝胶电解质的制备过程示意图[43]

（2）离子液体凝胶电解质（Ionic liquid gel electrolyte）

离子液体是由阴离子和阳离子组成的新型液体材料，具有挥发性低、离子电导率高、不易燃、电化学窗口宽、热稳定性好等特质。为开发高能量密度、高功率密度、长周期、稳定性和安全性更好的新型电池材料的设计创造了新的机遇和可能。离子凝胶电解质是以离子液体及其衍生物制备的凝胶电解质。离子凝胶电解质由于保留了离子液体的多数特性而受到了极大关注。

Chen 等人报道了一种杂化离子凝胶电解质，其制备过程如图 2-14 所示[44]。该杂化离子凝胶电解质同时结合了无机物的高刚性和聚合物链的柔性，在抑制锂枝晶生长的同时，保证了凝胶电解质的离子电导率，用该离子凝胶电解质制备的锂离子电池具有较好的电化学性能。Guo 和 Chen 等人合作设计制备了一种仿生离子凝胶电解质，该电解质中的 $SiO_2$ 骨架结构与自然界的蚁穴结构类似，见图 2-15[45]。该仿生离子凝胶电解质具有较高的离子传导率，同时能够在锂负极表面形成保护层，从而能有效抑制锂枝晶的生长。用该电解质组装的 $Li_4Ti_5O_{12}$/锂电池在 1000 个充放电循环后，其容量保持率在 99.8%以上。

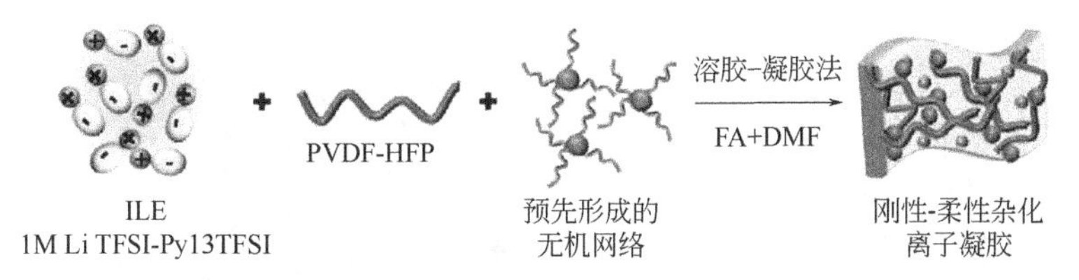


图 2-14 杂化离子凝胶电解质的制备过程示意图[44]

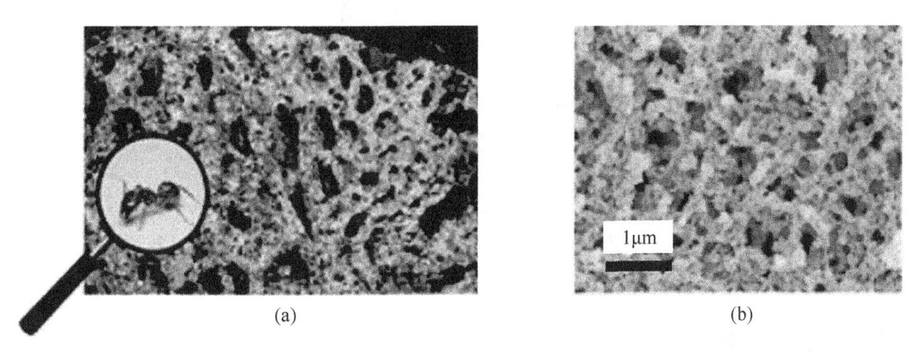


图 2-15 蚂蚁巢穴的照片（a）和 X-$SiO_2$ 骨架的 SEM 形貌图（b）[45]

Sun 等人报道了一种具有自修复性能和高离子导电率的柔性离子液体凝胶电解质[46]。该凝胶电解质由聚离子液体网络负载大量的离子液体组成，其制备过程见图 2-16。具体的制备方法为：将含有 2-脲基-4[H]嘧酮（UPy）基团的聚离子液体，咪唑类离子液体和锂盐（双三氟甲烷磺酰亚胺锂）的丙酮溶液通过溶剂挥发和热压的方法成型制得。UPy 基团存在的四重氢键能将聚离子液体交联形成稳定的聚离子液体网络。聚离子液体网络可以负载大量的离子液体（相容性好和存在静电相互作用）形成固态的离子液体凝胶（Ionogel）电解质。该凝胶电解质的离子导电率很高 $1.41\times10^{-3}$ S/cm，同时表现出良好的柔性、弹性和不可燃烧的特性。基于该离子凝胶电解质组装的 Li/Ionogel/$LiFePO_4$ 电池在 0.2 C 倍率下循环 120 次后的放电容量为147.5 mAh/g，库伦效率高达99.7%。此外，研究发现该凝胶电解质发生断裂后可以在55℃的条件下自发修复损伤，该修复过程也可以在组装好的电池中原位进行。作者认为该凝胶电解质具备自修复性能的原因是体系里存在可逆的氢键和静电相互作用。原位修复的凝胶电解质的电池的充放电循环性能还能够恢复。

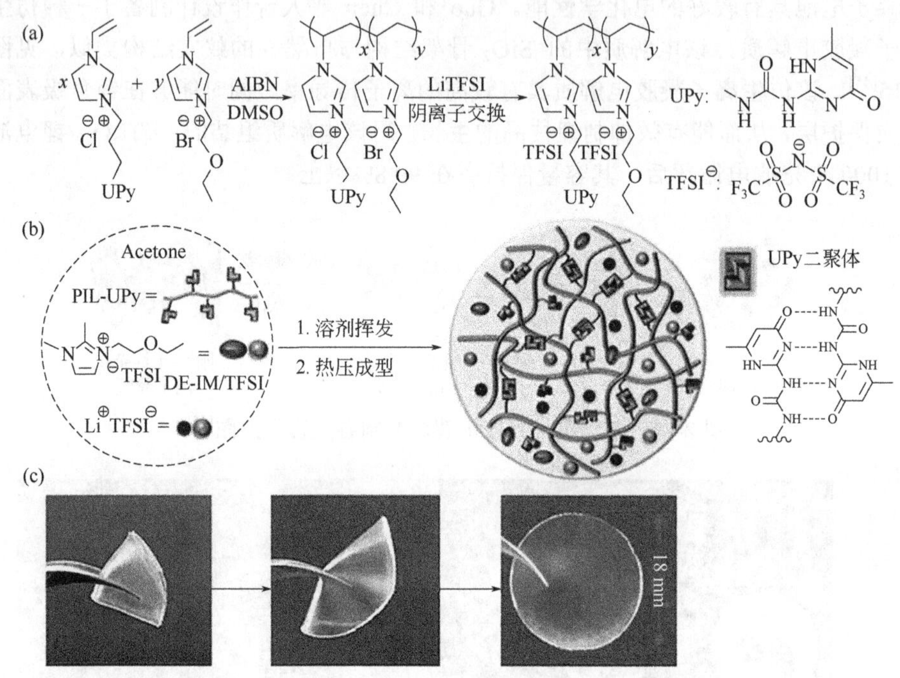


图2-16 （a）聚离子液体的制备；（b）离子液体凝胶电解质的制备过程；（c）柔性凝胶电解质照片[46]

### 2.1.5.2 全固态电解质

开发全固态电解质是发展高能量密度的全固态电池的关键步骤之一。全固态锂离子电池具有安全性能高、循环寿命长等优点，近年来已成为新型电化学储能领域的研究开发热点。全固态电解质分为无机固态电解质、全固态聚合物电解质和有机-无机复合固态电解质。全固态电解质最大的问题是离子电导率较低。固态电解质室温离子电导率（$10^{-5}$～$10^{-3}$ S/cm）比传统有机系液态电解质的离子电导率（$10^{-2}$ S/cm）要低很多[47]。此外，还有电极与电解质的界面问题以及对充放电循环过程界面变化机理等问题阻碍了全固态电池的应用和发展。

无机固态电解质按其结构形态可以分为晶相和非晶相固态电解质。晶相固态电解质按晶体结构可以分为不同的类型，比如石榴石型固态电解质[48,49]和锂超离子导体（LISICON）基固态电解质等。石榴石型固态电解质具有很宽的电化学窗口（高达 9 V）和良好的化学稳定性，其在全固态锂电池领域具有广泛的应用前景。但是，石榴石型固态电解质存在一些挑战和问题[48]，如：①室温下的锂离子电导率比液态电解质低，其锂离子电导率受很多因素影响，如晶体结构、烧结温度和晶界等；②由于固态电解质与电极之间的接触不好，导致很高的界面阻抗以及不均匀的电流分布，因此固态电解质与电极之间的界面问题是目前亟须解决的一个难点问题；③该类固态电解质在空气中不稳定，它会与空气中的水和二氧化碳发生反应。

全固态聚合物电解质是以聚合物为基体的全固态电解质，如聚氧化乙烯基全固态电解质。与无机固态电解质相比，全固态聚合物电解质具有良好的柔性，易于加工成膜，同时良好的界面接触性等。该类固态电解质也存在锂离子电导率较低的问题，而解决该问题的思路主要有：增加聚合物基体中无定形部分的比例和降低玻璃化转变温度来提高链段运动能力。这是因为通常聚合物的离子传输是通过无定形区域的链段运动来实现的。

Goodenough 等人制备出双层聚合物电解质，并将其成功地应用于高电压全固态电池[50]。双层聚合物电解质分别为：双(三氟甲磺酰基)酰亚胺锂（LiTFSI）- PEO（PEO-LiTFSI）聚合物电解质和聚 *N*-甲基丙酰胺（PMA）-LiTFSI（PMA-LiTFSI）聚合物电解质。作者采用双层聚合物电解质的策略是基于 PEO-LiTFSI 可保护锂负极但与正极接触易被氧化，而 PMA-LiTFSI 可防止电解质氧化但与负极接触易被还原考虑。作者设计的双层聚合物电解质组装的全固态电池结构如图 2-17 所示。该双层聚合物电解质使得电池在 4 V 电压下，65℃温度下，电池充放电正常。

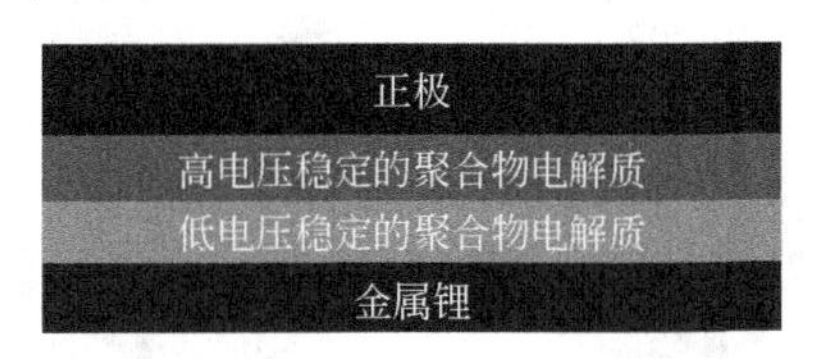


图 2-17　双层聚合物电解质组装的全固态电池结构示意图[50]

有机-无机复合固态电解质中既包含高分子电解质，同时含有无机填料，综合了无机固态电解质和聚合物电解质的优点，引起了人们的极大兴趣。Cui 等人从离子电导率、可加工性能、化学稳定性和物理稳定性四个方面总结了复合固态电解质的前景和挑战，如图 2-18 所示[51]。

将无机物与聚合物复合制备有机-无机复合固态电解质也是提高固态电解质离子电导率、提升电解质性能的一种方式。Yu 等人制备了一种具有三维锂离子输运网络通道的有机-无机复合固态电解质[52]。他们首先制备了钛酸镧锂（LLTO）水凝胶前驱物，然后通过热处理得到 LLTO 的三维网络骨架，然后在网络结构中填入聚合物 PEO，由此制备了具有柔性的复合固态电解质（图 2-19）。该电解质

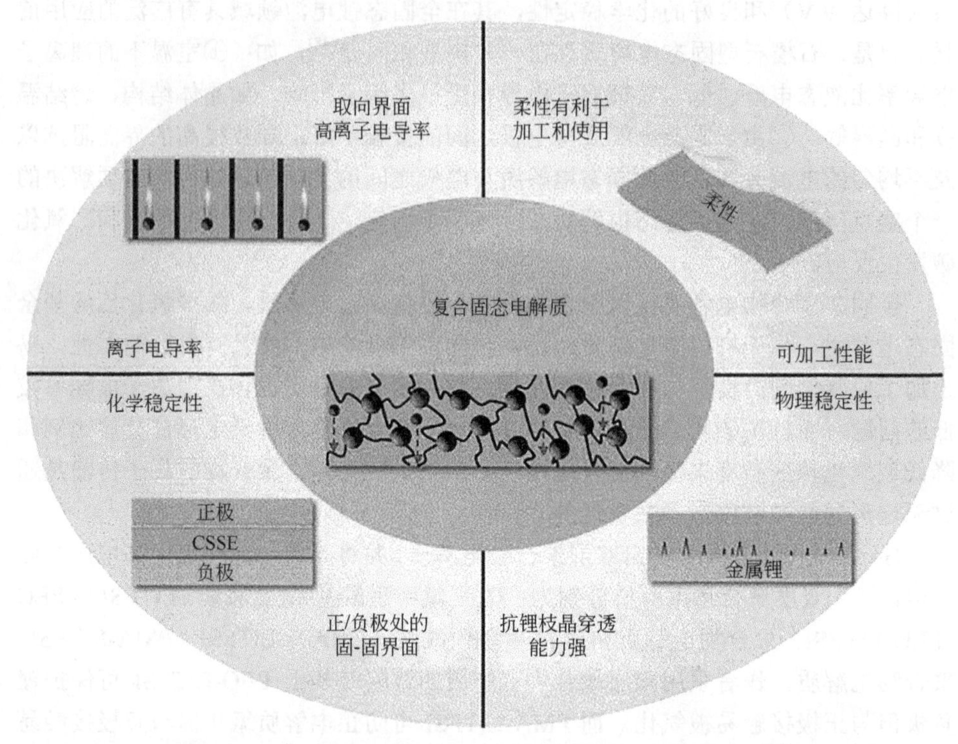


图 2-18 应用于锂电池的复合固态电解质的前景和挑战[51]

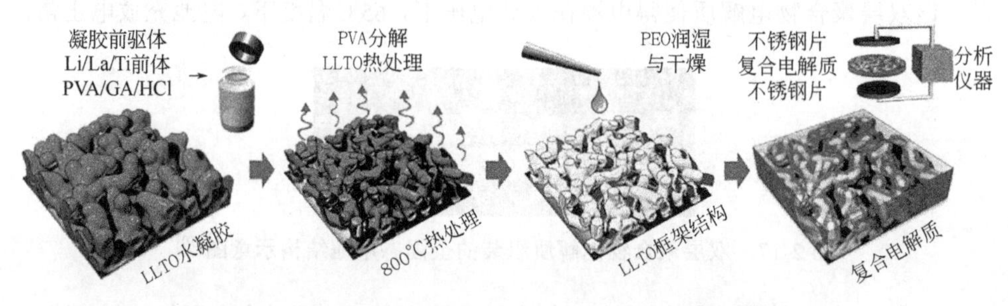


图 2-19 LLTO 复合固态电解质的制备示意图[52]

在室温下的锂离子电导率接近 $10^{-4}$ S/cm。与纯 PEO 聚合物电解质相比，该复合电解质的电导率、热稳定性以及电化学稳定性均得到了明显的提高。作者认为该复合固态电解质的离子电导率得以提高的原因是三维纳米结构的 LLTO 框架在其中相互连通形成了连续的中间相。锂蒙脱石（LiMNT）是一种环境友好、价格低廉的纳米片单离子导体，在固体电解质领域广泛研究。Zhang 等人[53]开发了具有高离子迁移数的插层聚碳酸乙烯酯（PEC）-LiMNT 复合固体电解质。他们以锂蒙脱石、聚碳酸乙烯酯、双(氟磺酰)酰亚胺锂、高压氟乙烯酯添加剂和聚四氟乙烯粘合剂为原料通过溶液浇铸结合热压的方法制备得到复合固态电解质。该复合电解质在25℃时离子电导率达$3.5\times10^{-4}$ S/cm，离子迁移数高达0.83。用该复合电解质组装的全固态电池（正极材料为$LiFePO_4$），在0.5 C倍率下的放电容量为145.9 mAh/g，循环200圈之后的容量保持率为91.9%。

## 2.1.6 硅基负极材料

锂离子电池的负极材料对于电池的安全性能、能量密度及循环寿命等都有重要的影响。现有的负极材料主要有碳材料和非碳材料两大类，如图2-20所示，其中碳系负极材料主要包括人造石墨、天然石墨和复合石墨等；非碳材料负极主要包括锡基材料和硅基材料。目前，石墨负极材料凭借工艺成熟、成本较低、高电导率和稳定性等优势在锂离子电池领域广泛应用。但是，石墨材料的比容量较低（372 mAh/g），无法满足人们对高能量密度电池的需求。因此，发展高能量密度负极材料势在必行。

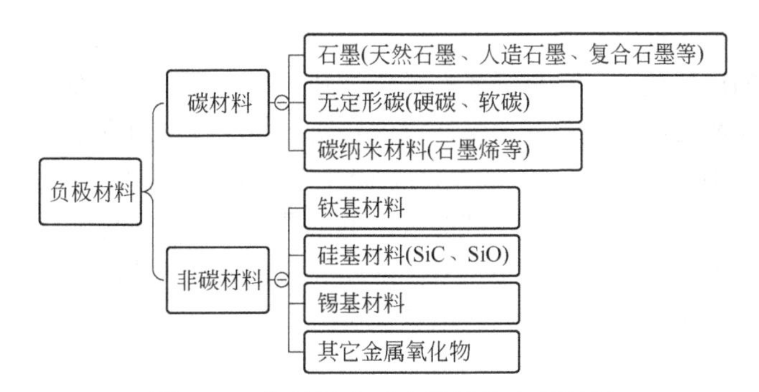


图2-20 常见锂离子电池用的负极材料

锂离子电池负极材料根据其与锂的反应机理可以分为三大类：嵌入型、转化型和合金化型[54]。这三类反应机理如图2-21所示。嵌入是指在主基体中嵌入客体离子或分子。例如，锂离子嵌入石墨基体中。嵌入反应在锂离子电池的电极材料中应用广泛。除了碳基负极材料之外，很多金属氧化物负极[如二氧化钛（$TiO_2$）、氧化钒（$VO_x$）]也属于嵌入型负极材料。转化反应是一种可逆的电化学反应，化合物中的过渡金属被电化学反应破坏并还原成零价的金属。转换型锂离子电池负极材料有：三氧化二铁（$Fe_2O_3$）、四氧化三铁（$Fe_3O_4$）和氧化铜（CuO）等。合金指的是两种及以上元素的混合物。合金化型的负极材料有硅（Si）及其衍生物、锡（Sn）及其衍生物等。其中由于合金化型的负极材料具有超高的容量而成为近年来的研究热点。

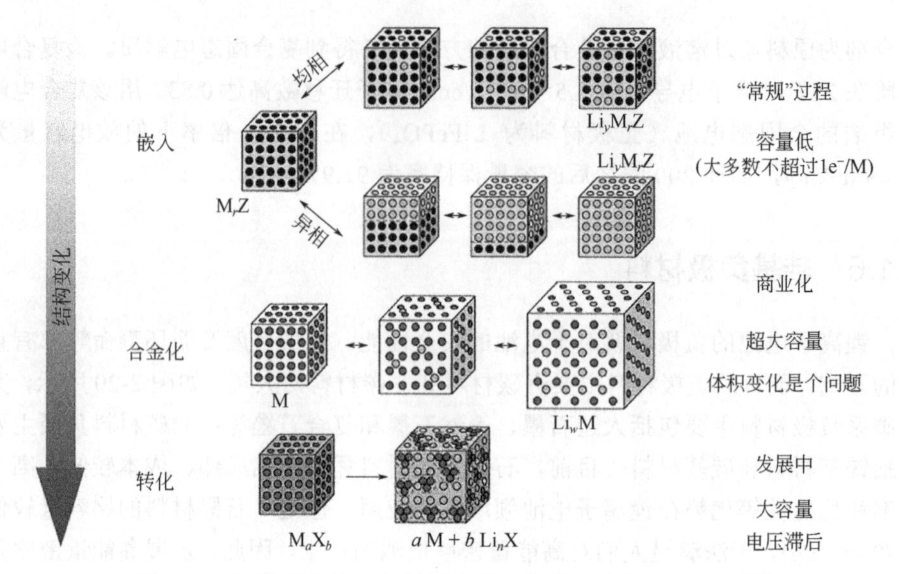


图 2-21　锂离子电池负极材料中的三大类反应机理示意图[54]

在合金化型负极材料中，由于硅具有超高的理论比容量（4200 mAh/g，$Li_{22}Si_5$）引起了人们的广泛关注[55]。硅元素与碳元素在同一主族，很多性质类似。与同一主族的碳元素相比，硅元素的化学活泼性较低，与电解液的反应活性较低，因此不会发生有机溶剂的共嵌入现象。同时，硅在地壳中的含量极为丰富，仅次于氧，常以化合物的形式存在。此外，硅的嵌锂电位要略高于石墨材料，可以避免生成锂枝晶，因此安全性能优于石墨材料。因此硅基负极材料被认为是一种替代石墨负极的理想锂离子电池负极材料，极具发展潜力。

### 2.1.6.1　硅负极工作原理

Sharma 和 Seefurth 等人在研究高温电池中发现锂硅合金化合物的形成[56]。图 2-22 给出的是由硅负极和锂金属氧化物（$LiM_xO_y$）正极组成的电池充放电过程示意图[57]。充电过程中［图 2-22（a）］，外部电源驱动电子从正极（$LiM_xO_y$）通过外电路流向负极（硅），而锂离子从正极脱出通过电解质迁移至负极以保持电荷平衡。当锂离子与硅发生合金化反应时，负极会发生膨胀，直到达到所需的充电状态。放电过程则与此相反［图 2-22（b）］。当锂离子从负极脱出时，负极会发生体积收缩。当电子通过外电路从负极流向正极时，锂离子也通过电解质迁移到正极。

硅的电化学锂化机理是提高硅负极性能的关键。有研究发现，在不同温度下硅的锂化反应遵循 Li-Si 二元平衡相图规律，可以形成不同组成的 Li/Si 合金化合物（如 $Li_{12}Si_7$、$Li_7Si_3$、$Li_{13}Si_4$ 和 $Li_{21}Si_5$ 等）[58]。锂离子电池循环过程中硅与锂的反应机理如下[59]：

第一次放电过程：

$$\text{Si（晶态）} + x\text{Li} + xe^- \rightarrow \text{Li}_x\text{Si（非晶态）} + (3.75-x)\ \text{Li}^+ + (3.75-x)\ e^- \quad (2\text{-}1)$$

$$\rightarrow \text{Li}_{15}\text{Si}_4\text{（晶态）} \quad (2\text{-}2)$$

之后的充电过程：

$$\text{Li}_{15}\text{Si}_4\text{（晶态）} \rightarrow \text{Si（非晶态）} + y\text{Li}^+ + ye^- + \text{Li}_{15}\text{Si}_4\text{（剩余）} \quad (2\text{-}3)$$

在首次放电过程中出现两相区，晶态硅在第一次锂化过程中［式(2-1)］形成非晶态锂硅合金[58,59]。高度锂化的非晶态 $Li_xSi$ 相在很低的电压下（大约 60 mV）会突然转变成锂化态的 $Li_{15}Si_4$ 晶相［式（2-2)］[58,59]。第二个两相反应发生在第一次去锂化过程，最终产物是非晶态硅，同时有一定量的 $Li_{15}Si_4$ 相剩余［式(2-3)］。如果在循环过程中，硅电极的电位高于 70 mV，则可以避免 $Li_{15}Si_4$ 相剩余的现象发生。在第二次充放电循环开始，两相反应消失了，开始单相反应。第二次循环之后，重复反应（2-2）和反应（2-3）。

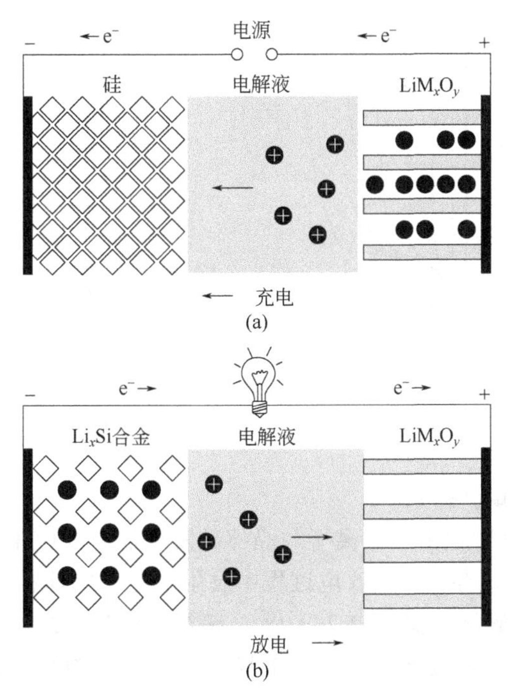


图 2-22 以硅负极和锂金属氧化物（$LiM_xO_y$）正极组装的锂离子电池的充电（a）和放电过程（b）示意图[57]

#### 2.1.6.2 硅负极存在的问题

在硅与锂离子发生锂化和去锂化过程中，硅的结构会经历一系列的变化，而硅锂合金的结构转变和稳定性直接关系到电极和电池的性能。单质硅作为锂电负极材料使用时，存在较大的缺陷，其锂化/去锂化过程中会伴随着巨大的体积变化（体积膨胀可高达 400%）[60]。硅电极体积膨胀收缩会带来很多问题[60]：

① 硅颗粒破裂，导致材料粉化；

② 电极片断裂；

③ 电极片变形，接触变差，导电性变差；

④ 硅颗粒破裂导致比表面积增加，新裸露的表面与电解液生成 SEI 层，消耗电解液和锂；

⑤ 硅体积膨胀收缩导致表面 SEI 层的不断破裂和重建，消耗电解液和锂；

⑥ SEI 层增厚，电池内阻增大；

⑦ 表面黏结剂的黏性下降，造成活性物质脱落。

以上存在的这些问题直接导致了由硅负极组装的电池容量在循环过程中发生快速衰减，如图 2-23 所示[61]。

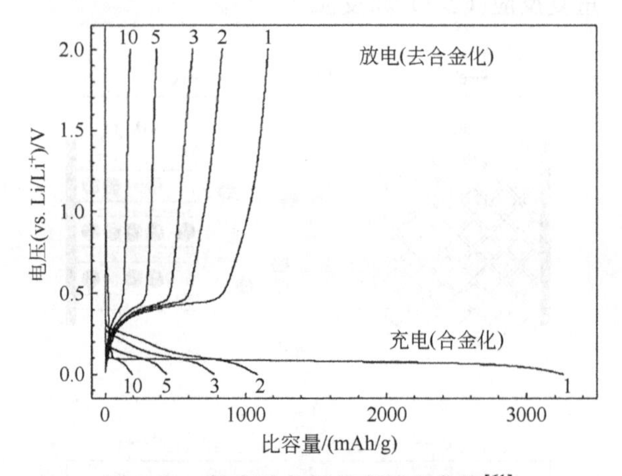


图 2-23　粉末硅负极的充放电曲线[61]

硅负极容量衰减机制如下：

① 在首次放电过程中，锂离子与晶体硅发生嵌锂反应生成硅锂合金，最终以 $Li_{15}Si_4$ 的合金形式存在。充放电过程中发生的巨大的体积变化（约 400%）导致硅电极的结构被破坏（见图 2-24）[62]，使得活性物质之间以及活性物质与集流体之间接触变差，从而导致锂离子的脱嵌过程不能顺利进行，造成巨大的容量损失。

② 硅电极材料巨大的体积变化会影响到 SEI 层的形成。图 2-25 给出的是硅在充放电过程中形成 SEI 层的示意图[63]。从图中可以看出，随着脱嵌锂过程的进行，SEI 层不断被破坏与重建。这一过程会消耗大量的电解液和活性物质，因此会造成较大的容量损失。同时由于 SEI 层的导电性差，使得充放电过程电极的阻

抗不断增大，造成容量的快速衰减。此外由于 SEI 层反复重建而增厚，形成较大的机械应力，会进一步破坏电极结构。不稳定的 SEI 层还会使得硅及硅锂合金与电解液直接接触而发生损耗，造成容量损失。

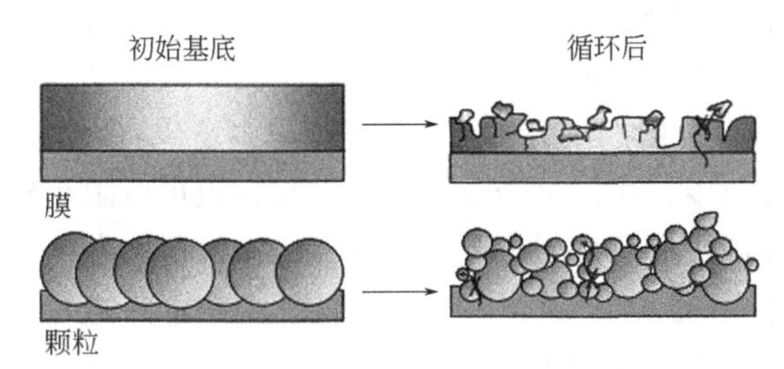


图 2-24　Si 负极电化学循环后的形貌变化图[62]

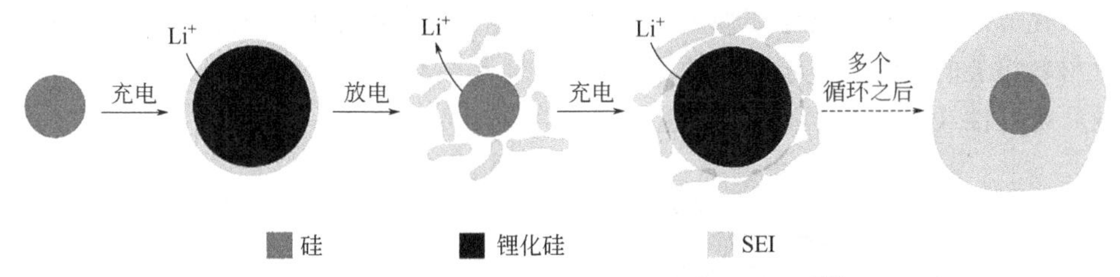


图 2-25　硅负极表面形成 SEI 层的示意图[63]

#### 2.1.6.3　硅基负极改性

针对上述单质硅负极材料充放电过程中出现巨大体积变化问题，研究者们提出了很多解决方案：比如硅的纳米化及其维度设计、硅基复合材料及其结构设计、新型黏结剂、新型电解液/电解液添加剂和预锂化等。

（1）纳米结构硅

与微米及以上尺寸的材料相比，纳米材料具有较大的比表面积，能够在一定程度上缓冲体积膨胀产生的应力，从而更有利于维持活性材料在充放电循环之后的完整性[64]。Huang 等人[64]的研究发现，硅的颗粒尺寸小于 150 nm 时，锂化之后的颗粒不会产生裂纹。Cui 课题组制备了硅纳米线，将其作为负极材料应用于锂离子电池，发现该结构能有效减缓体积效应[62]。用其组装的电池，经过 10 次循环后能保持其理论容量的 75%而没有明显的衰减。他们课题组还利用硅的前驱体在氧化铝模板中的还原分解和刻蚀的方法制备了硅纳米管，结果表明用硅纳米管作为负极的电池表现出极高的放电容量（3247 mAh/g），并且库伦效率高达 89%[65]。

（2）硅基复合材料

制备硅基复合材料可以在两个方面改善硅负极材料的性能：一是提高负极的导电能力，二是增强负极的力学强度，维持负极的结构稳定。目前主要有五种制备硅基负极的方法：化学气相沉积法、溶胶-凝胶法、高温热解法、机械球磨法和静电纺丝法。硅基负极材料中最受关注的是硅碳负极材料，其结合了硅材料高容量和碳材料高电导率及稳定的优点。Choi 等人[66]利用同轴静电纺丝技术将硅纳米颗粒包裹在聚丙烯腈（PAN）纤维中，然后经过碳化后获得了核壳结构的硅碳复合纤维。纳米硅颗粒表面包覆碳材料的核壳结构具有双重功效。一方面，利用壳层材料（碳材料）可以缓冲硅在锂化/脱锂化过程中发生巨大的体积变化，是对硅纳米结构缓冲的进一步补充；另一方面，壳层材料也可以阻止硅活性材料表面与电解液发生直接接触，从而抑制电极材料在充放电过程中发生 SEI 层的破坏和重建。这种核-壳结构的硅碳复合材料显示出了优异的电池性能：容量高达 1384 mAh/g。Park 等人在硅纳米片上涂覆一层碳材料制得硅碳复合材料[67]。硅纳米片的制备方法为：利用廉价的天然黏土材料，通过熔融盐诱导其剥离成二维的二氧化硅，同时结合化学还原反应制备了高纯二维硅纳米片（图 2-26）。用该复合材料组装的电池，显示出高的可逆容量（1 A/g 条件下，865 mAh/g）和良好的循环稳定性（500 圈循环之后容量保持率为 92.3%）。

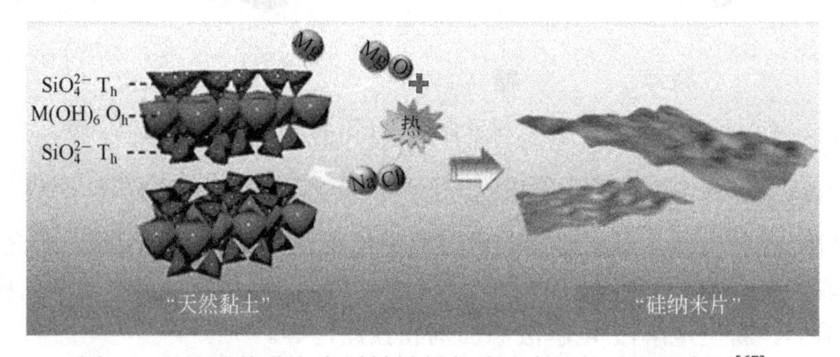


图 2-26　以天然黏土为原材料制备硅纳米片的过程示意图[67]

利用聚合物高温热解法制备无定形碳包覆硅也是较常用的制备硅碳负极材料的方法之一。Luo 等人利用溶胶凝胶法合成了间苯二酚-甲醛树脂（RF）包覆 Si 颗粒作为前驱体，然后通过前驱体高温焙烧制备了 Si@ C 核壳结构（图 2-27）[68]。碳材料包覆厚度为 10 nm 的 Si@C 复合材料，在电流密度为 500 mA/g 时，经过 500 次循环后，仍有 1006 mAh/g 的比容量，库伦效率大于 99.5%。

（3）新型黏结剂

Li 等人利用特殊的黏结剂制备硅碳复合负极材料[69]。他们利用新型黏结剂（沥青）的融合缩聚作用将 $SiO_x$ 颗粒和薄层石墨黏结在一起后进行碳包覆，制备出具有微纳复合结构的硅基复合负极材料。该负极材料的结构稳定性和电化学性能都得到了极大的提升（图 2-28）。经过辊压后的硅碳复合材料，还能保持原有结构的完整性，具有高的可逆比容量（653 mAh/g）、低的体积膨胀率（100 圈循环后极片厚度膨胀 13.7%）以及优异的循环稳定性和倍率性能。Xu 等人制备了具有多重网络结构和自愈合功能的水系黏结剂［聚丙烯酸-聚(2-羟乙基丙烯酸-*co*-甲基丙烯酸多巴胺)共聚物］［PAA-P(HEA-*co*-DMA)］，该黏结剂可以有效缓解由微米硅电极的体积效应带来的负面影响，进而获得性能优异的硅基负极[70]。

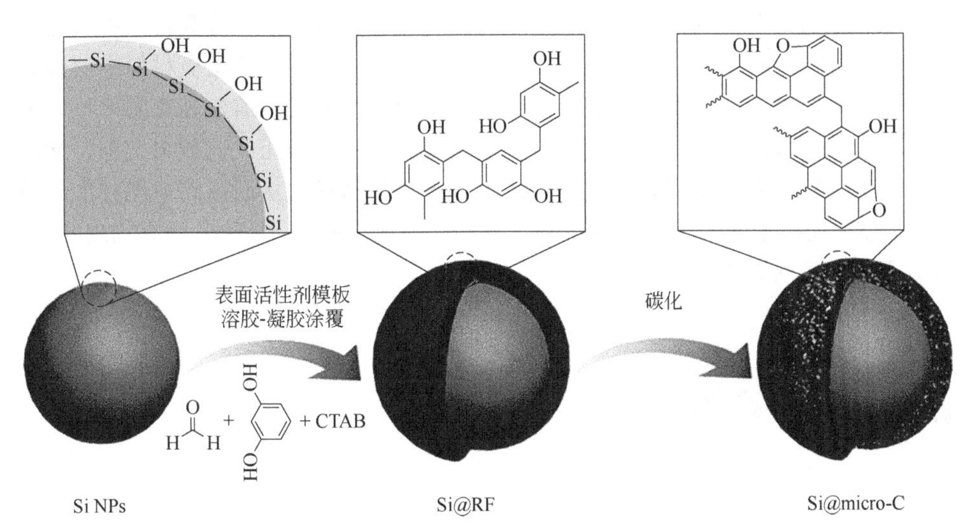


图 2-27　溶胶-凝胶法制备的碳（间苯二酚-甲醛树脂为碳源）包覆纳米硅复合材料[68]

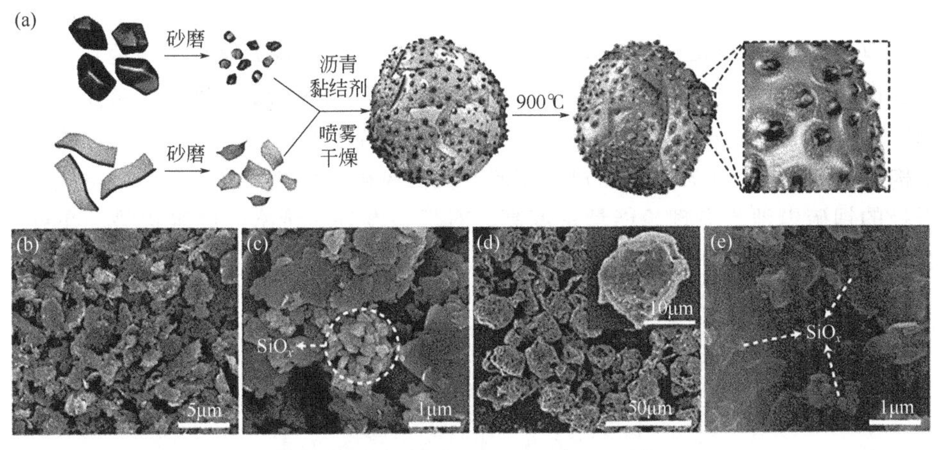


图 2-28　硅碳复合材料的制备过程示意图（a）；$SiO_x$/石墨（graphite）（$SiO_x$/G）复合材料的扫描电镜图（SEM）（b，c）；$SiO_x$/石墨/碳（carbon）（$SiO_x$/G/C）复合材料的 SEM 图（d，e）[69]

（4）新型电解液/电解液添加剂

电解液组分对于 SEI 层的形成关系重大。为了获得更稳定的 SEI 层，有研究者报道了适合硅负极材料的新型电解液。Zhang 等人为硅基负极开发了一种不易燃局部高浓度电解液（Localized high-concentration electrolytes，LHCE），该电解液可以显著提升电池的电化学性能[71]。基于该电解液的 $SiGr/LiNi_{0.3}Mn_{0.3}Co_{0.3}O_2$ 全电池，在 0.5 C 倍率下，循环 600 圈之后能保留超过 90%的容量。

（5）预锂化

硅负极由于在充放电的过程中会发生巨大的体积变化，使得其首次不可逆容量损失高达 40%～70%。首次不可逆容量损失会消耗电解液和正极材料中的锂离子，从而降低电池的电化学性能和稳定性。预锂化技术是目前提高首圈库伦效率的一种简单高效的方法[72]。预锂化技术的关键是：在电极正式充放电之前，增加外界锂源，以补充副反应和 SEI 层生成对正极锂的消耗，从而提高电池首次库伦效率。预锂化技术分为负极预锂化技术和正极预锂化技术，具体方法有物理共混、喷涂金属锂粉法和正极富锂材料法等。

# 2.2 锂硫电池

## 2.2.1 概述

锂硫电池（Lithium sulfur battery, Li-S battery）是以硫元素作为电池正极，金属锂作为负极的一种锂电池，其理论比能量高达 2600 Wh/kg，远高于目前商业化的锂离子电池，是破解新能源汽车“里程焦虑”的备选项之一。图 2-29 为锂硫电池结构示意图，相对于在能量密度上很难有大的突破的传统锂离子电池，将硫作为正极的锂硫电池具有理论能量密度高、对环境友好、价格低廉等优势，在过去的几年里被证实可作为高比能电池使用，并取得了许多突破性研究进展。然而，

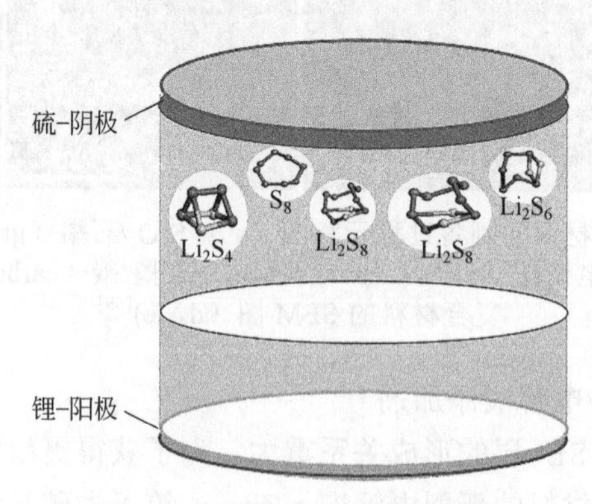


图 2-29 锂硫电池结构示意图

锂硫电池固有的缺陷也阻碍了其产业化进程：一方面，由于硫单质及还原产物多硫化合物（$Li_2S/Li_2S_2$）的导电率低，导致锂硫电池中活性物质利用率低，倍率性能差；另一方面，在充放电过程中产生的可溶性多硫化物会导致“穿梭效应”的出现，这些问题通常导致硫的利用率低、循环寿命差，甚至会影响一系列安全问题[73]。尽管如此，锂硫电池所具有的能量密度高、理论容量大、单质硫资源丰富且无污染等特点，也一直吸引着许多研究者，近几年，我国一直在进行着锂硫电池技术的研发，一些团队已经取得了明显的成果。

#### 2.2.1.1 锂硫电池电化学原理

我们知道锂离子电池是依靠锂离子在正极和负极之间的移动来完成充放电过程，而与传统锂离子电池的嵌脱锂反应不同，如图 2-29 所示锂硫电池采用硫或含硫化合物为正极，锂为负极，是通过硫-硫键的断裂或者生成来实现电能与化学能的相互转换。放电时，锂离子从负极向正极迁移，正极活性物质硫-硫键断裂，与锂离子结合生成 $Li_2S$；充电时，$Li_2S$ 释放出来的锂离子嵌入到负极材料或在负极沉积为金属锂。从图 2-30 和 2-31 可以知道，锂硫电池中硫被氧化还原的化学过程较为复杂，导致电池充放电过程中存在一系列可逆反应和歧化反应。最初，

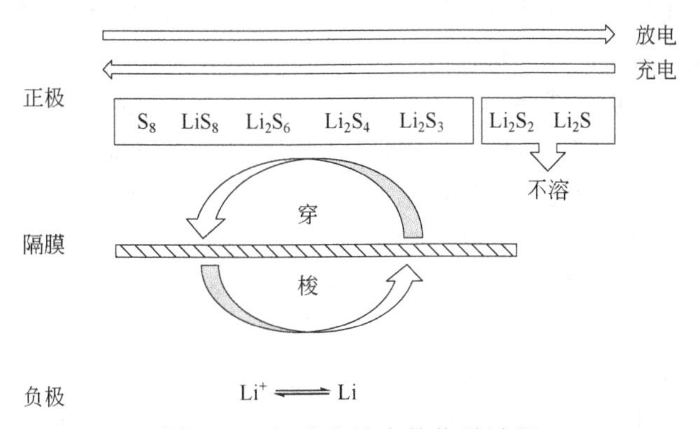


图 2-30　锂硫电池中的化学过程

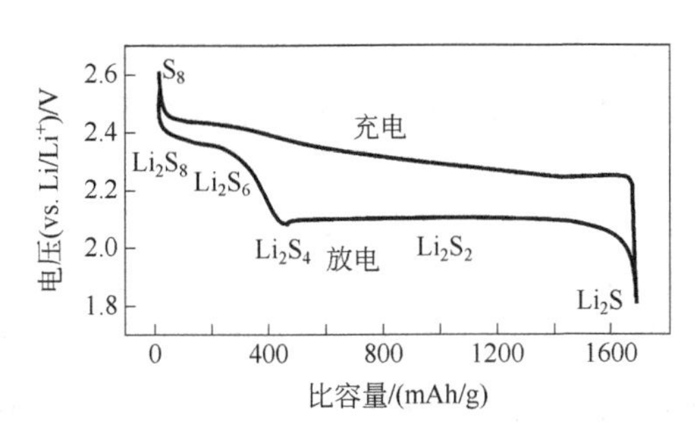


图 2-31　锂硫电池充放电机理示意图

硫单质以 $S_8$ 的形式存在，随着放电时硫-硫的键断裂，$S_8$ 不断与 $Li^+$ 结合陆续被还原成 $Li_2S_8$、$Li_2S_6$、$Li_2S_4$ 等易溶于有机电解液的长链多硫化物。随着反应进一步进行，这些长链多硫化物最终被还原成不溶于电解液的短链多硫化物 $Li_2S_2$ 和 $Li_2S$，沉积在正极表面以固体形式析出，当 $Li_2S$ 覆盖整个电极时，电池电压迅速下降导致电池终止放电。

#### 2.2.1.2 锂硫电池发展的挑战

锂硫电池的理论比容量和能量密度虽然很高，但从目前来看，锂硫电池普遍存在活性物质利用率低、容量衰减迅速、循环寿命短的问题，这些问题导致实现其容量理论值并进行实际应用还有很长的一段路要走[74]，从许多研究结果可知：放电过程中不溶的多硫化物的产生；作为正极材料的硫，较差的导电性；充放电过程中的体积变化是引起以上问题的主要原因，具体来说：

① 放电时，硫与金属锂反应是一个复杂的化学过程，先生成的易溶的多硫化物溶解到有机电解液中，会增加电解液的黏度，降低离子导电性；多硫化物能在正负极之间迁移，导致活性物质损失和电能的浪费；负极锂与电解液接触时，会在锂负极上形成一层钝化层（SEI 膜），其中包括一些电极与电解液反应产生的不溶性产物。锂离子可以经过该钝化层自由地嵌入和脱出，但当溶解在电解液中的多硫化物跨越隔膜扩散到负极与负极反应时，会使钝化层反复形成/破裂，导致金属锂和电解液不断被消耗；溶解的多硫化物在正负极之间穿梭，在正极与负极之间发生氧化还原反应，这种迁移被称作“穿梭效应”（Shuttle 效应），这种效应会引起锂负极的腐蚀粉化，导致库伦效率低、循环过程中锂的消耗严重；同时，不溶解的 $Li_2S_2$ 与 $Li_2S$ 不均匀覆盖在硫正极，也会使正极导电性变差。

② 室温下单质硫是电子和离子绝缘体，电导率仅有 $5\times10^{-30}$ S/cm，用作电极材料时，活化困难、利用率低；同时，反应的最终产物（$Li_2S_2$ 和 $Li_2S$）也是电子绝缘体，并且不溶于电解液，不利于电池的高倍率性能。

③ 硫和硫化锂的密度分别为 2.07 g/cm$^3$ 和 1.66 g/cm$^3$，充放电过程中体积的膨胀、收缩会改变正极的形貌和结构，导致硫与导电骨架分离，电池结构遭到严重破坏，容量衰减严重；在纽扣电池中这种体积效应不显著，但在大型电池中体积效应会放大，巨大的体积变化会破坏电极结构使容量衰减严重，最终可能导致电池的损坏。

④ 与锂离子电池一样，锂硫电池中锂枝晶生长同样是影响电池安全性和稳定性的问题之一。锂枝晶的生长会导致电池在循环过程中电极和电解液界面的不稳定，破坏生成的 SEI 膜，锂枝晶在生长过程中会不断消耗电解液并导致金属锂的不可逆沉积，形成死锂造成低库伦效率；锂枝晶的形成甚至还会刺穿隔膜导致电池内部短路，造成电池的热失控引发燃烧爆炸，带来严重的安全隐患。

## 2.2.2 新型硫正极材料

锂硫电池正极的选择上，由于单质硫在地球中储量丰富，具有价格低廉、环境友好等特点，目前广泛采用升华硫来作为锂硫电池的正极材料。研究者们将硫封装在导电宿主材料以增加导电性，同时物理地将锂多硫化物限制在宿主材料中，其中以碳材料最为常见。除了通过碳材料较大的比表面积将硫固定在其中之外，为了能从根本上解决问题，通常会引入具有吸附作用和催化作用的无机或聚合物宿主材料来解决上述问题。

### 2.2.2.1 碳宿主材料

碳材料由于其自身的高导电性、结构可控、易于制备、成本低廉等优点，被广泛应用于硫复合正极材料。在碳材料与硫复合中，通常是将硫填充到碳材料孔道中来实现对硫及硫化锂的限域，从而既增强导电性，又可以在一定程度上抑制多硫化物的散失。碳宿主材料包括一维碳材料（碳纳米管、空心碳管）、二维碳材料（如石墨烯、氧化石墨烯）、三维碳材料（如多孔碳球、空心碳球和新型三维网络结构碳材料等）。

（1）一维碳材料

碳纳米管（CNT）是一种纳米尺度的具有完整分子结构的一维量子材料，可根据管壁的层数分为单壁碳纳米管（SWNTs）和多壁碳纳米管（MWNTs）。由于碳纳米管的尺度、结构和拓扑学等方面的特殊性，它具有许多奇特的物理、化学性能和潜在的巨大应用前景，例如碳纳米管具有高的纵横比，能够形成相互连接的网络，使得硫正极材料具有长程导电性，这在锂硫电池应用中备受欢迎。利用硫在 155℃下的低黏度，通过熔融扩散的办法可以改善硫和碳纳米管之间的整体接触，或者通过不同形态的碳纳米管来提高硫正极的性能。与传统碳纳米管相比，多孔碳纳米管的比表面积更高、硫吸附能力更强，对硫电极具有双重保护作用。在慢速充放电过程中，可以有效缓解容量衰减。但是，碳纳米管的直径非常小、管壁具有不渗透性，硫很难渗透到碳纳米管内部空间，而管中管这种结构结合了碳纳米管和直径较大的空心碳管的优势，可以显著改善这一问题。

使用熔融渗透法会在导电界面形成较厚的硫沉积层，无法获得高比容量，而使用蒸汽渗透能有效解决这个问题。近期，美国范德堡大学 Pint 等人[75]通过蒸汽渗透将硫单质嵌入低密度 CNT 中，合成出高面积硫负载量和面积比容量的硫-3D 碳纳米管（Sulfur-3D CNT）泡沫，其作为锂硫电池正极材料表现出良好的电化学性能。首先，在硫渗入之前，形成低密度互连的 CNT，为电极提供导电骨架；其次，利用毛细管热力学将硫渗入 CNT 泡沫，确保了硫能够涂覆在 CNT 的内部与外部，利用 CNT 的机械性质防止形成绝缘体积。最后，作者通过理论计算提出提高电池的能量密度的最好途径是要提高硫的利用率，这为锂硫电池的研究提供了新思路。

（2）二维碳材料

石墨烯（Graphene，G）作为一种新型碳材料，具有独特的结构和优异的性能，其有着优异的导电性，且易于功能化，是目前研究最为广泛的纳米二维材料[76]：硫颗粒可以负载在二维纳米片表面，同时可以借助石墨烯材料表面官能团和超高比表面积来吸附多硫化物达到抑制穿梭效应提高锂硫电池性能的效果，因此近几年，石墨烯、氧化石墨烯（Graphene oxide，GO）及还原氧化石墨烯（Reduced graphene oxide，rGO）通过多种方式被应用于锂硫电池等电化学储能器件中。

最近，Chen 课题组[77]通过简单的冷冻干燥-低温热处理的方法合成大孔自支撑的纳米硫/石墨烯（S-rGO）纸作为锂硫电池的电极，柔性的 S-rGO 纸具有稳定的大孔结构，硫纳米颗粒与石墨烯之间也具有较强的相互作用，这些不仅为电子传输提供了导电框架，而且还减弱了循环过程中的体积效应。因此这种 S-rGO 纸具有优异的倍率性能和可循环性。在电流密度为 300 mA/g 的 200 次循环后，放电比容量为 800 mAh/g，容量衰减率仅为每循环 0.035%。即使在 1500 mA/g 的高电流密度下，它仍然表现出良好的性能。由于石墨烯材料衍生物众多、性能多样化的特性，陆续有人提出“全石墨烯”（All-graphene）锂硫电池结构设计，Fang 等人[78]制备出孔容量高达 3.51 cm/g 的高孔容石墨烯作为硫的载体，其可实现质量分数 80%的负载量；在此基础上高导电石墨烯作为集流体，相比传统的金属集流体，石墨烯轻质的特点有助于提升电池整体的能量密度；同时部分氧化石墨烯作为吸附层，其含氧官能团与多硫化物的化学键合作用可有效防止多硫化物向负极的迁移；这种全石墨烯的结构有效利用三种石墨烯协同作用为锂硫电池的性能带来了高初始重量比容量（1500 mAh/g）和面积比容量（7.5 mAh/cm），以及能够循环 400 次的出色循环稳定性。

（3）三维碳材料

三维碳材料也是一类优秀的宿主材料，它可以将硫负载在其孔洞之中，以限制多硫化物的穿梭效应。通过结合介孔和微孔的优点，开发具有双峰孔分布的碳球（即内部的大孔和介孔被外部的微孔所包围），将硫注入到内部的大孔和介孔结构中，而外部较小的微孔作为限制多硫化物的一个物理屏障，这种多级分孔碳结构可以有效减少锂硫电池活性材料流失、降低容量衰减。目前广泛采用二氧化硅（$SiO_2$）[79]、氧化镁（MgO）[80]、氧化锌（ZnO）[81]、聚合物[82]等为模板制备三维多孔碳材料。这些多孔碳材料的共通点是具有较高的比表面积和高孔容，优秀的孔结构使得其在较高的硫负载量下仍然具有良好的循环稳定性，然而在使用空心碳球固定硫并容纳硫在锂化过程中的体积膨胀时，部分硫会穿过多孔碳壳。为解决这个问题，Ding 等[83]先将酚醛树脂包裹在硫化锌团簇上，碳化后形成碳壳，随后通过添加硝酸铁将硫化锌转化为硫单质。理论上，硫化锌转化成硫单质时会发生体积收缩形成35%的无效空间，通过调控氧化剂的浓度和反应时间，可以控制和优化孔隙体积以及硫填充的程度。除此之外，碳球作为锂硫电池的正极载体被广泛应用，例如 Zeng 等人[84]通过碳化和活化聚苯胺（PANI）-共-聚吡咯（PPy）中空纳米球成功合成了比表面积高达 2949 $m^2/g$ 和孔体积高达 2.9 $cm^3/g$ 的中空碳纳米球（HCNs）。并且通过调节活化时间可以容易地控制 HCNs 的空腔直径和壁厚，它们的封闭结构是包封硫的理想载体。该复合材料在应用于锂硫电池时，在 0.2 C 倍率下第一次放电比容量达到 1401 mAh/g。即使在 200 次循环后，放电容量仍保持在 626 mAh/g。

将一维碳材料的碳纳米管应用于硫正极载体，已经得到了很广泛的研究。碳纳米管的硬度与金刚石相当，却拥有可以拉伸的良好的柔韧性，若将以其他材料为基体与碳纳米管制成复合材料，可使复合材料表现出良好的强度、弹性、抗疲劳性及各向同性，给复合材料的性能带来极大的改善。基于此，近几年一些研究者以碳纳米管交联、搭建出各具形态的三维导电网络。例如，Yan 等人[85]选取胺化的碳纳米管（E-CNTs），设计合成了一种类似钢筋混凝土结构的三维网络与硫复合作为正极材料（P@E-CNTs/S）（图 2-32）。大量的胺化碳纳米管均匀插入到纳米硫颗粒内部，形成了三维导电网络，提供了电子的快速传输通道，增强了对纳米硫颗粒内部的活化过程，进而提高硫的利用率。同时，这种钢筋混凝土的网络结构提高了电极的微观结构稳定性，进而延长电池的循环寿命；更重要的是，经过胺化处理的碳纳米管表面携带大量的氨基基团，其与硫化锂之间能够产生强烈的化学吸附作用，从而有效抑制多硫化物的散失和穿梭效应。最后利用导电聚合物（聚苯胺）对复合材料实现进一步封装。利用化学和物理双重限域作用，更

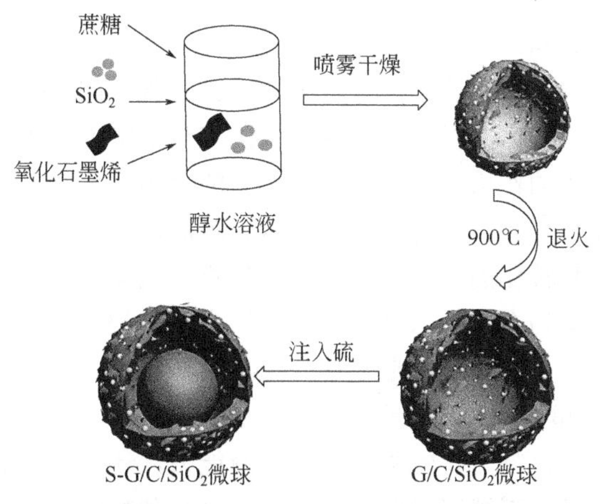


图 2-32　空心碳球的合成路线图[79]

为有效地抑制多硫化物的散失，提高电池循环性能。该材料在 0.2 C 的电流下初始放电比容量为 1215 mAh/g，循环两百圈仍然能保持 975 mAh/g 的比容量。

相似地，Chen 等人[86] 通过自模板化的方法将碳纳米管“插入” $Co_3S_4$ 纳米盒，提供了一个微区化和整体化的三维导电网络（CNTs/$Co_3S_4$-NBs），该网络由三维 CNT 导电网络和极性 $Co_3S_4$-NBs 组合而成，这种特殊的结构（图 2-33），首先能通过协同效应有效抑制空心 $Co_3S_4$-NBs 中的多硫化物的转化；同时 $Co_3S_4$ 空心纳米盒子内部的活性硫能显著提高活性硫的利用率和倍率性能；可以加速电子传输缩短锂离子扩散路径，促进电化学氧化还原过程的动力学行为；并且提供了更多的开放通道以便电解液渗透，从而扩大了内部纵深位置的活性硫与电解液接触面积。因此这种结构的电极能够显著改善锂硫电池的倍率性能和长循环方面的电化学性能。

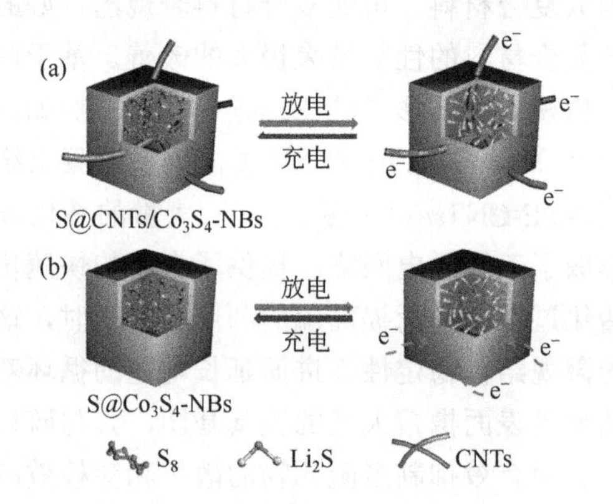


图 2-33　S@CNTs/$Co_3S_4$-NBs 正极（a）和 S@$Co_3S_4$-NBs 正极（b）的结构优势对比示意图[86]

### 2.2.2.2　无机宿主材料

虽然，碳材料较大的比表面积等优势使得其很长时间以来被广泛应用于锂硫电池中。这些材料作为宿主材料通过物理吸附和化学吸附作用的基质来载硫，希望可以通过或强或弱的作用力来限制多硫化锂的溶出，实验结果表明这些手段明显能够缓解这种症状[74,87]。但为了能从根本上解决问题，通过引入能够在吸附多硫化物的同时促进其转化的物质（如金属氧化物、硫化物、氮化物和磷化物等）的方法看起来似乎更为有效。以金属氧化物纳米颗粒为基础的硫正极不仅可以抑制穿梭效应，还能调控多硫化锂的溶解。Shao 等[88]采用了水热法制备了核壳结构的氮掺杂碳纳米管/超薄 $MoS_2$ 纳米片材料（NC@$MoS_2$），实验研究和理论计算表明 $MoS_2$ 不仅对多硫化物具有较强的化学吸附能力，还能促进其催化转化，从而加快电化学反应速率并减缓穿梭效应。此外，这种独特的核壳结构可以促进快速电传输和有利的电解质渗透。当其用于锂硫电池正极基底时，表现出了优异的循环稳定性和倍率性能：在 2C 的倍率下循环 1000 圈，容量衰减率仅为每循环 0.049%。这项工作提供了一种通过探索二维介质催化剂开发高性能锂硫电池的新战略。Lei 等人[89]通过水热合成法制备了极性 $WS_2$ 纳米片包覆碳纳米纤维（C@$WS_2$）复合材料。超薄的 $WS_2$ 有着高表面活性及低接触电阻，为硫的附着提供了很好的特定区域，使得复合材料表现出 1501 mAh/g 的充放电比容量。Li 等人[90]协同构建了 $Nb_2O_5$ 微米空心球（m-HNB）与石墨烯（rGO）间离子/电子混合导体硫正极宿主材料（m-HNB@rGO）。首先，m-HNB 中的预留微米级空腔既可保证高硫负载量也可以显著缓解体积效应带来的导电网络失效和电极龟裂等问题，保证了 S@m-HNB@rGO 复合材料的结构稳定性；同时利用 $Nb_2O_5$ 对多硫化锂具有适当的化学亲和力，保证多硫化锂在转化过程中迅速建立起电荷平衡，从而使整个电极表现出低电化学极化、高库伦效率和更为出色的倍率性能。

无机物和碳材料的复合，是一种相辅相成的作用，无机物提高碳材料的催化性，同时碳材料也能通过自身特殊的结构，提高无机物在锂硫电池充放电过程中的电化学性能。Tao 等人[91]以木棉树纤维为碳源模板，通过控制天然木棉纤维外表面和内表面的生长，获得的独特结构有利于提高无机氧化物的电化学性能。从合成方法来看除了常用的水热/溶剂热法之外，还有微波还原法[92]等可以完成上述复合过程。

#### 2.2.2.3 聚合物宿主材料

聚合物特殊的结构使得其具有许多特殊的性质。其种类繁多，性质差异大，为制备性能优良的聚合物膜修饰电极提供了丰富可选的材料。在制备这类电极时可以采用掺杂，共聚等方式加入其它材料，或者通过聚合物包覆等方式将纳米材料与聚合物相结合，制备出可以灵活抑制硫正极体积膨胀的硫正极载体。导电聚合物（Conductive polymers）既具有金属的电学特性，又具有有机聚合物的柔韧性和可加工性，还具有电化学氧化还原活性和储锂性能。这些特点决定了导电聚合物在提高锂硫电池性能方面能发挥重要作用。

（1）导电聚合物用于提高硫正极材料的导电性

由于单质硫传导电子和离子的导电性差，添加导电剂会降低正极材料的能量密度，因此一些研究者将导电聚合物和硫复合，以提高正极材料的导电性。比较常见的方法是球磨复合法、原位化学聚合复合法和热处理复合法。球磨复合法是通过球磨将物料破碎促使其发生反应，使硫和导电聚合物在纳米级混合，分布均匀的硫和导电聚合物紧密接触，提高硫正极的导电性和循环稳定性；原位化学氧化法是选择一些易于制备、原料易得的导电聚合物如聚苯胺、聚吡咯，通过原位聚合包覆硫制备正极材料，这种方式制备的材料提高了硫正极的导电性，降低了电池体系的电荷传递阻抗以及活性物质区域的接触电阻。Wei 等[93] 通过原位反应合成聚苯胺空心球（HPANIs）（图 2-34），将硫在循环过程中进一步限制在分子水平。细小的硫颗粒均匀分布在 PANI 表面，硫纳米结构变得更加稳定，导电率也显著提高。HPANIs@S 复合材料在 170 mA/g 电流密度下循环 100 次后仍表现出 601.9 mAh/g 的可逆比容量。热处理复合法是硫单质在保护气氛下加热液化，将液态硫渗入导电聚合物的间隙中，之后在较高温度下热处理，将没有渗入间隙的硫气化，部分气化硫会与导电聚合物链之间生成硫-硫键，从而使复合材料中导电聚合物主链导电，侧链储锂，提高材料的循环稳定性。

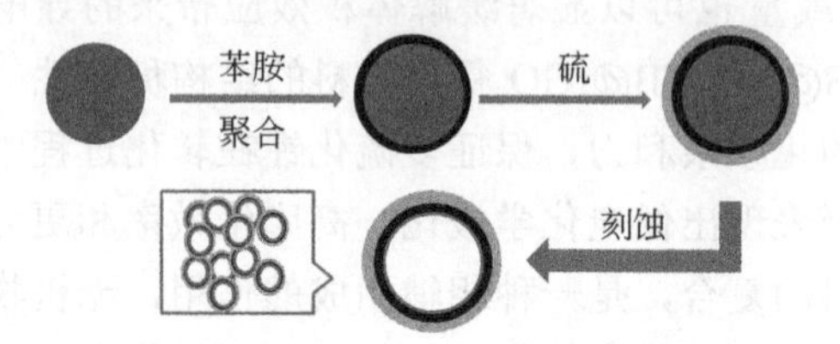


图 2-34 聚苯胺空心球的合成步骤[93]

（2）导电聚合物用于缓解体积膨胀

硫的体积膨胀也是锂硫电池需要解决的主要问题之一，相对于用碳材料来做宿主材料而言，导电聚合物的柔韧性较好，设计适当的结构和形貌可以缓解硫充放电过程中的体积膨胀。导电聚合物包覆硫复合材料在作正极的过程中，包覆层容易被破坏，导致硫与电解液直接接触，多硫化物溶出，因此一些研究制备出合适的核壳结构通过在壳结构内部留出空间应对锂脱嵌过程中的体积变化。Xie 等[94]采用一锅法原位合成 S@PPy 核壳球体（图 2-35），用作锂硫电池的电极材料。原位合成的 PPy 层独特的结构阻止了小尺寸硫粒子的团聚，抑制了多硫化物的溶解、穿梭，并在电极内提供快速有效的电子/锂离子传输路径，柔性的 PPy 层能有效容纳体积膨胀，PPy 的两种掺杂结构如图 2-36 所示。这种低成本，易于大规模合成并且具有高硫负载的硫正极带来了优异的电化学性能。当然，除了核壳结构还可以模仿碳纳米管、碳纤维等结构，改善宿主材料对硫的约束力。

（3）导电聚合物抑制多硫化物溶解

导电聚合物通过包覆、孔道限制等抑制多硫化物的溶解；通过控制导电聚合物的形貌，利用聚合物的机械韧性、多空网状结构来适应硫的体积膨胀；通过将硫复合材料纳米化缩短锂离子和电子的传输路径等都是导电聚合物提高锂硫电池

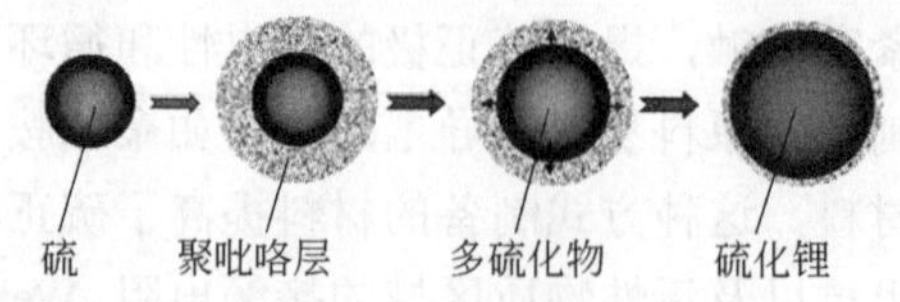


图 2-35 核-壳结构的 S@PPy 复合材料的合成过程的示意图[94]

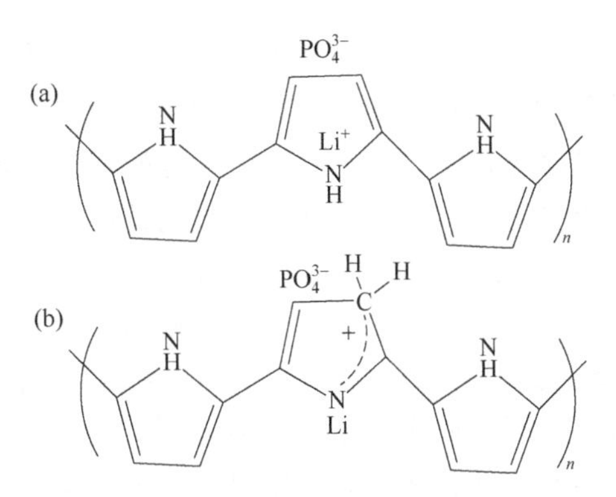


图 2-36 PPy 的两种掺杂结构氧化还原掺杂结构（a）和充电和放电过程中的质子酸掺杂结构（b）

的电化学性能的方式。另外有些研究者还利用聚合物和碳材料的协同效应制备纳米复合材料提升锂硫电池性能，Qian 等[95]通过原位制备法，通过掺入硫基质的聚吡咯涂覆还原氧化石墨烯制备具有分级纳米机构的新型三元 rGO/PPy/S 纳米复合材料（图 2-37)，通过 PPy 和 rGO、rGO/PPy 和 S 之间形成的 CS、SC═S 和 SO 等化学键来提升电极材料的性能。

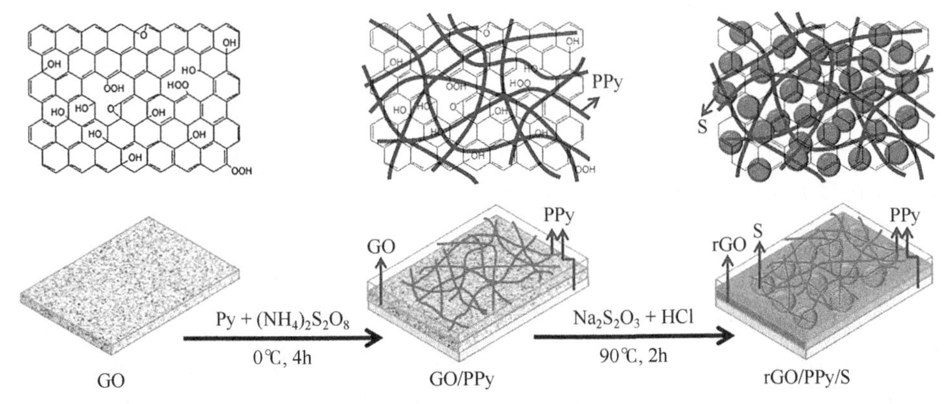


图 2-37 一锅原位合成 rGO/PPy/S 纳米复合材料的过程示意图[95]

## 2.2.3 新型硫化锂正极材料

锂硫电池的实用化发展受多方面制约，如硫较差的导电性、充放电过程中浓度梯度差引起的多硫化物不可避免的溶解和穿梭效应、锂化过程中电池的体积膨胀等，因此研究者们一直在研究通过改变宿主材料来改善上述问题。

作为放电最终产物的硫化锂在理想状态下有着高理论比容量（1166 mAh/g）和预锂化性，是锂硫电池电极材料新兴的发展方向。硫化锂在完全锂化状态下可以搭配非锂金属负极材料如石墨、硅或锡等（图 2-38），从而避免使用锂金属负极而导致的金属锂枝晶的形成以及相关安全问题。使用硫化锂正极材料除了与非锂金属负极具有兼容性之外，还具有以下优点：①与硫在锂化过程中体积膨胀 80%不同，硫化锂处于硫充分膨胀状态。硫化锂在最初的脱锂过程中收缩产生的空间可以容纳随后锂化过程中的体积膨胀，这不仅有助于减轻整个电极结构的损伤，还可以避免创建内部空间，简化了合成过程；②与硫化锂（938℃）相比硫（115℃）熔点更高，并且由于碳化过程通常发生在高温下，其可以与导电碳在高温热处理下形成致密的复合材料，从而改善硫化锂/碳复合材料的电子和离子传导，以及界面接触；同时锂硫-碳复合材料的合成更易于处理，扩宽了锂硫电池的使用温度范围。

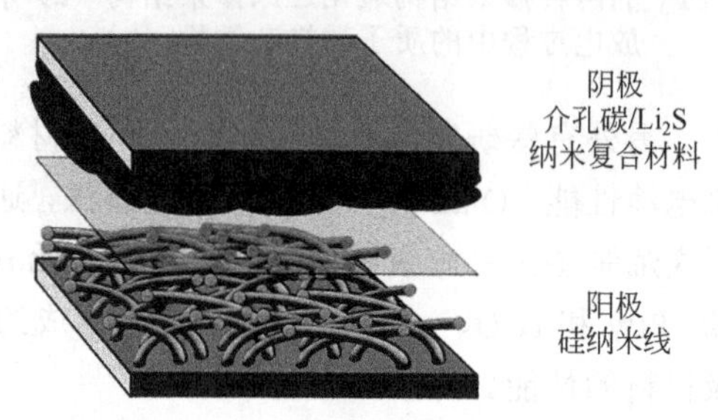


图 2-38　$Li_2S$ 作为正极的锂硫电池结构示意图[96]

由于受 $Li_2S$ 较高的电子电阻率、较低的锂离子扩散系数以及 $Li_2S$ 粒子表面电荷转移的影响，$Li_2S$ 通常被认为是电化学惰性的，因此要想更好地应用硫化锂正极，活化提高其电化学活性是必不可少的。Yang 等[97] 发现 $Li_2S$ 正极在充电开始时存在接近 1 V 的电位屏障（Potential barrier），该屏障可以通过施加较高的截止电压来克服，同时较高电压的施加还可以提高 $Li_2S$ 活性；另外屏障一旦克服，在接下来的循环过程中就不会再出现了。通过改变方式活化的 $Li_2S$ 正极初始放电比容量大于 800 mAh/g，循环十圈之后稳定在 500～550 mAh/g 左右。形成该电位屏障的原因是 $Li_2S$ 和电解质之间直接的电荷转移；以及 $Li_2S$ 中锂离子的扩散。

虽然通过施加较高的截止电压活化 $Li_2S$ 正极有着很大应用潜能，但是使用高截止电压去激活 $Li_2S$ 粒子时会引起电解液的不稳定以及安全隐患等问题。另外，$Li_2S$ 表面固有的膜效应也是活化过程一个重要的潜在因素，对水分和氧气高度敏感，使得 $Li_2S$ 表面存在一个稳定的 LiOH 膜和一个不稳定的 S-H 膜。正是由于 LiOH 膜的存在，锂的扩散系数低，容量衰减严重。通过热处理这些膜是可以脱落下来的，随着温度的升高，热处理后的 $Li_2S$ 粒子有着更高的容量和更低的活化能，比容量比 $Li_2S$（800 mAh/g）还高。

#### 2.2.3.1　碳宿主材料

与硫正极材料相比，$Li_2S$ 正极材料有很多优势，然而，$Li_2S$ 与硫一样，电子和离子导电性较低，对水分和氧气较敏感等，导致反应动力学缓慢、活性物质的电化学利用率低、倍率性能差，这些都限制了 $Li_2S$ 正极材料在锂硫电池中的应用和发展。因此和硫正极材料一样，$Li_2S$ 正极材料在使用中也需要通过宿主材料提高导电性等，从而提升其应用在锂硫电池时的电化学性能。近年来各种碳材料（石墨烯、氧化石墨烯和碳纤维）、聚合物［聚乙二醇（PEG）、聚吡咯（PPy）、聚丙烯腈（PAN）］、无机金属氧化物（具有新颖的分级和核-壳结构的氧化物等）都被广泛应用以克服 $Li_2S$ 正极的缺点。

$Li_2S$ 正极材料与碳宿主材料的复合，可以通过多种方式实现。例如，Sun 等[98]在 Ar 气氛下先通过声波降解法将石墨烯分散在三乙基硼氢化锂-四氢呋喃溶液中；然后加入适量甲苯、硫混合均匀，90℃下长时间搅拌沉降得到 $Li_2S$ 纳米球；随后用四氢呋喃和己烷离心清洗得到 $Li_2S$/G 复合材料；最后通过化学气相沉积法在 $Li_2S$ 纳米球表面形成一层稳定的导电性极好的碳壳（图 2-39）。$Li_2S$/G@C 独特的结构不仅可以容纳 $Li_2S$ 和 S 之间相互转化所引起的体积变化，循环工作时还可以有效阻止多硫化物的溶解，同时提高硫电极的导电性和机械稳定性。Wang 等[99]结合溶液蒸发镀膜和 PVP 碳化合成 $Li_2S$@C 复合材料，然后将其纳入到三维还原氧化石墨烯（3D-rGO）网状结构构筑出具有新型结构的电极材料。

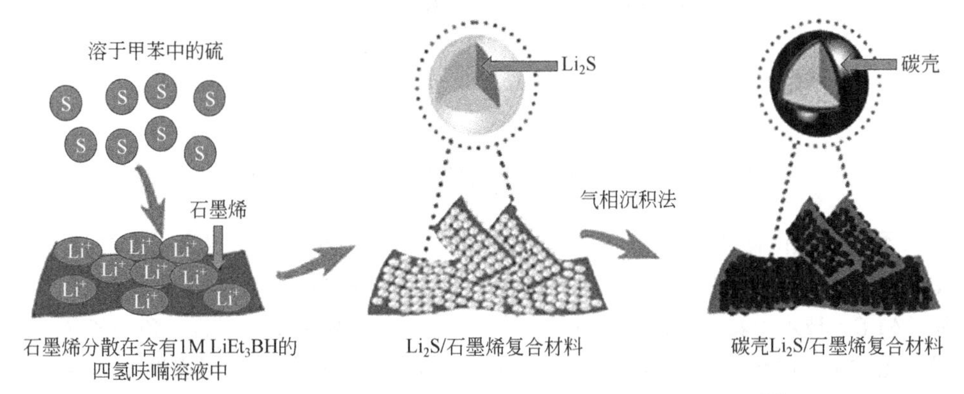


图 2-39 $Li_2S$/G@C 纳米复合材料的形成过程的示意图[98]

#### 2.2.3.2 无机材料封装层

从上面碳材料作为硫化锂宿主材料的介绍来看，硫化锂（$Li_2S$）作正极材料主要存在以下两个方面的问题：①硫化锂导电性很差；②中间产物聚硫化物能溶于电解质溶液，这会造成电极材料的损失，从而会导致电池容量的快速衰减和库伦效率的降低。除了用碳材料作为其宿主材料，解决这些问题的另外一种有效方法是在硫化锂表面涂一层能够导电的纳米结构材料，这种方法不仅能够提高其导电性，而且在循环过程中可以通过化学吸附作用把中间产物聚硫化物束缚在电极之上。近期理论及实验上的研究表明 $TiS_2$、$VS_2$ 和 $ZrS_2$ 等[100]过渡金属二硫化物作为硫化锂（$Li_2S$）的封装材料都表现出优异的性能。

Seh 等[100]先将适量的商用 $Li_2S$ 颗粒分散在无水乙酸乙酯中，然后滴加 $TiCl_4$ 前驱体，$TiCl_4$ 与的 $Li_2S$ 直接反应生成均匀的 $TiS_2$ 涂层并将其包覆，400℃碳化后得到 $Li_2S@MS_2$ 核壳纳米结构（图 2-40）。模拟结果表明，$Li_2S$ 与单层 $TiS_2$ 之间的作用力要比 PVP-$Li_2S$ 强得多。核壳纳米结构可以有效阻止 $Li_2S$ 的团聚并显著提高循环稳定性，在 0.5C 下表现出 666 mAh/g（$Li_2S$）的高比容量，经循环 400 次还保持着原有比容量的 77%。另外，$VS_2$-$Li_2S$、$ZrS_2$-$Li_2S$ 核壳纳米结构也表现出同样的特性，这表明过硫化物对于 $Li_2S$ 来说是一种行之有效的封装材料。同时，Chung 等人[101]设计了由均匀的 $Li_2S$-$TiS_2$ 电解质复合材料组成的新的阴极材料，该复合材料通过简单的两步干/湿混合工艺制备，使得液体电解质润湿由绝缘 $Li_2S$ 和导电 $TiS_2$ 组成的粉末混合物。该材料内部之间紧密接触的三相界面提高了 $Li_2S$ 活化效率，并提供快速的氧化还原反应动力学，使 $Li_2S$-$TiS_2$-电解质阴极能够获得稳定的循环性。

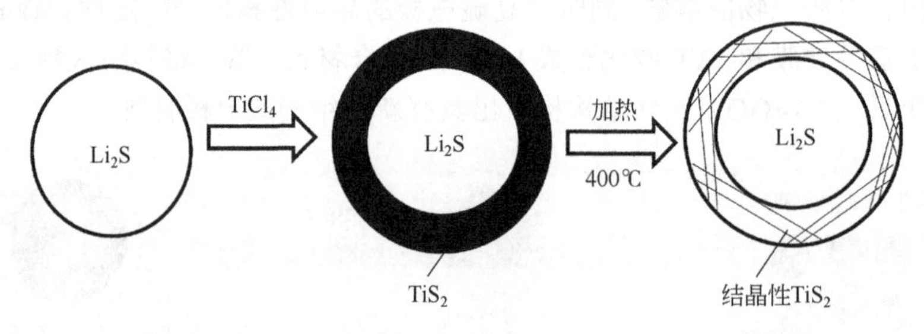


图 2-40　$Li_2S@MS_2$ 核壳纳米结构的合成示意图[100]

不止是硫化物能在 $Li_2S$ 正极应用中起作用，Chen 等[102] 报道了一种独立的 $Al_2O_3$-$Li_2S$-氧化石墨烯海绵（GS）复合阴极，其中超薄 $Al_2O_3$ 薄膜通过原子层沉积（ALD）技术涂覆在 $Li_2S$ 上，从而设计了 GS 提供高电子传导性，超薄的 $Al_2O_3$ 膜与 $Li_2Sn$ 之间较强结合力的新型 $Al_2O_3$-$Li_2S$-GS 复合阴极，该阴极能够提供远高于不含 $Al_2O_3$ 的相应阴极的可逆容量和较好的循环稳定性。此外，结合密度泛函理论计算，阐明了超薄 $Al_2O_3$ 薄膜的作用机制。具有最佳厚度的超薄 $Al_2O_3$ 膜不仅作为 $Li_2S$ 纳米颗粒的物理屏障，而且提供强的相互结合作用以抑制多硫化物的溶解。

## 2.2.4 负极材料

### 2.2.4.1 锂金属负极

典型的锂硫电池一般采用单质硫作为正极，金属锂片作为负极，它的反应机理不同于锂离子电池的离子脱嵌机理，而是电化学机理。锂金属具有高达 3860 mAh/g

的比容量和低至−3.04 V（相对标准氢电极）的氧化还原电位，同时，用锂金属可以消除传统负极中的集流体，可以有效增加电池的能量密度，因此目前为止锂金属一直是锂硫电池负极的首选，然而由于不均匀的锂传输会沉积在锂金属表面，并诱导锂枝晶生长，降低了锂金属电池的循环寿命和安全性。尽管已有一系列方法来抑制枝晶的生长，但在满足实际电池所需的高电流高容量条件下，其对于锂枝晶的抑制效果通常会大打折扣。

在传统的锂离子电池中锂负极能与大多数的有机电解质和锂盐反应，并形成SEI层，来防止锂金属与电解液的进一步反应。一般来说，SEI层的强度不能承受锂离子脱附沉积过程中的机械变形，从而导致锂枝晶的生长。在锂硫电池的情况下（包括 Li/$Li_2S$ 电池），由于多硫化物穿梭的参与，负极上的界面反应比传统的锂离子电池更多，更复杂。这些多硫化物形成更高电阻和更大的活化能的SEI层，同时也会穿过这个SEI层，腐蚀下面的锂金属，导致不可逆转的容量损失。除了这些影响，SEI 层中的多硫化物在充电过程中会分解，导致锂负极的裂化，因此穿梭效应的抑制不仅可以提高负极的容量，还有助于稳定 SEI 层并提供无锂枝晶的锂负极表面。当然，在锂硫电池的实际应用中，特别是高速充电/放电或高硫负载量的锂硫电池中，电流密度高会不可避免地在电极表面出现锂枝晶，因此，事实上，锂硫电池的性能很大程度上取决于是否对负极进行了保护。

#### 2.2.4.2 非锂金属负极

近几年，对于如何抑制锂枝晶生长，已经有了很多研究，例如三维宿主材料[103]；在锂金属表面涂层[104]；新型隔膜[105,106]；通过优化溶剂[107]、盐[108]或者电解质添加剂[109]稳定 SEI 层；利用固体电解质代替液体电解质[110]，等等。正因如此，用 $Li_2S$ 作为正极的显著优势又体现出来：传统的硫正极要求负极必须含有锂源，而 $Li_2S$ 正极允许硅[111]、锡[112]、铝[113]、金属氧化物[114]、石墨[115]等不含有锂金属的材料作负极来避免锂金属所带来的安全缺陷。在这种情况之下，硫化锂（或多硫化物[116]）正极与无锂金属负极在放电状态时耦合形成另一种形式的二次电池系统-“锂离子硫电池”（Li-ion sulfur batteries）[117]，也有研究者称其为“Li-S 全电池”（Li-S full batteries）[118]，另外，在充电状态下用硫作为正极，但用锂化负极材料代替 Li 金属组装的锂离子硫电池，也与其有相似的电化学性质。

（1）硅

硅（Si）的低成本使其在锂硫电池负极材料的实际应用中很有潜力，Su 等[119]组装的 Si-S 锂离子电池的理论比能量高达 2094 Wh/kg，比目前的石墨/$LiCoO_2$ 锂离子电池系统（410 Wh/kg）高将近五倍。然而，虽然预锂化可以将非锂化阴极或阳极材料转化为锂离子电池所需的可控锂化状态，但迄今为止开发的大多数预锂化试剂具有高反应活性并且对氧气和水分敏感，因此难以用于实际的电池应用。

为此 Shen 等[120]开发了一种简便的预锂化策略，使用萘基锂将硫-聚丙烯腈（S-PAN）复合物完全预锂化为 $Li_2S$-PAN 阴极，并将纳米硅部分预锂化为 $Li_xSi$ 阳极，从而形成新版本的硅/硫锂离子电池（图 2-41）。这种 $Li_xSi/Li_2S$-PAN 电池具有 710 Wh/kg 的高比能量，并具有高初始库伦效率和相当好的循环能力。此外，这种化学预锂化方法温和、高效，并且广泛适用于大范围的缺锂电极，这种预锂化策略为开发低成本、环境友好和高容量的锂离子电池开辟了新的可能性。

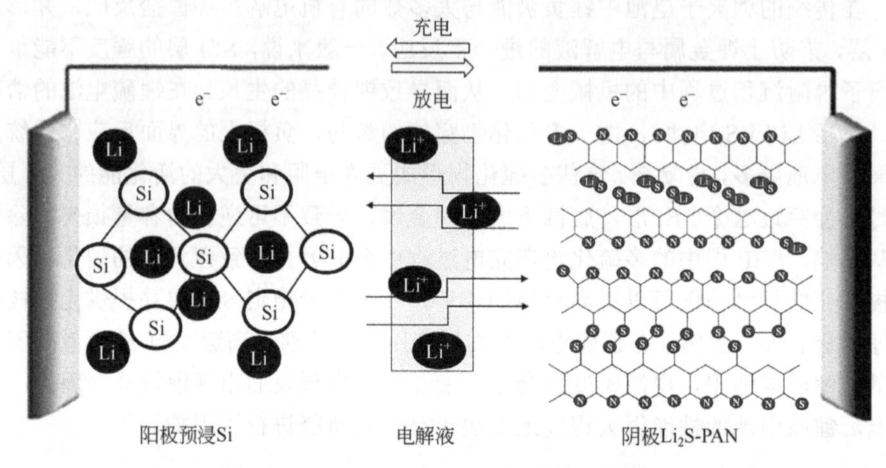


图 2-41　$Li_xSi/Li_2S$-PAN 电池系统[120]

（2）锡

锡（Sn）的理论比容量为 990 mAh/g，是另一种有希望的锂离子硫电池负极材料。Sn/S 全电池可提供 1185 Wh/kg 的理论比能量。

Duan 等[121] 通过使用 Li/Sn-C 复合负极，碳基多硫化物正极和碳酸酯电解质构建了新的锂二次电池系统，即硫/锂离子电池。与锂/硫电池相比，使用 Li/Sn-C 复合负极确保了电池的高安全性。同时，新型电池具有高比容量。在电流密度为 200 mA/g 的 50 个循环后，它可提供 500 mAh/g 的可逆容量，确保 410 Wh/kg 的稳定比能。由于新电池所需的所有材料都是现成的且成本低廉，而且技术简单，因此这种新电池在工业中具有很大的应用潜力。此外，硫/锂离子电池的能量密度有相当大的提升空间，新电池是下一代高性能可充电电池最有希望的候选者之一。

（3）碳/石墨

碳质材料引入锂硫电池在前面已经进行了深入的介绍，由于其不仅改善了电极材料的电导率，提高了活性物质硫的利用效率，还缓解了多硫化物在电解液中的溶解、扩散和穿梭效应，能够显著改善锂硫电池的电化学性能。例如最近 Tan 等[122]报告的一种 $Li_2S$@石墨烯纳米胶囊正极用于石墨-$Li_2S$ 电池，通过在 $CS_2$ 蒸气中燃烧锂箔，获得一种几层石墨烯包裹的结晶 $Li_2S$ 纳米颗粒，结果表明该阴极能够改善容纳硫活性物质的容积效率从而提高电性能。

同样的，以石墨和碳为代表的碳基负极材料，由于其体积变化小并且在电解质溶液中稳定的 SEI 层，为锂硫电池体系提供有效的改进方式和广阔的发展空间。近年来，亲锂负极骨架设计被认为是一种解决锂金属负极枝晶生长和体积膨胀问题的有效手段。如何理解负极骨架亲锂性的化学本质和有效设计亲锂材料是锂金属负极发展过程中的关键问题之一。Zhang 等[123]基于掺杂碳材料具有导电性好、制备容易、密度小等方面的优势，提出将其应用于锂金属骨架材料的研究思路（图 2-42）。为了理解碳材料掺杂位点亲锂性的化学本质，该研究团队基于第一性原理计算与实验表征相结合的方法，提出亲锂性设计准则：掺杂原子电负性、掺杂位点“局部偶极”和锂形核过程中电荷转移。溶剂化的锂离子被吸附到负极骨架表面，与形核位点相互作用，发生电荷转移，锂离子被还原为锂金属。具体来讲，杂原子与碳原子之间的电负性差异有利于形成负电中心以吸附锂离子，“局部偶极”的形成有利于进一步增强锂离子与形核位点之间的离子-偶极作用，电荷转移则是降低锂形核能垒的必要条件之一。基于此方法预测，氧掺杂在单掺杂体系中具有最好的亲锂性，相比于单掺杂体系，O-B/P 等双掺杂体系具有更优的亲锂性。

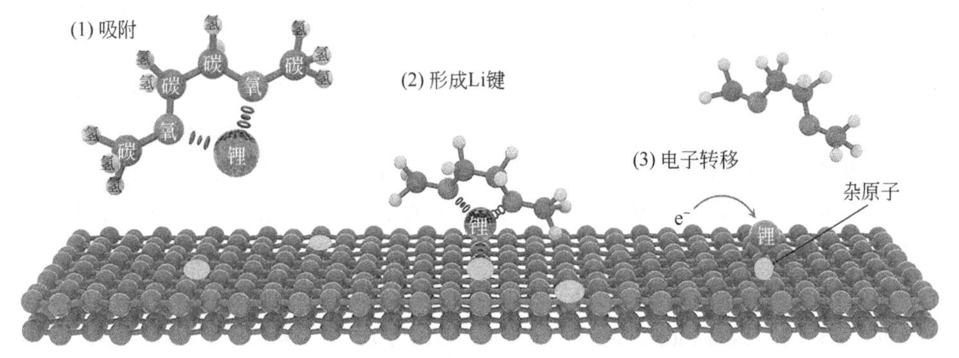


图 2-42　负极骨架表面锂形核过程示意图[123]

## 2.2.5　电解液

在锂二次电池的研究过程中，特别是锂离子电池的研究过程中，有机电解质一直处于次要地位，研究者把大部分精力放在正、负极材料上。实际上，有机电解质是液体电池中不可缺少的成分。选择不同的电解质体系，得到的结果有可能完全不一样。电解液作为二次电池的重要组成部分，在正负极之间起着输送离子、传导电流的作用，对电流的性能有很大的影响。因此，建立一套适合研究电池或电极材料的电解质选择标准显得非常重要。

#### 2.2.5.1 有机电解液组成

从相态上来分，目前使用和研究的锂硫电池电解液和锂离子电池电解液一样分为液态、全固态和凝胶型聚合物电解质三类。一般来说，对电解液的性能上通常有如下要求：

① 离子电导率高，一般应达到 $10^{-3}$～$2\times10^{-3}$ S/cm；锂离子迁移数应接近 1。

② 电化学稳定的电位范围宽，必须有 0～5 V 的电化学稳定窗口。

③ 热稳定好，使用温度范围宽。

④ 化学性能稳定，与电池内部集流体和活性物质不发生化学反应。

⑤ 安全低毒，最好能够生物降解。

液态电解质主要由有机溶剂和电解质盐组成。所使用的溶剂可以分为以下两类：

① 有机碳酸酯[124]：碳酸丙烯酯（PC）、碳酸乙烯酯（EC）、碳酸二乙酯（DEC）、碳酸二甲酯（DMC）等。

② 其它有机溶剂：二甲氧基乙烷（DME）、二甲氧基甲烷（DMM）、1,3-二氧戊环（DOL）等。

对比几种常见溶剂的物理和化学性质可知：EC、PC 的熔点、介电常数、黏度都比较大，而其它几种溶剂的介电常数和黏度都较小。要是电解液具有较高的离子导电性，就必须要求溶剂的介电常数高，黏度小，然而实际上介电常数与黏度往往存在着一种类似正比的关系，即介电常数高的溶剂黏度也大。因此在实际应用中，一般是由一种挥发性小、介电常数高的有机溶剂（如 EC、PC）和一种低黏度和易挥发的有机溶剂（如 DMC、DME、DEC、THF）组成，所制得的混合溶剂不但介电常数相对较高，而且黏度相对较低，以此达到电池的要求。因为混合溶剂与单一溶剂相比，离子电导率和其它性能都要好一些，目前锂离子电池常用的电解液体系有：1 mol/L $LiPF_6$/PC-DEC（1∶1）、PC-DMC（1∶1）和 PC-EMC（1∶1）或 1 mol/L $LiPF_6$/EC-DEC（1∶1）、EC-DMC（1∶1）和 EC-EMC（1∶1）。

常用的锂盐主要有 $LiPF_6$、$LiClO_4$、$LiBF_6$、$LiAsF_6$ 等无机锂盐和某些有机锂盐，如 $LiCF_3SO_3$、$LiN(CF_3SO_2)_2$ 等。含氟锂盐是锂离子电池电解质锂盐的主体，含氟阴离子具有电荷离域作用，一方面可抑制离子对的形成，提高电解液的电导率，另一方面也可以提高电解液体系的电化学稳定性，而且含氟锂盐的分解产物有利于形成稳定的 SEI 膜。$LiClO_4$ 是一种强氧化剂，在某种不确定条件下可能会引起安全问题而不能用于实用型电池中。$LiBF_4$ 不仅热稳定性差、易于水解而且电导率相对较低。$LiAsF_6$ 基电解液具有最好的循环效率、相对较好的热稳定性和最高的电导率，但其 5 价 As 还原产物有潜在的致癌作用。$LiCF_3SO_3$ 和 $LiN(CF_3SO_2)_2$ 具有对正极铝集流体的腐蚀作用。因此，$LiPF_6$ 虽然热稳定性较差且易于水解，但仍然广泛应用于实用型锂离子电池中。$LiPF_6$具有非常突出的氧化稳定性，在单一溶剂 DMC 体系中，电解质锂盐氧化电势变化规律为：$LiPF_6$>$LiBF_4$>$LiAsF_6$。

#### 2.2.5.2 电解液添加剂

锂硫电池因具有较高的能量密度和低廉的成本，是目前的研究热点之一，多硫化锂的穿梭效应和金属锂界面不稳定是锂硫电池面临的关键挑战。一直以来，科研人员使用硝酸锂添加剂来解决上述问题。$LiNO_3$作为锂硫电池的有效电解质添加剂，能够抑制多硫化物穿梭效应。为了更好地理解 $LiNO_3$ 抑制穿梭效应的机理，Zhang 等[125]通过原位 X 射线吸收光谱系统研究了 $LiNO_3$ 添加剂对 Li-S 电池锂阳极上 SEI 层形成过程的影响（图 2-43）。结果表明，由于穿梭多硫化物和 $LiNO_3$ 的协同作用，在电池初始放电过程中形成了由 $Li_2SO_3$ 和 $Li_2SO_4$ 组成的紧密且稳定的 SEI 层，这可以有效地抑制电解质中多硫化物与锂金属之间的一系列反应，从而减少多硫化物穿梭效应。相反，当使用不含 $LiNO_3$ 的电解质时，穿梭的多硫化物与锂金属连续反应，在锂阳极上形成绝缘的 $Li_2S$，导致了不可逆的容量损失。目前，原位 X 射线吸收光谱研究解释了 $LiNO_3$在保护锂阳极中的重要作用，这将有利于进一步开发用于高性能 Li-S 电池的新型电解质添加剂。

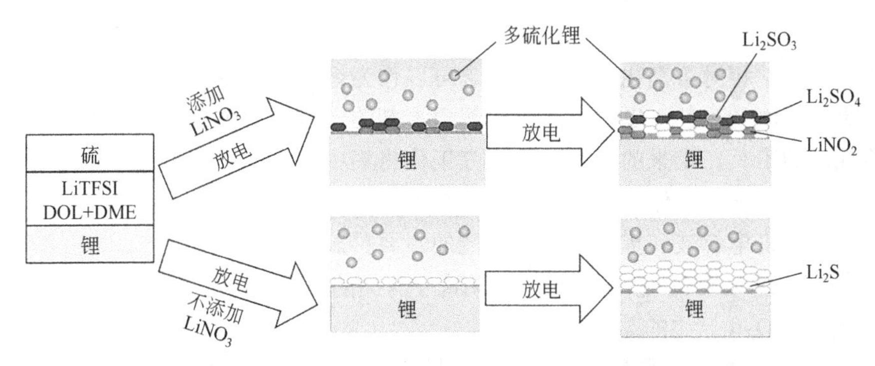


图 2-43 $LiNO_3$在保护锂阳极中的重要作用[125]

但是大量的硝酸锂和炭黑以及单质硫共存混合时，成分与“黑火药”类似，硝酸锂作为添加剂抑制穿梭效应会导致电池体系存在很大的安全隐患。近几年一些研究者研究安全性更加优异的不含硝酸锂的电解液，取得了一些进展。Qu 等[126]首次设计出一类不含硝酸锂的高性能电解液，兼具较低的多硫化锂溶度积（$K_{sp}$）、较高的锂离子传导率、较高的单质硫利用率和优异的金属锂界面稳定性等特点。采用该电解液组装的锂硫电池器件，其比功率可达 60 W/kg，比能量可达 350 Wh/kg，且能稳定循环 30 次以上，该工作为锂硫电池电解液材料的设计制备提供了新思路。

#### 2.2.5.3 电解质溶剂的溶剂化状态

在将硫电化学还原成硫化锂期间，多硫化锂中间体的副反应被认为是导致电池容量快速衰减和库伦效率低的主要原因。将多硫化锂限制在正极内部中来解决多硫化锂的溶解问题是最常用的策略，例如纳米碳、聚合物黏结剂和金属有机骨架。然而，这些方法会降低电池的能量密度。另一种方法是使用具有低多硫化锂溶解度的新电解质溶剂代替常规电解质溶剂。例如 1,3-二氧戊环（DOL）和二甲氧基乙烷（DME）的混合物。事实证明，这种方法在提高锂硫电池的库伦效率方面是成功的。此外，有一些研究已经指出了电解质溶剂的溶剂化状态在多硫化锂溶解过程中的重要性。因此，深入了解多硫化锂溶解与电解质溶剂化之间的关系对于开发高效的锂硫电池至关重要。

近日，Su 等[127]提出了相对溶剂化能力（$\gamma$）这一概念，其定义为测试溶剂的配位百分比与参比溶剂的配位百分比之间的比率，其可以作为多硫化锂溶解程度的指标。在此项研究中，选择 Li-S 电池中使用最广泛的溶剂 1,3-二氧戊环（DOL）作为参比溶剂，由 DOL 形成的 SEI 可以帮助稳定锂金属负极。实验结果表明，常规醚溶剂与 DOL 的相对溶剂化能力越高，多硫化锂溶解越严重，锂硫电池的库伦效率越低。相对溶剂化能力是研究电解质溶剂与锂硫电池中多硫化锂溶解行为之间定量构效关系的有力工具。通过研究发现，电解质溶剂的锂溶剂化能力取决于其结构，电解质溶剂的相对溶剂化能力与锂硫电池中多硫化锂溶解度之间存在线性关系。相对溶剂化能力这一概念可以作为锂硫电池中多硫化锂溶解度的指标，更重要的是，其可以提供研究电解质溶剂的定量构效关系，并成为判断锂硫电池性能的工具，未来的电解液的研究工作将集中在溶剂库的扩展和相对溶剂化能力在其它电化学存储系统中的应用两个方面。

改善有机电解液和提高电解液性能的主要措施如下：

① 合成各种新的电解质，特别是阴离子有高的非局域化电荷，如 $LiN(CF_3SO_2)_2$ 和 $LiC(CF_3SO_2)_3$ 一类的盐。

② 合成有高介电常数的有机溶剂，以提高电解质的溶解度和电解液的导电率。

③ 寻找新的电解液添加剂，如冠醚和穴状配合物等复杂结构化合物。最具有吸引力的是阴离子接受体作为添加剂的研究，由于阴离子接受体能够加速电解液中离子对的解离并提高自由移动的阳离子的数量，使用阴离子接受体作为添加剂可以提高电导率和阳离子迁移数。

除了有机电解液之外，广泛被锂离子电池研究的聚合物电解质和无机固体电解质等也成为锂硫电池另一个研究方向。这里简单介绍一下，不做过多论述。聚合物电解质：以聚合物电解质代替有机电解质来装配塑料锂离子电池 PLI（Plasticizing Li-ion)是锂离子电池的一个重大进步。其主要优点是高能量与长寿命相结合，具有加工性，可以做成全塑结构。固体电解质：固体聚合物电解质在实际使用时会发生锂离子电导率降低及电化学性能不稳定等现象。因此，人们又发展了一类新的无机固体电解质。虽然固体电解质相对于液体电解质具有不易漏液、安全和易安装等优点，但在固体中低的离子迁移率和较差的机械形变性限制了它们在实际生产中的应用。无机固体电解质的价格较高，电导率偏低，要实现实用化还有大量工作要做。

### 2.2.6 锂硫电池隔膜

正如前面几节的介绍，锂硫电池因其高理论能量密度、低成本和环境友好等优点受到研究者们的高度关注，是当前电化学储能领域的一个重要研究方向。利用客体材料对硫进行负载进而构建锂硫正极是目前提升锂硫电池容量和循环寿命的主要途径。然而，现有的载硫客体材料结构设计复杂且成本较高，相关研究结果尚难以应用于实际的硫正极开发。如何构建兼具低成本、高循环稳定性的高能量密度锂硫电池是当前该研究领域的难点问题。

隔膜是电池中不可或缺的部件。电池隔膜不仅可以作为电子绝缘体，防止两个电极直接接触，还可以控制载体离子的传输。因此，开发具有抑制锂枝晶和多硫化物穿梭的隔膜对于实现高能量密度的锂硫电池十分重要的。现研究者使用的隔膜，多为已经在传统锂离子电池中得到大规模的生产和应用的商业聚丙烯隔膜（PP），但由于锂硫电池电化学反应的复杂性，隔膜微孔承担的不仅仅是锂离子的通道，还伴随着多硫化物等阴离子的穿过，传统的聚烯烃类隔膜与电解液亲和性差、无法有效地抑制多硫化物的扩散，因此对传统隔膜表面涂覆选择透过性材料、导电聚合物、导电碳、极性无机材料颗粒等，阻挡、吸附多硫化物进行改性成为新的研究方向。

和锂硫电池正极宿主材料的选择一样，导电碳材料是最早被选择为隔膜修饰层的材料之一，最初是乙炔黑、活性炭、碳纳米管到二维的石墨烯等。选用碳材料作为隔膜涂层，除了可以阻挡多硫化物扩散至负极与金属锂发生反应之外，由于电池紧密装配，具有较大比表面积的碳涂层和正极紧密接触，被导电碳材料吸附的多硫化物可以继续参与氧化还原反应，减少由于其穿梭所带来的放电比容量衰减。Pei 等[128]设计了一种由氮掺杂的二维多孔碳纳米片（G@PC）和商业聚丙烯隔膜（PP）复合而成的功能化隔膜（G@PC/PP）。通过简便的抽滤或涂覆工艺，G@PC 可以在 PP 隔膜上形成一层质量和厚度分别仅为 0.075 $mg/cm^2$ 和 0.9 μm 的多硫化物阻挡层。其所制备的 G@PC/PP 功能化隔膜配合使用商业碳材料（炭黑或碳纳米管）作为载硫材料即可构建高性能锂硫电池。使用 G@PC/PP 功能化隔膜后，采用浆料涂布法制备的炭黑/硫复合物为正极（电极硫质量分数 64%，硫负载量 3.5 $mg/cm^2$）的锂硫电池在 5 C（1 C=1675 mA/g）高倍率下充放电的可逆容量高达 688 mAh/g，在 1 C 倍率下循环 500 次后能保持 754 mAh/g 的高比容量，容量保持率高达 88.6%；采用具有自支撑结构的碳纳米管/硫复合物为正极（电极硫质量分数 70%，硫负载量 12.0 mg/cm$^2$）的锂硫电池在 0.2 C 循环 100 圈后仍保持 12.1 mAh/cm$^2$ 的高面积比容量。这些由商业碳材料构建的锂硫电池在倍率、循环稳定性和能量密度方面均大幅优于现有锂硫电池的报道。该工作所提出的“设计轻质量、高性能的功能化隔膜来提升由商业碳材料制备的锂硫电池性能”这一策略为推动锂硫电池的实际应用提供了新思路。目前隔膜改性材料大多为导电碳材料，主要通过这些碳质材料与多硫化物之间的物理相互作用限制多硫化物的穿梭。然而，非极性碳质材料和极性多硫化物之间的物理相互作用较弱，在长期的循环过程中，仍难以避免产生严重的容量衰减。为此，研究者们陆续开发了具有催化活性的极性材料来修饰隔膜，希望通过这种“捕捉-转化”，将多硫化物留在正极的一边，继续参与反应，抑制穿梭效应。图 2-44 是锂硫电池中催化效应的示意图[129]。

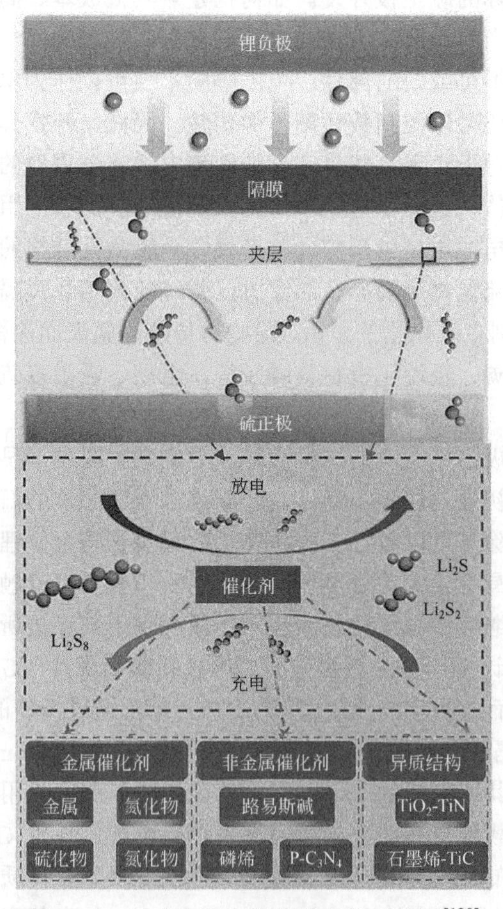


图 2-44　锂硫电池中催化效应的示意图[129]

从 2015 年 Babu 等人[130] 提出电催化剂可以应用在锂硫电池中改变多硫化锂的转化过程开始，接下来的几年里，具有催化作用的无机材料在锂硫电池中的应用成为了研究的热点。例如通过在集流体表面沉积铂（Pt）、金（Au）和镍（Ni）等可以有效加快多硫化锂转化动力学过程的金属，减少多硫化物在电极表面的沉积来提高电池循环稳定性[131]。

近年来，科研人员认为极性氧化物、硫化物和碳化物等可以与多硫化物形成化学键，抑制多硫化物的溶解，提高硫的利用率，有效地提高电池的循环稳定性。研究发现一些金属硫化物掺杂在正极材料中除了对多硫化锂具有强相互作用外，还能够减少其在放电时停滞在电解液中的时间并避免其溶解，从而抑制穿梭效应的产生[132]。此外，通过对一些无机材料催化多硫化锂过程的研究，发现不同晶体结构对于多硫化锂的催化效果不同，能够提高丰富的 $Li^+$通道，并且具有赝电容特性的特殊晶体结构的过渡金属氧化物/碳化物/硫化物更能够在循环过程能够维持循环过程的稳定性[133]。因此，设计和构建晶体结构可控的过渡金属氧化物合成工艺流程，讨论其改性隔膜作用机理，是高性能锂硫电池研发的关键所在，对提升锂硫电池性能、加速其产业化有着极为重要的意义。基于以上几点，He 等人[134] 在商业隔膜（Celgard）上，原位垂直生长高导电、极性的空心 $Co_9S_8$ 纳米阵列（$Co_9S_8$/Celgard），并将其作为多功能阻挡层用于锂硫电池，有效抑制多硫化物的“穿梭效应”，大幅度改善锂硫电池的电化学性能（图 2-45）。

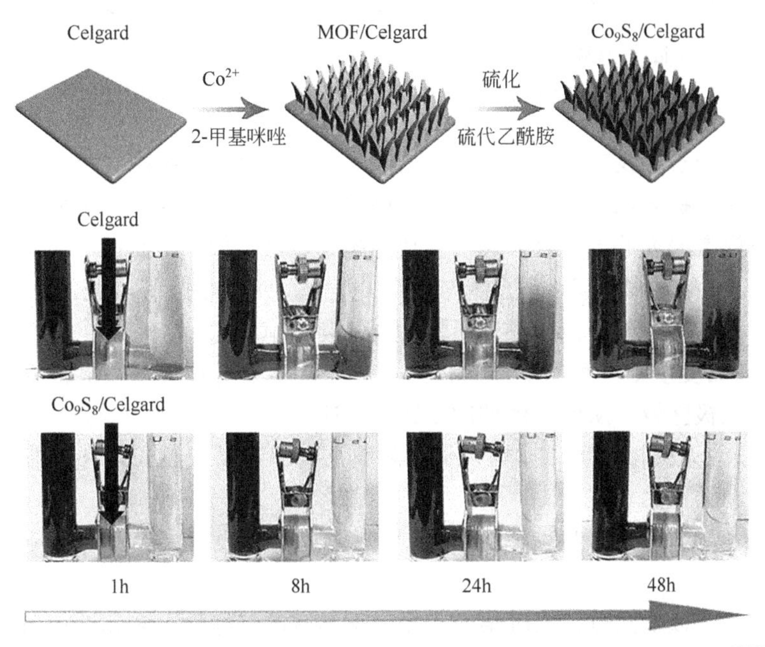


图 2-45　$Co_9S_8$/Celgard 隔膜制备流程图及其对多硫离子穿梭限制效果[134]

极性无机材料等虽然会有效地提高电池的循环稳定性，但这些阻挡层会堵塞隔膜的孔隙，影响锂离子的传导能力。因此，锂硫电池需要引入一种具有离子选择性的隔膜，它在不影响 $Li^+$的转移的前提下，可以有效地抑制多硫离子的迁移。因此，Wu 等[135] 采用简单的生长方法制备具有离子选择性的普鲁士蓝衍生物（Prussian blue analogs，PBA）改性的 Celgard 隔膜，该制备的 PBA/Celgard 隔膜显示出良好的电解质液透能力，由于 PBA 具有独特的立方体框架结构，PBA 阻挡层会阻塞 Celgard 的孔隙以抑制多硫化物的扩散，而且对循环过程中的 $Li^+$转移没有显著的影响（图 2-46），同时，PBA 是一种特殊的 MOFs 材料，具有高稳定性、无毒性和批量生产的可扩展性。总之，普鲁士蓝衍生物的合适的孔道尺寸和具有的独特的开放框架结构可以确保在 $Li^+$的转移的同时，有效地抑制多硫化物的迁移，获得较高的库伦效率和循环稳定性，使用 PBA/Celgard 隔膜的锂硫电池在 1 C 的电流密度下，在 1000 次循环后每个循环的平均容量衰减仅为 0.03%。

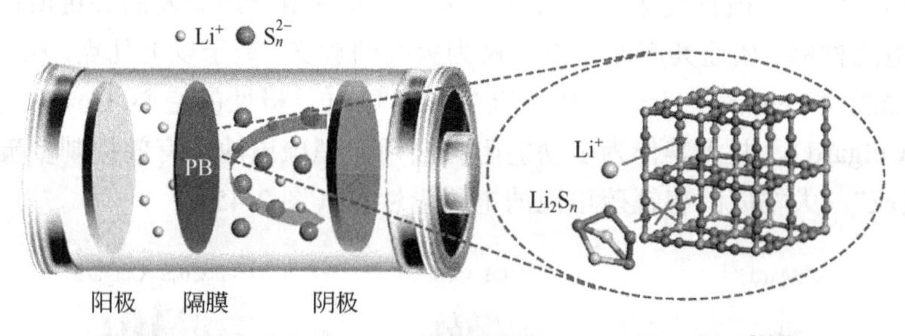


图 2-46　带有 PBA/Celgard 隔膜的 Li-S 电池示意图[135]

总之，通过寻找高性能锂硫电池功能隔膜涂层材料，抑制穿梭效应，减少活性物质损失，提升电池的循环寿命是促进锂硫电池商业化的一个重要手段，最近几年被研究者研究的无机材料修饰多功能隔膜，具有如下优点：

① 无机材料修饰层一般具有较高的电导率，可作为上层集流体加速电子传输，从而在循环过程中持续提升活性物质的利用率。

② 该高度规则排列的晶体结构，可通过化学吸附和物理吸附将多硫化物牢固限制在正极区域，从而有效抑制了穿梭效应。

③ 一些无机材料可以原位生长在隔膜上，保证了在超长循环后非常好的机械稳定性和结构的完整性。

④ 一般修饰层的厚度都比较薄，大大避免了由吸附层导致的电池质量的大幅增加。

只要理清以上几点，同时结合隔膜应该具有的绝缘性、多孔性和离子渗透能力等特点，一定能够构建可以提供高性能锂硫电池的选择性隔膜。

# 2.3 其它碱金属离子电池

## 2.3.1 概述

由于锂离子电池具有高的能量密度（约 100～300 Wh/kg）和体积密度（约 250～650 Wh/L），其被广泛应用于能源储存与驱动等领域，比如便携智能设备、电动汽车或机器人。锂离子电池的原材料锂是一种相对稀缺的元素，在地壳中的丰度只有 0.0017%，有人预计全球锂矿有可能在 10 年之内会被开采完[136]。由于锂资源匮乏，锂的价格相对较高，同时由于能量密度受限，使得锂离子电池在大规模的能源存储器件领域的发展面临严重的瓶颈。因此人们一直在寻找可替代锂离子电池的可充电电池体系。相比之下，与锂元素同属第一主族的钠和钾元素，与其具有相似的化学性质，且具有资源丰富、分布广泛和成本低廉的优势（见表 2-3）。钠离子电池和钾离子电池与锂离子电池的充放电原理也类似。因此近年来钠、钾离子电池在能源领域的研发和应用受到了极大的关注。相比锂离子电池，钠、钾离子电池成本优势明显，被认为是锂离子电池的有效替代选择，在大规模储能电池领域具有很好的应用前景。

**表 2-3　锂、钠和钾三种碱金属的物理性质和成本对比[136]**

| 项目 | 锂 | 钠 | 钾 |
|---|---|---|---|
| 原子序数 | 3 | 11 | 19 |
| 原子质量/u | 6.941 | 22.9898 | 39.0983 |
| 原子半径/pm | 145 | 180 | 220 |
| 共价半径/pm | 128 | 166 | 203 |
| 熔点/℃ | 180.54 | 97.72 | 63.38 |
| 地壳丰度（质量分数）/% | 0.0017 | 2.3 | 1.5 |
| 地壳丰度（摩尔分数）/% | 0.005 | 2.1 | 0.78 |
| 电压（vs S.H.E.）/V | −3.04 | −2.71 | −2.93 |
| 碳酸盐成本/(美元/t) | 23000 | 200 | 1000 |
| 工业级金属成本/(美元/t) | 100000 | 3000 | 13000 |

## 2.3.2 钠离子电池

与其它电池体系一样，钠离子电池也主要由正极、隔膜、电解液和负极四部分组成。目前，钠离子电池使用的正极材料包括层状过渡金属氧化物、聚阴离子化合物和普鲁士蓝及其衍生物等。钠离子电池隔膜材料选择与设计时的两个主要问题是：①隔膜在电解液中的化学稳定问题；②电解液对隔膜的润湿性，选择对电解液有较好亲和性的材料有利于提升电池的性能。钠离子电池包括有机系和水系。适用于有机系钠离子电池的有机溶剂包括碳酸乙烯酯/碳酸丙烯酯（EC/PC）、碳酸乙烯酯/碳酸二甲酯（EC/DMC）等溶剂[137]；溶质包括高氯酸钠（$NaClO_4$）、六氟磷酸钠（$NaPF_6$）、四氟硼酸钠（$NaBF_4$）等[137]。水系电池中的电解液以水为溶剂，硫酸钠等为溶质。适合作钠离子电池负极的材料有碳基材料（石墨、无定形碳）、钛基材料、合金材料、金属氧（硫）化物［$Fe_2O_3$、氧化钼（$MoO_3$）、CuO、二硫化钼（$MoS_2$）］和有机化合物等[138]。

钠离子电池的工作原理与锂离子电池相类似，工作原理如图 2-47 所示[139]。在开路状态下，钠离子电池的开路电压（The open-circuit voltage, VOC）与负极和正极的电化学电势差成正比。充电过程，钠离子从正极脱出经过电解质嵌入负极，这个过程在热力学上是不利的，因此需要一个外部动力来驱动反应的进行。同时电子经外电路供给到负极保证正、负极电荷平衡。放电过程，钠离子从负极脱出，经过电解质嵌入正极。这个过程热力学有利，其驱动力由产物和反应物之间的吉布斯自由能差值决定，方程式如下所示[138]：

$$G_{rxn}^0 = \sum G_f^0(\text{产物}) - \sum G_f^0(\text{反应物}) \tag{2-4}$$

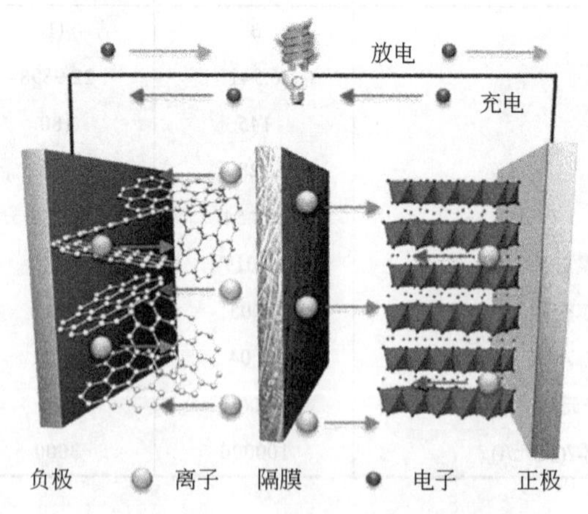


图 2-47 钠离子电池工作原理示意图[139]

为了保持钠离子电池的稳定性，需要确保电池在一定的工作电压窗口内运行。电解质（电池）工作电压窗口由电解液的最低未占分子轨道（Lowest unoccupied molecular orbital, LUMO）和最高占据分子轨道（Highestoccupied molecular orbital，HOMO）的能量差值（$E_g$）决定，如图 2-48 所示[138]。如果负极电势高于 LUMO 能级，电解液会发生分解。理想情况下，电极上会形成一个能阻止电子传输的钝化层（SEI）来阻止电解液的还原反应。如果正极的电势低于 HOMO 能级，则需要一个钝化层来阻止电子从电解液的 HOMO 能级向正极迁移。

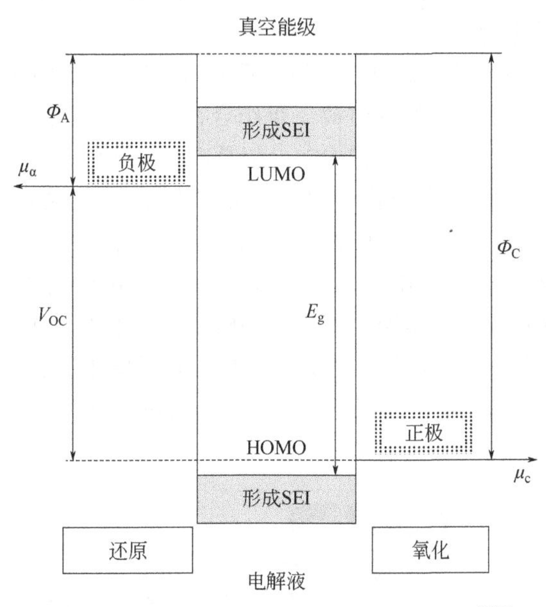


图 2-48 非水系钠离子电池的能量示意图[138]

研究发现钠离子电池中存在一些问题与挑战[138]包括：①钠元素的原子量（22.990 g/mol）比锂（6.941 g/mol）大很多；②钠离子的标准电极电势（−2.7 V）比锂离子的标准电极电势（−3.04 V）要高。为了避免 Na 沉积以及枝晶的生长，钠离子负极的电势要高于−2.7 V。因此，开发与锂离子电池相当或更高电压的钠离子电池更困难；③钠离子半径（1.02 Å，1 Å = 0.1 nm）比锂离子半径（0.76 Å）大，使得充放电过程中有可能产生更大的体积变化，导致循环性能变差。钠离子电池半径大还会使得钠离子在电极材料中嵌入脱出更困难。以上这些问题都有可能导致钠离子电池的性能不理想。为了解决上述的诸多问题，研究者们提出了很多新的、复杂的方法来提高钠离子电池的性能同时还能降低其成本。

#### 2.3.2.1 正极材料

（1）层状过渡金属氧化物

在大多数钠离子电池正极材料中，最常见的是含钠的层状过渡金属氧化物（$NaXO_2$，X=Co、Ni、Fe、Ti、Cr 或两个及两个以上过渡金属元素），其具有较高的理论容量且制备工艺简单。P2-$Na_xCoO_2$ 层状氧化物是最早用于钠离子电池的正极材料[140]。之后发现一系列层状氧化物可用作钠离子电池的正极材料，如 P2-$Na_{2/3}Co_{2/3}Mn_{1/3}O_2$[141]、$Na_{2/3}[Fe_{1/2}Mn_{1/2}]O_2$[142]、P2-$Na_x[Ni_{1/3}Mn_{2/3}]O_2$（$0<x<2/3$）[143]、P2-$Na_xVO_2$[144]、P2- $Na_{2/3}Ni_{1/3}Mn_{2/3-x}Ti_xO_2$[145]、P2-$Na_{0.6}[Cr_{0.6}Ti_{0.4}]O_2$[146]等。

（2）聚阴离子化合物

聚阴离子化合物由过渡金属元素与一系列四面体离子单元$(XO_4)^{n-}$（其中，X = S、P、Si、W、As、Mo 等）通过离子键结合在一起。锂离子电池中最常用的聚阴离子化合物是橄榄石结构的 $LiFePO_4$，但是由于磷铁钠矿型 $NaFePO_4$ 比橄榄石型 $NaFePO_4$ 活性更高，因此钠离子电池中常用的是前者。Kang 等人研究发现磷铁钠矿型 $NaFePO_4$ 是一种优异的钠离子电池正极材料[147]。对钠脱嵌机理的研究表明，所有的钠离子能够从纳米尺寸的磷铁钠矿型 $NaFePO_4$ 中脱出，同时转换成非晶态 $FePO_4$。通过计算，推断出钠离子在磷铁钠矿型 $NaFePO_4$ 中可能的扩散路径如图 2-49 所示。在用该材料组装的钠离子电池在首圈中的容量为 142 mAh/g（理论容量的 92% ），同时表现出优异的循环性能，200 次循环之后容量衰减可忽略不计（95%的容量保持率）。

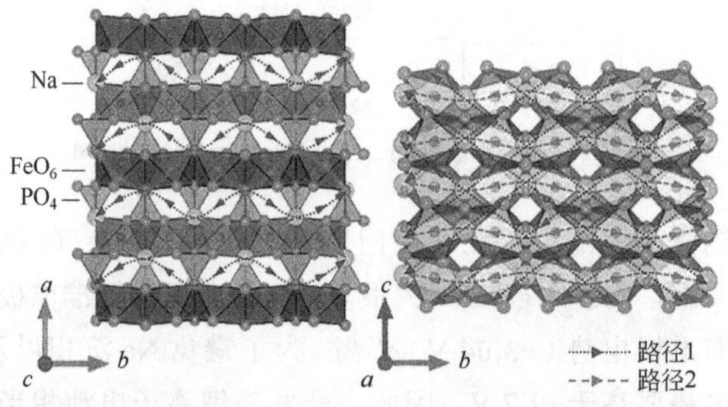


图 2-49　磷铁钠矿型 $NaFePO_4$ 中钠离子扩散路径[147]

（3）普鲁士蓝类钠离子正极材料

普鲁士蓝类材料 $Na_xPR(CN)_6$（P 和 R 为 Fe、Cu、Co、Ni、Mn 和 Zn 等过渡金属元素），具有较大的离子通道，适合钠离子的快速迁移，在无晶格畸变时可以实现钠离子的快速脱嵌，是近年来极有潜力的钠离子电池正极材料，受到人们的广泛关注。普鲁士蓝类钠离子正极材料具有很多优点，比如：①具有开框结构，有利于钠离子的快速迁移；②制备工艺简单；③结构稳定性好。Goodenough 等人利用常规的沉淀反应合成制备了普鲁士蓝类材料，并将其应用于有机系的钠离子电池[148]。以 1 mol/L 的 $NaClO_4$/(EC∶DEC)（1∶1，体积比）作为电解液组装的钠离子电池［$KFe_2(CN)_6$/Na］在 C/20 倍率下，实际放电比容量约为 95 mAh/g，循环 30 圈没有容量衰减。

（4）钠超离子导体（NASICON）基正极材料

NASICON 材料的基本分子式为 $Na_xMM'(XO_4)_3$（M = V、Ti、Fe、Tr、Nb 等，X = P 或 S，$x$ = 0～4）[149]。该材料的框架结构是由角共享互相连接的 $MO_6$ 和 $XO_4$ 四面体构成，可以为钠离子迁移提供通道。由于结构的独特性，使得它们具有良好的结构稳定性和优异的离子电导能力，是一种很有发展前景的钠离子存储材料。但是由于 NASICON 材料的电子导电性较差，实际应用中通常需要对其进行改性处理，很多研究者通过在该材料体系中加入电子收集相来改善电子传导能力。$Na_3V_2(PO_4)_3$ 正极材料是一种常用的 NASICON 材料。研究者们对该材料的结构、性能以及应用等都做了大量的研究。Pu 等人总结了关于增强 $Na_3V_2(PO_4)_3$ 材料性能的很多策略，如图 2-50 所示。Wang 和 Liu 等人合作报道了一种氮掺杂、碳涂覆的 $Na_3V_2(PO_4)_3$ 正极材料[150]。研究结果显示，这类材料组装的钠离子电池实现的最优电化学性能为：5 C 倍率下的放电容量为 84.3 mAh/g，容量保持率高达 83%。

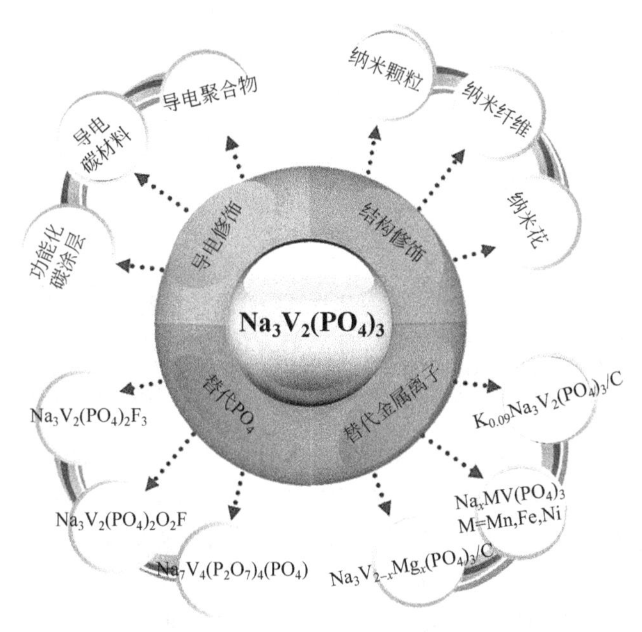


图 2-50　增强 $Na_3V_2(PO_4)_3$ 材料性能的有效策略[149]

#### 2.3.2.2　负极材料

实验研究中通常以金属钠作为负极材料，但是钠负极的缺点在于容易形成枝晶且熔点较低，存在一定的安全隐患，因此一般选择具有嵌钠性能的材料作为钠离子电池负极。目前钠离子电池的负极材料主要有碳基材料、过渡金属氧化物、非金属单质等。

碳基材料可以分为石墨碳和非石墨碳。石墨是商用锂离子电池最常用的负极材料之一，但是在用作钠离子电池负极的时候，其容量却非常低。这是因为石墨的层间距不够大阻碍了钠离子的电化学嵌入过程。Wen 等人制备了大层间距的膨胀石墨作为钠离子电池负极材料，发现钠离子能在膨胀石墨层间进行可逆的嵌入和脱出反应[151]。石墨基材料的储钠示意图如图 2-51 所示。用该膨胀石墨作为负极组装的钠离子电池，在电流密度为 20 mA/g 时的可逆容量为 284 mAh/g。非石墨碳材料主要包括硬碳和软碳。其中，硬碳由于具有较大的层间距适合钠离子脱嵌而备受关注。Hong 等人利用生物质（例如：柚子皮）通过简单热解的方法制备了可用作钠离子电池负极的多孔硬碳材料[152]。这种方法制备的多孔硬碳材料具有三维连通的多孔结构和大的比表面积（1272 $m^2/g$）。将该材料作为负极组装的钠离子电池，在 200 mA/g 时循环 220 圈后的容量为 181 mAh/g。

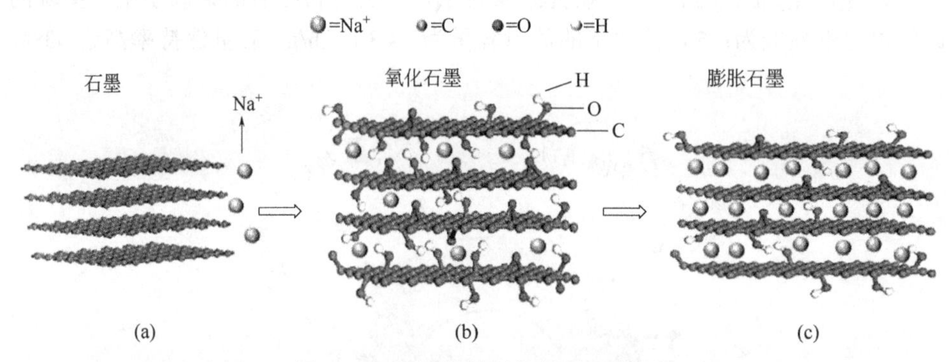


图 2-51　石墨基材料的储钠示意图

（a）石墨的层间距较小，$Na^+$很难嵌入石墨层间；（b）氧化石墨的层间距较大，$Na^+$可以嵌入氧化石墨的层间，但是由于氧化石墨含有大量的含氧基团，使得 $Na^+$的嵌入受限；（c）膨胀石墨具有合适的层间距，同时含氧基团被还原，使得大量 $Na^+$可以嵌入膨胀石墨层间[151]

过渡金属氧化物也是一类有待开发的、具有嵌钠潜力的材料。目前用于钠离子电池负极材料的过渡金属氧化物主要有：$TiO_2$、$SnO_2$ 等。Feng 等人利用金属-有机框架化合物（MOFs）作为前驱体，复合石墨烯热解制备了氮掺杂碳材料/$TiO_2$ 复合钠离子负极材料[153]。他们利用 MOFs 特有的多孔结构，同时以氧化石墨烯为载体，在氩气氛围下碳化 GO/MOFs 前驱体，一步法制备了石墨烯负载氮掺杂碳复合纳米二氧化钛（G-NC@$TiO_2$）的多孔负极材料。以 G-NC@$TiO_2$ 复合材料为负极组装的钠离子电池，表现出超长的循环寿命和优异的倍率性能（5000 圈循环后容量保持率高达 93%）。

非金属单质中的磷（P）是一类容量较高的储钠材料，有潜力用于开发高性能的钠离子电池。磷基负极材料存在的问题是钠离子脱嵌过程中的体积变化问题。Yu 等人利用制备的磷基负极材料获得了优异电化学性能的钠离子电池[154]。该磷基负极材料为氮掺杂微孔碳负载的无定形红磷。他们利用金属-有机框架材料独特的结构，通过碳化制备了氮掺杂的微孔碳材料（孔径小于 1 nm），并且通过磷蒸气转化的方法，制备了氮掺杂微孔碳负载红磷的复合材料，如图 2-52 所示。利用多孔碳良好的电子和离子电导能力以及结构稳定性三个优点的协同增强效应，实现了钠离子电池电化学性能的大幅度提升，获得了长循环寿命及高倍率性能的钠离子电池。基于该负极材料组装的钠离子电池，显示出高的可逆容量（在 0.15 A/g 电流密度下，600 mAh/g），并且在大电流（1 A/g）下表现出超长的循环性能，在 1000 圈循环后保持了 450 mAh/g 的容量。

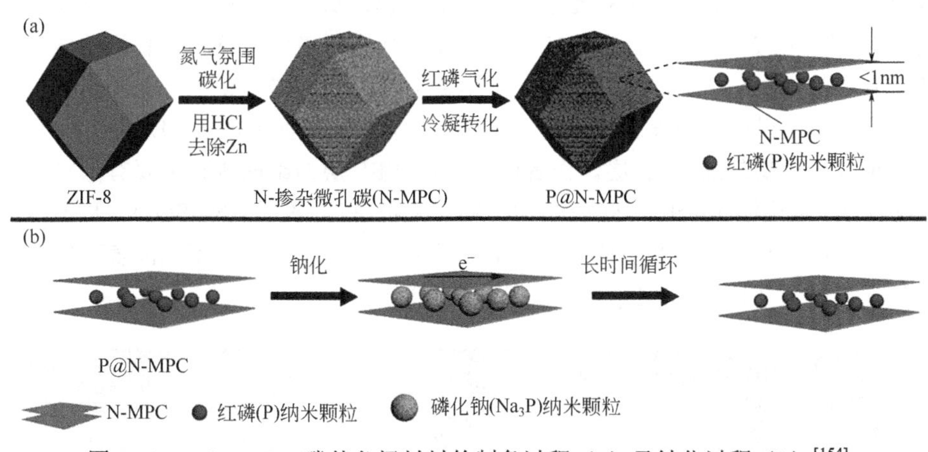


图 2-52　P@N-MPC 磷基负极材料的制备过程（a）及钠化过程（b）[154]

#### 2.3.2.3　电解质材料

电解质体系是钠离子电池的重要组成部分，也是制备高性能、长循环寿命、安全性能良好的钠离子电池的关键材料之一。电解质材料的研究开发对于提升钠离子电池整体性能具有重要的作用。钠离子电池的电解质体系主要有，有机电解质、离子液体电解质、水系和固态电解质体系[155]。与锂离子电解质体系类似，钠离子电池的电解质也需要满足一些基本条件，比如良好的化学稳定性、电化学稳定性、热稳定性、离子电导能力和电绝缘性等[137]。

应用于钠离子电池较为成熟的是有机电解质，其展现出了良好的综合性能，但是安全性能也有待改善。钠离子电池的有机电解质，主要包括酯类和醚类。酯类电解液应用于钠离子电池体系时，由于很难在钠金属、碳材料等负极构建稳定的电极/电解液界面，所以需要改性和优化。而醚类电解液有利于其在负极材料表面构建稳定的电极/电解液界面，因此受到的关注更多。有机电解质中的溶质盐可选择的包括 $NaClO_4$、$NaPF_6$、$NaBF_4$ 等[137]。钠盐的选择主要基于[137]：其在选择的溶剂中的溶解性、稳定性（氧化还原反应）、化学稳定性（与电解质中其它材料、电极和集流体材料不发生化学反应）和无毒等。

离子液体电解质相对于有机电解质而言，具有不挥发、不易燃和电化学窗口宽等优点，可有效解决有机电解质体系存在的稳定性和安全性问题。离子液体能溶解很多有机物和无机物，溶解性非常好，同时具有高的离子电导能力，是一种优良的绿色溶剂。其中研究得较多的是二(三氟甲磺酰)亚胺离子 {$[N(CF_3SO_2)_2]^-$（$TFSI^-$）} 基离子液体。Wu 等人研究了以 $NaPF_6$/BMITFSI［1-丁基-3-甲基咪唑双(三氟甲基磺酰)亚胺］离子液体作为钠离子电池的电解质，$Na_3V_2(PO_4)_3$（磷酸钒钠）为正极材料组装的钠离子电池的电化学性能，发现这种离子液体电解质可以促使在正极材料表面形成稳定的固体电解质膜，从而达到提升钠离子电池性能的目的[156]。图 2-53 给出了基于 $NaPF_6$/BMITFSI 离子液体电解质组装的钠离子电池，其中的正极材料 $Na_3V_2(PO_4)_3$ 充放电循环前后的扫描电镜图。从图中可以看到，循环前正极材料的表面较粗糙。循环 1 次后材料表面形成了 SEI 层。循环 20 次后形成了更均匀的 SEI 层。作者研究发现 SEI 层的组成成分主要有氢氧化钠（NaOH）、氟化钠（NaF）、焦硫酸钠（$Na_2S_2O_7$）和硫酸钠（$Na_2SO_4$）。基于离子液体电解质的高电导率和形成了稳定的 SEI 层等特性，该钠离子电池表现出高的初始放电容量（107.2 mAh/g）和良好的循环性能。

(a)

(b)

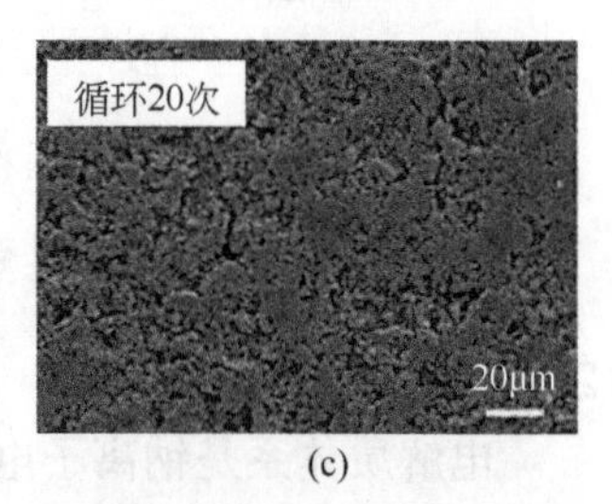

(c)

图 2-53　$Na_3V_2(PO_4)_3$ 正极材料表面在充放电循环前（a）、循环 1 次后（b）和循环 20 次后（c）的扫描电镜图[156]

水系钠离子电池通常使用钠盐的水溶液作为电解质。与有机系电解质相比，水系电解质的优势在于安全、环保，且资源丰富。受限于水的分解反应，水系钠离子电池电极材料的安全电化学窗口为（2.297 V～3.527 V vs $Na^+$/Na，中性水中）[157]。水系钠离子电池材料的选择除了要考虑氧化还原电势之外，还需要材料与电解液相匹配，同时考虑材料在水中的稳定性等。Guo 等人研发了一种基于生理盐水和细胞培养基的水系电解质的柔性水系钠离子电池[158]。他们使用生理盐水和细胞培养基作为电解质，以 $Na_{0.44}MnO_2$ 为正极材料，$NaTi_2(PO_4)_3$@C 为负极材料，分别设计了两种柔性电池：带状电池（二维）和纤维状（一维）电池。这两种钠离子电池表现出较优的体积能量和功率密度、高柔性和长循环寿命，在可穿戴电子设备中具有广阔的应用前景。其中带状钠离子电池的结构示意图和制备的钠离子电池照片，如图 2-54 所示。

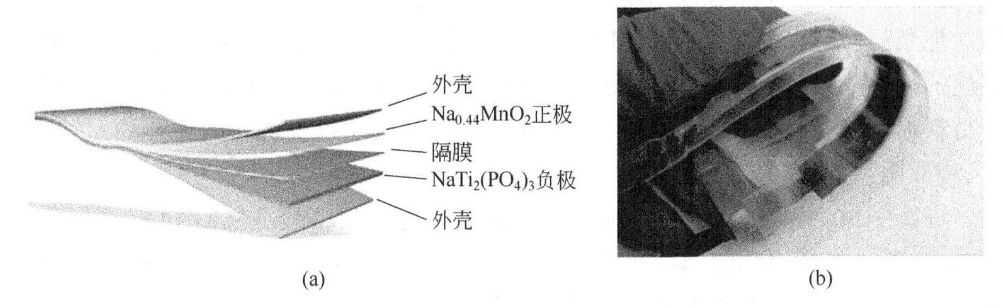


图 2-54　带状柔性水系钠离子电池结构示意图（a）和制备的带状水系钠离子电池照片（b）[158]

固态钠离子电池电解质，包括凝胶电解质和全固态电解质，其中全固态电解质有硫化物、$Al_2O_3$、NASICON 和新型无机物等。三维 NASICON 开框结构由于其独特的结构特点而被广泛用作锂离子和钠离子的脱嵌主体。Seznec 等报道了一种能在 200℃高温下工作的全固态钠离子电池[159]。该电池使用了 NASICON 基的电极［$Na_3V_2(PO_4)_3$］和电解质材料（$Na_3Zr_2Si_2PO_{12}$）。该全固态钠离子电池 200℃条件下测试的电化学性能显示，C/10 倍率下电池容量为理论容量的 85%，能量密度为 $1.87 \times 10^{-3}$ Wh/cm$^2$。

## 2.3.3　钾离子电池

目前，对钾离子电池的研究尚属起步阶段。与钠元素类似，钾也是一种资源相对丰富的元素，其成本比锂要低（如表 2-3 所示）[136]。相较于锂离子电池，钾离子电池的优势有：①原材料资源丰富、成本更低；②具有快速的离子传输动力学。基于以上优势，钾离子电池（KIBs）也有可能成为锂离子电池的替代电池体系之一。但是，钾离子电池也存在一些问题：①离子扩散性较低以及钾离子反应动力学低；②钾离子脱嵌过程中体积变化大；③严重的副反应和电解质消耗；④钾枝晶生长；⑤电池安全隐患；⑥能量密度有限。这些问题导致钾离子电池体系存在容量低、倍率性能差、循环寿命短等问题。因此，开发安全可靠、性能优异的充放电钾离子电池还存在诸多挑战。

### 2.3.3.1　电极材料

目前，钾离子电池负极材料包括碳材料、金属及金属化合物，其中应用的最多的还是理论比容量较低的碳材料。与锂离子类似，钾离子能与石墨形成插层化合物。很多研究者报道了以石墨作为负极的钾离子电池体系。Jian 等人研究发现 K/石墨半电池，在 C/40 倍率下的容量高达 273 mAh/g[160]。与碳材料相比，金属氧化物通常具有更高的理论比容量。Niu 等人报道了一种可以用作钾离子电池负极的金属氧化物材料：无定形态钒酸铁［$FeVO_4$，（a-FVO）］[161]。将其用作钾离子电池负极时，与 $FeVO_4$ 晶体材料相比，无定形态 $FeVO_4$ 显示出更高的比容量和更优的循环稳定性。作者发现，通过简单的球磨方法制备的无定形态 $FeVO_4$/C 复合材料显示出良好的倍率性能（2 A/g 时，180 mAh/g）以及优异的循环稳定性（循环 2000 圈后库伦效率高达 99.8%）。

钾离子电池常用的正极材料包括层状氧化物［如钴酸钾（$KCoO_2$）、锰酸钾（$KMnO_2$）］、金属-有机框架、聚阴离子化合物［如 $KMPO_4$（M=Mn、Fe 等过渡金属元素）］和普鲁士蓝类材料等。其中金属-有机框架由于结构特性吸引了大量的关注。金属-有机框架中的金属离子或金属氧化物在电化学过程中可以作为氧化还原反应的活性位点。同时该类型材料具有可调的孔结构和相对开放的通道有利于钾离子的可逆储存和迁移。Xu 等人利用 MOFs 材料作为前驱体制备了一种适用于钾离子电池的正极材料：氮掺杂碳纳米管材料[162]。由于该材料具有独特的结构，使得其组装的钾离子电池具有良好的倍率性能（2 A/g 时的容量为 102 mAh/g）和优异的循环稳定性（超过 500 圈循环没有明显的容量损耗）。此外，普鲁士蓝类材料由于具有开放的三维骨架结构成为了一种很受欢迎和有发展前景的钾离子正极材料。对于需要可逆电化学脱嵌的钾离子电池而言，开放的三维框架结构对于离子半径较大的钾离子而言，优势明显。Eftekhari 等报道了以普鲁士蓝基材料作为正极、钾为负极组装的钾离子电池的电化学性能。该电池显示出优异的循环性能（可以经历 500 多个可逆循环）[163]。

#### 2.3.3.2 电解质

电解质的优化是开发高性能钾离子电池的重要任务之一。与锂离子电池和钠离子电池类似，钾离子的电解质体系主要有：有机电解质、离子液体电解质、水系和固态电解质体系。其中水系碱金属离子（$Li^+$/$Na^+$/$K^+$）电池由于其固有的安全性，而成为电化学储能的新兴候选体系之一。这些体系中以水为主要溶剂的水系钾离子电池，因为高安全性、低成本的优势受到了广泛的关注。与水系钠、锂离子电池相比，水系钾离子电池的优势有：钾的标准电极电位比钠的低 0.22 V（同类型结构的钾正极材料具有更高的电压)[136]；钾盐溶液的离子电导率比相同条件下的锂盐和钠盐的都要高很多（钾离子电池具备更快的充放电潜力）。

Wang 和 Qiao 等人合作研发了高容量的水系钾离子电池[164]。该电池的正极材料为高钾离子含量的普鲁士蓝电极材料（脱水亚铁氰化钾纳米管），并基于此材料组装的钾离子电池的容量为 120 mAh/g。同时该电池表现出了优异的循环稳定性，在 21.4 C 倍率下循环 500 圈后，依然可以保持大于 85%的放电容量。该电池还实现了在高电流倍率下工作时快速充放电（在三分钟的时间内完成完全充放电）。Hu 等人也成功构建了一款水系钾离子全电池[165]。该水系钾离子电池利用 Fe 部分取代 Mn 的富锰钾基普鲁士蓝 $K_xFe_yMn_{1-y}[Fe(CN)_6]_w·zH_2O$ 作为正极、有机染料花艳紫红 29（PTCDI）为负极以及 22 mol/L 的三氟甲基磺酸钾（$KCF_3SO_3$）水溶液为电解液。研究结果显示，该电池具有优异的循环稳定性，超过 10000 次循环之后正极材料在 100 C 倍率下仍保留了 70%的容量。

# 2.4 铝离子电池

## 2.4.1 概述

随着锂离子电池技术的空前发展，锂资源的不足导致其价格在过去十年中急剧上升。此外，锂离子电池中广泛使用的有机电解质具有易燃、有毒、易挥发的特点，违背了绿色化学的发展趋势。因此，从可持续发展的角度来看，开发储量丰富、成本低廉、安全性高的电化学储能体系来替代锂离子电池是大势所趋。现阶段，基于其它阳离子的电池技术比如钠、钾、铝和锌等离子电池得到了初步发展。铝的理论比容量高达 2976 mAh/g，是所有金属元素中理论比容量仅次于锂（3860 mAh/g）的元素[166]。同时，铝的体积比容量（8035 $mAh/cm^3$）是目前报道的所有金属离子电池电极材料中最高的[166]。在诸多新兴多价阳离子的可充二次电池体系中，可充铝离子电池（Aluminum-ion battery, AIB）凭借其低成本和高体积比容量等优势，被认为是最有潜力的二次电池体系之一。

目前，铝离子电池大多采用碳材料为正极、铝为负极以及以离子液体为电解质的体系。与其它电池体系相比，铝离子电池体系具有的优势有[166]：①铝离子在电化学反应过程中会转移 3 个电子，一旦与合适的正极材料结合，就会形成高体积容量和质量容量的电极；②与锂金属相比，铝金属作为负极时，由于其具有更好的稳定性，降低了潜在的安全隐患；③地壳中铝的含量非常丰富，开采和利用的成本都非常低；④铝离子电池体系中常用的离子液体电解质是非挥发性和不易燃的材料，使得电池系统更安全可靠。

然而，铝离子电池的研究工作中遇到了很多问题，比如正极材料发生溶解，电池放电电压低，无放电电压平台的电容行为，循环寿命短（少于 100 圈）以及快速的容量衰减[167]。这些问题的存在导致铝离子电池的研发和应用进程都非常缓慢。对于铝离子电池体系，目前需要解决的两个关键问题是：寻找优质正极材料和合适的电解质。近年来随着科学技术的发展，铝离子电池的相关研究已取得了一些突破性的进展。

## 2.4.2 正极材料

铝离子电池容量受限的一个关键因素是正极材料中$[AlCl_4]^-$嵌入的容量低。石墨基材料作为铝离子电池正极材料的一个理想选择，吸引了研究者的大量关注。Wills 等人对比研究了四种类型的石墨碳材料（热解石墨、碳纸、碳布和碳毡）作为正极材料对铝离子电池容量的影响[168]。研究发现，由于材料性质的不同，导致以不同石墨碳材料作为正极的电池性能存在明显的差异。结果显示，碳纸和热解石墨的容量接近 70 mAh/g，而碳布和碳毡的容量较低，为 20～40 mAh/g。作者认为，电极的容量很有可能与材料中是否含有高度石墨化的结构有关。Dai 等人以高质量的天然石墨作为正极材料构建了循环性能优异的铝离子电池[169]。天然石墨正极材料的制备过程及其形貌结构图，如图 2-55 所示。研究结果显示，电流密度

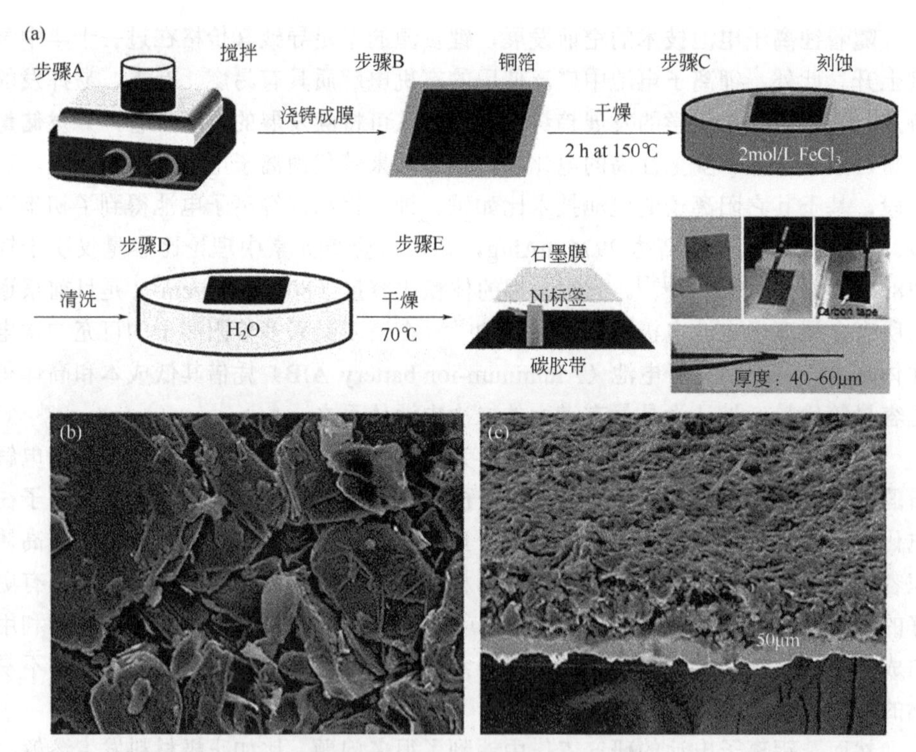


图 2-55　以天然石墨为原料制备铝离子电池正极的过程示意图（a）；扫描电镜（SEM）观察下的石墨薄膜表面形貌图（b）；石墨薄膜的横截面 SEM 图（c）[169]

为 99 mA/g 时，比容量约达 110 mAh/g，库伦效率约 98%。在 6 C 倍率下，容量为 60 mAh/g，循环 6000 圈后库伦效率仍高达 99%。

与石墨基正极材料相比，过渡金属氧化物正极材料的初始放电容量更大。但是，由于过渡金属氧化物的循环性能较差，阻碍了高容量铝离子电池的发展。Cai 等人设计制备了二硒化钴/碳纳米骰子@还原氧化石墨烯（$CoSe_2$/Carbon Nanodice@rGO）复合材料，并将其用作铝离子电池正极材料[170]。用这种特殊结构的正极材料组装的铝离子电池，显示出优异的循环性能，在 1000 mAh/g 下循环 500 圈后的容量高达 143 mAh/g。研究结果表明，该铝离子电池显示出优异的电化学性能，是由于 rGO 包覆结构具有抑制 Co 溶解、缓解二硒化钴/碳纳米骰子材料粉化和增加导电性的作用。Wu 等人通过原位电化学转化法合成了 $Al_xMnO_2 \cdot nH_2O$ 化合物用作铝离子电池正极材料，并用其构建了水系铝离子电池 $Al/Al(OTF)_3 \cdot H_2O/Al_xMnO_2 \cdot nH_2O$[171]。该电池显示出超高的比容量（467 mAh/g）和高能量密度（481 Wh/kg)。此外，由于该电池使用的是水系电解质，大大提高了电池的安全性能。

## 2.4.3 电解质

选择和设计合适的电解质，也是开发铝离子电池的关键所在。早在 1985 年，离子液体首次作为电解质被应用于铝电池中[172]。Archer 等人以含有 $AlCl_3$（三氯化铝）的［EMIm］Cl（1-乙基-3-甲基咪唑氯盐）离子液体作为电解质，$V_2O_5$（五氧化二钒）为正极材料，铝为负极，成功构建了可充电铝离子电池[173]。该电池首圈放电容量 305 mAh/g，循环 20 圈后的容量为 270 mAh/g。Lin 等人也利用离子液体电解质（$AlCl_3$/[EMIm]Cl）和石墨正极一起构建了具有优异循环性能的铝离子电池[167]。图 2-56 给出的是 Al/石墨电池放电过程示意图。该电池的放电电压平台接近 2 V，比容量为 70 mAh/g，库伦效率高达 98%。在 4000 mA/g 的电流密度下，可快速充电（约 1 min 充电完成）。同时该铝离子电池还展示出优异的循环性能，7500 圈循环后没有明显的容量衰减。该研究成果意味着实现了室温下铝离子电池可逆快速充放电。Gao 等人提出了一种低成本铝离子电池体系：以膨胀石墨作为正极和盐酸三乙胺电解液组装的铝离子电池[174]。该类电池，在 5 A/g 的电流密度下，正极容量可以达到（78.3 ± 4.1）mAh/g，循环 30000 次后容量保持率为 77.5%。该研究成果以商业化石墨为正极，同时选用了合适的电解质材料，实现了铝离子电池的超长循环稳定性，为实现铝离子商业化应用打好了基础。

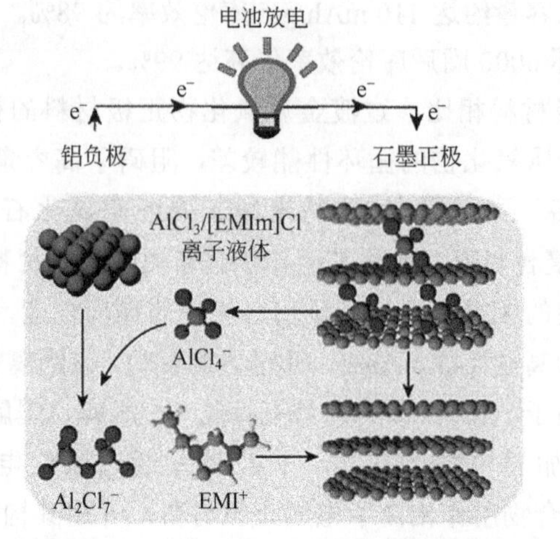


图 2-56　Al/石墨电池放电过程示意图[167]

# 2.5 锌离子电池

## 2.5.1 概述

近年来，电子产品已经融入了人们的日常生活，目前所应用的各种设备中，电池是最常见的储能器件。在各类电池中，尽管目前具有高能量密度、轻质的锂离子电池已经占领了商用二次电池市场，然而由于有限的锂资源以及高制作成本，并且在过度充电或短路的情况下，有机电解液的可燃性和电极材料与有机电解液的反应容易引起严重的安全事故等显而易见的缺陷，限制了它们的进一步发展[175]。锌离子电池（Zinc ion battery, ZIB）是近年来兴起的一种新型水系二次电池，其被认为是未来储能领域里最有应用前景的电池。同时，锌离子电池具备安全高效的放电过程。廉价和无毒的电极材料，易商业化量产等优势。在目前所报道的电池中，水系锌离子二次电池因其负极金属锌具有较高的比容量（820 mAh/g），环境稳定性高，来源广泛，引起了人们的极大关注。锌离子电池作为可以替代锂离子电池的新型储能设备，它不仅为实现环境友好和安全的储能装置提供了新的思路，而且使下一代电池的制造成本降低成为可能。

锌离子电池的定义源于其充放电过程中，正极材料可进行锌离子（$Zn^{2+}$）的脱嵌，负极可进行锌（Zn）的氧化溶解/$Zn^{2+}$的还原沉积，电解液为含 $Zn^{2+}$的近中性或弱酸性水性溶液。在充放电过程中，锌离子在正负电极之间来回奔跑，就像是摇椅来回摇动一样，因此锌离子电池和锂离子电池一样也可以被比喻为“摇椅电池”。

锌离子电池的优点包括：①锌离子电池不仅具有高能量密度，而且具有高功率密度。根据恒电流充放电结果、能量密度和功率密度的计算公式，可以计算出其功率密度最高可达到 12 kW/kg，是超级电容器的 15 倍左右[176]。②锌离子电池具有良好的倍率性能。锌离子电池既可以在大电流密度下快放电,也可以在小电流密度下慢放电。③锌离子电池的成本低廉。锌离子电池的制作工艺简单，在空气中即可组装，同时金属锌资源丰富，是除铁之外价格最低的金属；④环境友好，安全性高。锌离子电池的电解液采用近乎中性的硫酸锌、醋酸锌水溶液（pH 3.6～6.0）。因此，锌离子电池属于绿色环保电池。

## 2.5.2 新型正极材料

锌离子电池有高体积能量密度、安全、无毒等优点以及作为高析氢过电位金属的锌，其电极电位（−0.763 V）更适合于水性电池体系，使得锌离子电池的发展成为新能源领域发展的当务之急，然而尽管锌离子的离子半径相对较小（0.75 Å），但是由于 $Zn^{2+}$与阴极材料的晶体结构之间的静电相互作用比 Li 离子强得多，因此寻找合适的“插入材料”也并非易事，尽管 Zn 离子周围的水分子共同插入可以缓冲其高电荷密度，但 $Zn^{2+}$的高水合离子半径（4.046～4.30 Å）[177]使其对插入材料的结构要求更高。目前为止，二次锌离子电池正极的研究尚处于起步阶段，目前报道的锌离子电池正极材料主要包括锰基氧化物、五氧化二钒、金属铁氰化物等无机材料以及导电高分子等。

### 2.5.2.1 无机材料

和锂离子电池、锂硫电池等类似，无机材料也被广泛应用于锌离子电池正极材料。用于储能材料的过渡金属化合物（TMCs）主要包括三大类：即过渡金属分别与第ⅣA 族，ⅤA 族和ⅥA 族元素形成的化合物，典型代表就是过渡金属碳化物/氮化物（MXenes）和氧化物/氢氧化物以及硫化物。过渡金属的电子排布特点是其原子或重要氧化态物种中 d 层轨道部分充满，特征电子构型为（$n$−1）$d^{1\text{-}9}ns^{1\text{-}2}$。由于存在未完全充满的次外层电子，因此过渡金属存在多种可变价态，能够与其他主族元素形成数量众多，物理化学性质各异的化合物。这一特点也赋予了它们在电化学储能领域巨大的应用潜力。过渡金属化合物有的可以作为电池电极材料，在电化学反应中发生离子脱嵌和材料晶相转变，如应用在锂离子电池

领域的 $LiCoO_2$、$LiMn_2O_4$ 和 $LiFePO_4$ 等。有的可以作为赝电容材料，通过发生在界面处或材料近表面处的氧化还原反应实现储能，如 $RuO_2$ 和 $MnO_2$ 等。

（1）锰基氧化物（Manganese-based oxides）

锰（Mn）基氧化物，因其具有诸多独特的优点，例如成本低、储量丰富、环境友好、低毒性和多价态（$Mn^0$、$Mn^{2+}$、$Mn^{3+}$、$Mn^{4+}$ 和 $Mn^{7+}$），被认为是有吸引力的能量存储材料。目前，基于锰的氧化物，包括 $MnO_2$、$Mn_2O_3$、$Mn_3O_4$ 和 $ZnMn_2O_4$ 等，都是可以当作水系锌离子电池正极材料的选择之一。

$MnO_2$ 这种正极材料的探索上，因为其隧道或层状结构允许 $Zn^{2+}$ 可逆地嵌入/脱出而被广泛应用。$MnO_2$ 具有多种晶型（α 型、β 型、γ 型、δ 型、ε 型和 λ 型），这取决于八面体单元[$MnO_6$]之间的连接类型。在 $MnO_2$ 所有的晶型中，β-$MnO_2$ 被普遍认为是最具有热力学稳定性的结构。其所呈现出狭窄的隧道通常不利于一些阳离子的扩散，例如 $Li^+$ 和 $Zn^{2+}$。最近，Chen 等人发现 β-$MnO_2$ 首次放电时隧道结构的氧化锰晶体发生相转变成为层状结构的 Zn-Buserite 相，后者的层状结构使得 $Zn^{2+}$ 能够可逆嵌入和脱出[178]，最终正极具有 225 mAh/g 的高比容量并且在 2000 次循环中容量保持率为 94%，具有优良循环性能。如前面所述，$MnO_2$ 的能量储存机制中最关键的是 $Zn^{2+}$ 嵌入/脱出，而另一个重要问题就是 $MnO_2$ 电极材料在循环过程中由于 $Mn^{2+}$ 溶解到电解液中，从而引起比容量的衰减。如 Pan 等[179]人所证明的，在循环过程中锌锰电池在 2 mol/L $ZnSO_4$ 电解液中进行测试，容量迅速衰减。通过对电解液中 $Mn^{2+}$ 的元素分析表明，$Mn^{2+}$ 逐渐溶解在电解液中。在最初的 10 个循环后衰减开始减慢。这可能是因为来自 $MnO_2$ 电极的 $Mn^{2+}$ 溶解增加了电解液中的 $Mn^{2+}$ 浓度，从而抑制了 $Mn^{2+}$ 进一步溶解。因此，预先填补一定量的 $Mn^{2+}$ 将其溶解在电解液中可改良电极的稳定性。除了 $MnO_2$ 之外，其它锰基氧化物也显示出良好的储能性能并作为锌离子电池的正极材料。例如 Zhang 等人[180]发现与简单的二元过渡金属氧化物相比，$ZnMn_2O_4$ 作为离子插入式电极时具有更好的可充电性，将其作为正极材料组装成的柔性固态 ZIBs 获得了 273.4 Wh/kg 的高能量密度。

（2）钒基氧化物（Vanadium-based oxides）

钒离子丰富可变的化合价以及其允许离子进入/扩散的层间距离可调控性使得钒基氧化物一般具有较大的比容量（>300 mAh/g），同时钒元素在地壳中的含量相当丰富（190 mg/kg），这些优势使其同样成为了一种极具吸引力的锌离子电池的储能材料。钒的多种氧化态和大型开放式框架晶体结构，特别是结晶水空隙的电荷屏蔽影响可以降低插入的 $Zn^{2+}$ 有效电荷，从而提高比容量和倍率性能[181,182]，这使其同样成为了一种极具吸引力的锌离子电池的储能材料。

$V_2O_5$ 和 $VO_2$ 等钒氧化物作为一种具有特殊晶格结构的钒的氧化物，在有机电解质体系中用于碱金属离子的储存已经被广泛研究过，但在水系电解质中用于多价锌离子储存还处于空白。例如，二氧化钒［$VO_2(B)$］是由扭曲的 $VO_6$ 八面体通过共用晶格角和边缘形成隧道状晶格框架，其形成的大尺寸的晶格隧道结构，对于金属离子的快速嵌入/脱嵌是十分有利的。基于此，Ding 等人[183]借助于原位 X 衍射等测试表征手段，详细地阐述了锌离子在二氧化钒晶格隧道中的可逆嵌入/脱嵌的赝电容和超快动力学行为。结果表明，在锌离子嵌入和脱嵌的过程中二氧化钒的晶格结构变化不大，有效地促进锌离子的嵌入和脱嵌，从而表现出 357 mAh/g 的可逆比容量、优异的倍率性能（电流密度为 51.2 A/g 时的比容量仍高达 171 mAh/g）、高的能量和功率密度（在 180 W/kg 时为 297 Wh/kg）。

层状五氧化二钒是锂和钠离子电池的常用正极，由于材料厚块的剥落允许更多的活性位点，因此其在水系锌离子电池中具有更高的循环重量比容量。水合五氧化二钒（$V_2O_5 \cdot nH_2O$，VOH）具有双层结构，结构水分子作为支柱使层间距扩大到 12 Å 左右。更重要的是，水的屏蔽作用减少了阳离子间的相互作用，这可以加速锌离子的扩散。为了提高 VOH 的反应动力学，一个重要的策略是在层间引入一些外来阳离子，例如 Liu 等人[184]将二价过渡金属阳离子以化学方式预先插入 VOH 中以扩大其间距。由于面间距的增加、晶体结构的稳定和催化作用以及改善的电荷和离子输运特性，提高了倍率性能和循环稳定性。能源效率的提高和电压衰减的降低显示出巨大的商业应用潜力。大部分钒基氧化物（或者氢氧化物）已经被用作锌离子电池的正极材料，如 $Ca_{0.25}V_2O_5 \cdot nH_2O$[185]、$NaV_3O_8 \cdot 1.5H_2O$[186]、$H_2V_3O_8$[187]、$Na_2V_6O_{16} \cdot 1.63H_2O$ 纳米线[188]、$Na_{0.33}V_2O_5$ 纳米线[189]等。以上这些研究结果都表明，钒基的氧化物或是钠离子等扩展的钒氧化物作为水系锌离子电池的正极皆表现出了优异的性能。钒基氧化物通常具有较大的容量，然而平均工作电压总是低于 1 V 并且拥有一个倾斜的放电平台，以及钒氧化物的毒性也是制约此种材料发展的重要因素。

（3）普鲁士蓝衍生物（Prussian blue analogs）

普鲁士蓝衍生物［金属六氰基铁酸盐（MeHCF）］是一种常见的金属有机骨架材料，具有开放式的晶体结构使得普鲁士蓝衍生物不仅仅可以承受一价离子的嵌入与脱出，同样可以承受二价或者三价离子（$Zn^{2+}$、$Mg^{2+}$、$Al^{3+}$）的嵌入/脱出。

拥有大量间隙位点的稳定开放框架式结构可以快速轻易地嵌入/脱出客体离子。Zhang 等人[190]提出六氰合铁酸锌（ZnHCFs）作为 $Zn^{2+}$的插层主体，工作电压几乎可以达到 1.7 V，这是水系锌离子电池的最高工作电压记录。除六氰基铁酸锌外，六氰基铁酸铜[191]、六氰基铁酸镍[192]和六氰基铁酸铁[193]也可用作水系锌离子电池的正极材料。然而，普鲁士蓝虽然是具有开放框架的混合价铁氰化物，并且通过引入不同的过渡金属阳离子，具有可调的晶格间距；但其比容量相对较低（在 1 C 下<100 mAh/g，低于氧化钒和锰基氧化物等），以其作为正极材料的水系锌离子电池的电压平台还会随电解液中离子半径的变化而改变。因此尽管可以对

普鲁士蓝衍生物施加较高的工作电压，但能量密度在储能材料领域依然没有竞争力，若要实际应用，还有许多地方需要改进。

无机材料特别是过渡金属化合物作为电极材料使用时，导电性普遍较差，最为常见的解决办法就是将其与导电剂、黏结剂以一定比例混合制备成电极，但这种物理共混方法在很大程度上制约了它的电化学性能发挥。因此不少研究人员采用原位复合生长的方法解决这一问题。从一维的线状材料，到二维层状和具有3D立体结构的电极材料都已见报道。Liu 等[194]利用高分子嵌段共聚物制备的介孔碳纤维作为载体，负载了平均尺寸只有不到2 nm的$MnO_2$纳米颗粒，由于基体中大量的均匀介孔结构，因此能够实现高负载量和快速的电子传导，在7 mg/cm$^2$的$MnO_2$的负载量下，实验测得的其$MnO_2$活性达到了理论值的84%。Cheng 等人[195]合成了谢弗雷尔相的$Mo_6S_8$纳米立方体并将其首次作为水系锌离子电池的负极材料进行了相关研究，他们发现锌离子能够在$Mo_6S_8$晶体结构中实现可逆脱嵌，并且制备的锌离子电池倍率性能良好。

在非对称超级电容器的研究过程中，一些研究者通过设计无机物的形貌或结构获得较好的电化学性能，Yan 等人[196]采用微波辅助合成的方法在石墨烯片层上制备了具有多级结构生物花瓣状 $Ni(OH)_2$，这种纳米复合结构使得组装后的非对称超级电容器具有77.8 Wh/kg的能量密度，并且经过3000次充放电循环测试后仍保持有94.3%的容量。Li 等人[197]采用水热法和退火处理制备了铜和镍的共氧化物介孔纳米线，当铜与镍比例为1∶1时其比容量高达1710 F/g，高于单独的CuO或NiO容量，并且该共生氧化物的电子电导率也更高。基于锌离子电池与非对称超级电容器储能机理的相似性，可以预见以上无机材料在水系锌离子电池中也具有广阔的应用前景。

#### 2.5.2.2 导电高分子

导电高分子作为电极材料，在锂离子电池、锂硫电池、燃料电池以及超级电容器等储能领域都已有研究，针对不同的电化学环境和所需性能特点，科研工作者们通过改变制备方法和条件，实现了对目标产物从微观形貌调控甚至到分子结构单元级别的构象改变，大量研究成果被报道出来。同样地，导电高分子在水系锌离子电池中也被广泛应用。与传统的无机化合物相比，聚苯胺（图 2-57）和聚吡咯这种导电高分子，因其具有良好的电化学性能，高能量和功率密度以及可逆交换离子的能力引起了人们将它们作为二次电池的电极材料使用兴趣[198]。聚苯胺与聚吡咯作为正极活性物质材料皆可用于二次电池。通过不同电流密度的充放电测试可表明电池在快速充电和放电中具有优异的性能，这可能是由于小尺寸质子的移动。此外，电池在充放电过程中，电池的循环寿命同样表现良好。随着电池系统的发展，这种导电高分子电池在未来拥有无限的应用前景。

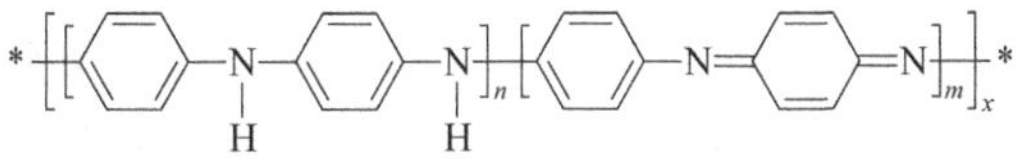

图 2-57 聚苯胺结构（$n + m = 1$，$x$ =半聚合度）

导电高分子用于水系锌离子电池正极时其反应机理不同于传统的锌离子迁移脱嵌机理，而是两电极分别进行锌离子的沉积/去沉积和导电高分子的质子酸掺杂/去掺杂过程，许多学者因此认为是这一种杂化超级电容器（hybrid supercapacitors），而不是一种电池；另外，导电高分子需要酸性电解液环境才能表现出优异的电化学性能，而对于金属锌来说，酸性太强的电解液环境会对其造成严重腐蚀，因此将二者组合起来制备成锌离子电池后电解液的选择和调控是一个较难解决的问题。除此之外，最近也报道了一些将无机材料和导电聚合物复合为电极材料应用于水系锌离子电池的研究。例如，$MnO_2$ 材料结构在循环过程中都会发生结构变化，转变为有水分子嵌入的层状氧化锰相。相变产生大的体积变化，造成一定的容量衰减，并且随着充放电过程中水合阳离子嵌入也会造成结构坍塌，进一步致使容量衰减。Huang 等[199]通过界面反应法，将聚苯胺作为客体材料插层于主体材料纳米层状 $MnO_2$，从而有效地提升电荷存储并且强化扩展后的层结构。用于 Zn-$MnO_2$ 电池表现高的倍率性能以及循环性能，且活性材料利用率高达 90%（约 280 mAh/g）。

## 2.5.3 电解液

电解液在电化学研究中起着至关重要的作用，因为它在传输离子的同时，起到在正极和负极之间建立连接的功能。锌离子电池的构成决定着其广泛采用弱酸性或中性水溶液作为电解液。水系电解液由于具有低成本、易制备、操作安全性、环境友好和高离子电导率等特点，是锌电池开发应用的亮点之一。另一方面，非水系的离子液体等由于其优势也被应用于锌电池电解液中。

### 2.5.3.1 水系电解液

水系电解液要比传统电池有机电解液的离子电导率普遍高出两个数量级左右，因此水系电池可以拥有更高的能量密度，功率密度。在通常情况下，水的分解电压为 1.23 V 左右，这就使得水系电解液电池的电压窗口要低于有机电解液电池。已有很多研究者在如何增大水系电解液电池电压窗口方面进行研究。

为了缓解枝晶现象，锌离子电池的电解液常为中性或弱酸性，但 pH 值的下降会导致电池在充电时伴随着氢气析出，从而降低库伦效率。目前，$ZnSO_4$、$ZnCl_2$ 或 $Zn(CF_3SO_3)_2$ 盐基电解液被认为拥有较大应用前景并被广泛使用[200]。常见的 $ZnSO_4$ 电解液溶解性差，库伦效率较低，而采用 $Zn(CF_3SO_3)_2$ 电解液可以加快电荷传输速率，进一步提高库伦效率。在水系 ZIB 中，大量实验研究的重点都集中在调节锌盐的浓度或使用添加剂以促进水系 ZIB 表现出的更好的电化学性能。传统的硫酸锌电解液存在锌离子沉积/析出动力学缓慢、库伦效率低等问题，表现为在同一电池体系中，充放电容量低、难以快速充电等。Zhang 等[200]在 $Zn/ZnMn_2O_4$ 体系中对比了硫酸锌（$ZnSO_4$）、硝酸锌［$Zn(NO_3)_2$］、氯化锌（$ZnCl_2$）和三氟甲烷磺酸锌［$Zn(CF_3SO_3)_2$］四种电解液，该团队首次使用的高浓度三氟甲烷磺酸锌［$Zn(CF_3SO_3)_2$］，使得锌离子电池的效能、安全性、稳定性等均有大幅提升和改进，该研究表明 $Zn(CF_3SO_3)_2$ 的添加表现出 Zn 沉积/溶解良好的可逆性。同时进一步研究了不同电解液浓度对电化学性能的影响。发现高浓度的电解液可以有效减少锌离子的溶剂化效应，降低了水分解等副反应，可以提高电池体系的稳定性。另外他们还发现，在 $ZnSO_4$ 电解液中加入 $Na_2SO_4$ 可以有效地避免 Zn 枝晶的生长，因为 $Na^+$ 具有较低的还原电位可以在最初突起点的周围形成带正电的静电屏蔽。因此，在添加了 $Na_2SO_4$ 的电解液中，Zn 负极表面上不会形成大量垂直且粗糙的 Zn 枝晶。该电解液中的添加剂在抑制金属锌枝晶生长中起着至关重要的作用，从而改善电池的库伦效率。类似地，Bai 等[201]在 $Zn/Na_{0.44}MnO_2$ 体系中使用混合电解质水溶液（$Na_2SO_4$、$ZnSO_4$ 和 $MnSO_4$）可以显著提高 $Na_{0.44}MnO_2$ 阴极的容量和循环稳定性。研究表明在混合水电解质中 $Na_{0.44}MnO_2$ 的储能机制与锌和钠复合离子借助锌和锰离子之间的协同作用和可逆的沉积-溶解过程的插入/脱出有关，优异的可逆性和良好的循环性能表明，通过使用含有混合盐的水电解质，$Na_{0.44}MnO_2$ 可以成为用于储能装置的有前景的材料。水系电解液因其极高的安全性，优异的性能表现必将成为未来绿色电化学体系中至关重要的一环。

#### 2.5.3.2 非水电解液

最近，离子液体电解液比如 1-乙基-3-甲基咪唑双（三氟甲基磺酰）亚胺和 1-丁基-3-甲基咪唑双（三氟甲基磺酰）亚胺由于其可以忽略的蒸气压、相对较高的温度/电化学稳定性以及较高的离子迁移率吸引了许多研究者的注意[202]，然而其放电容量和循环寿命并不尽如人意。实际上，Zn 离子被溶剂分子和电解质中的反阴离子包围，并且 Zn 离子的嵌入需要在阴极/电解质界面处去溶剂化，带来能量损失。在水溶液中，由于可能存在水分子，这种损失相对较低[203]。此外，阴极材料中间层中普遍存在的结晶水也可能导致这种低损失。与之相对的，在非水溶液中，$Zn^{2+}$ 溶剂化壳的较大半径（在乙腈溶液中约为 9.5 Å）难以实现与溶剂共嵌入，因此，在非水电解液中 $Zn^{2+}$ 一般反应动力学较差，很难实现较好的电化学性能。

### 2.5.4 负极材料

由于锌在水系电解液中比较稳定，所以当前的锌基电池大多直接采用锌作为负极，一般是直接以锌片或者锌涂覆集流体的形式作为锌负极，虽然作为电极材料它具有极高的储备量和低廉成本（约 10 元/kg）[204]、不易燃烧的特性、极低的毒性、高导电性、易加工性以及高兼容性等优势，但如同碱金属离子电池一样，锌枝晶的存在限制了锌负极的商业化应用。金属 Zn 负极在水系电解液中具有合适的氧化还原电位，高比容量（约 820 mAh/g）。在早期碱性电解液中的尝试结果却不尽如人意，主要有以下几点原因[205]：①Zn 负极沉积/溶解的库伦效率较低；②在充放电循环期间 Zn 枝晶的生长；③电解液的持续消耗；④在 Zn 负极上形成不可逆的不导电负极副产物［例如，ZnO 或 $Zn(OH)_2$］。这些因素都会导致严重的容量衰减和电池库伦效率的下降。在碱性电解液体系中，这些缺点尤为突出，所以直接推动了在水系 ZIB 中，中性或弱酸性水系电解液的发展。

虽然树枝状的锌支晶可以在温和的中性或者微酸性电解液中最小化，但是其可逆性差，Zn 负极沉积/溶解的库伦效率较低，这些仍然是其实际应用的障碍。与金属锂负极的情况一样，导致库伦效率衰减下降的主要原因是副反应消耗 Zn 和电解液。因此，需要使用过量的锌来维持电池的循环稳定性，但这会导致其质量比容量的利用不够理想，无法达到理论容量。此外，需要定期补充电解液来补偿水解的影响。尽管大量先前的报道称，利用高充放倍率可以用来最小化其可逆性差的缺点，但是在水系 ZIB 中实现高 CE 的目标仍然极具挑战。

为了解决这些问题，许多研究工作都集中在了对电解液的优化与金属锌的改性上。众所周知，金属锌枝晶和腐蚀现象的形成主要源于平面或二维金属锌箔上不均匀的 $Zn^{2+}$分布。传统的平面集流体上初始微小枝晶的尖端可以用作电场中的电荷中心，用于电荷的持续累积，从而在那些尖端上进一步沉积来促进树枝状晶体的生长[206]。相反，具有高电活性表面积和均匀电场的集流体可以抑制金属锌枝晶的形成。因此，将 Zn 沉积到集流体中可能是锌离子电池一种缓解枝晶生长现象并实现高倍率充放电和稳定电化学性能的潜在策略。例如，Chao 等人[207]设计了 Zn 纳米薄片阵列涂覆在 3D 石墨烯泡沫（Zn-GF）的负极，其中 3D 多孔石墨烯泡沫充当高导电性基底，多孔结构可以减轻非活性表面的氧化物或氢氧化物形成以及枝晶的生长。该 Zn-GF 负极具有更高的容量和更低的极化程度，并且拥有比传统的致密 Zn 箔更低的电荷转移电阻。此外，其他的几种负极制作方法在此领域中也至关重要，如在碳布上电沉积金属锌作为负极，碳纳米管纸上电沉积金属锌作为负极，锌镍合金负极等。这些新型的金属锌负极都大大减少了枝晶与自腐蚀现象的形成，有利于促进高倍率和使用耐久性电池的发展。

为了提升金属锌负极的沉积效率、利用率和循环寿命，Wang 等人[208] 通过优化煅烧 MOFs 前驱材料的方法，制备了多孔且含痕量金属锌的沉积载体材料，在该研究中，基于 $Zn^{2+}$金属中心和 2-甲基咪唑配体络合自组装形成的 ZIF-8 被用作前驱体。经过惰性气氛煅烧处理，ZIF-8 的有机配体被热解碳化，同时部分金属中心 $Zn^{2+}$通过碳热还原反应被转化为痕量的单质锌。综合考虑碳化温度、碳热还原优化反应、金属锌的熔沸点，该团队证实在 500℃煅烧制得载体材料（ZIF-8-500）具有最优的沉积性能。煅烧后的材料不仅增强了材料的导电能力，而且为锌的沉积提供活性位点进而诱导金属锌均匀沉积；该材料比纯锌金属电极比表面积大，能有效降低局域电流密度，使得电荷分布均匀；煅烧后的材料保留了菱形十二面体的形貌，其孔体积有一定的提高为充放电过程中锌离子的嵌入提供缓冲空间；另外该材料还具有适中的导电性，具有较高的析氢过电位，能减少锌沉积过程中水分解副反应的发生。最后，该团队在通过电化学预沉积的方法制备了多孔金属锌负极（Zn@ZIF-8-500，锌的沉积量为 12 $mg/cm^2$），并将该电极与活性炭或碘作为正极材料分别组成水系超级电容器（AC/Zn@ZIF-8-500）或锌-碘水系电池（$I_2$/Zn@ZIF-8-500）。结果表明无论是水系混合型超级电容器还是水系电池都具有较好的容量保持率。鉴于 ZIF-8 的合成简单、无毒、所用原料便宜且易于大量合成等优势，该负极材料有望促进水系锌电池或电容器的实际应用。

除了无机物修饰电极，聚合物涂层修饰的锌负极也可以改善裸锌负极在常规水系电解质中形成的副产物和锌枝晶，Zhao 等[209]沉积构建了一种聚酰胺（PA）涂层的间相（图 2-58），其具有独特的氢键网络和与金属离子的强配位能力，不仅可以作为固态“抛光剂”以均匀成核的方式协调锌离子的迁移，有效地调控了水相中锌的沉积行为，而且还可以作为一层缓冲层把具有活性的金属锌与电解液隔离，这种间相抑制了锌负极的腐蚀和钝化。通过这种协同效应，聚合物改性锌负极可以无枝晶产生可逆的工作 8000 h，是裸锌的 60 倍。基于这种聚合物修饰的锌负极与 $MnO_2$ 组成的全电池在 1000 次循环后具有 88%的容量保留率，库伦效率在 99%以上。

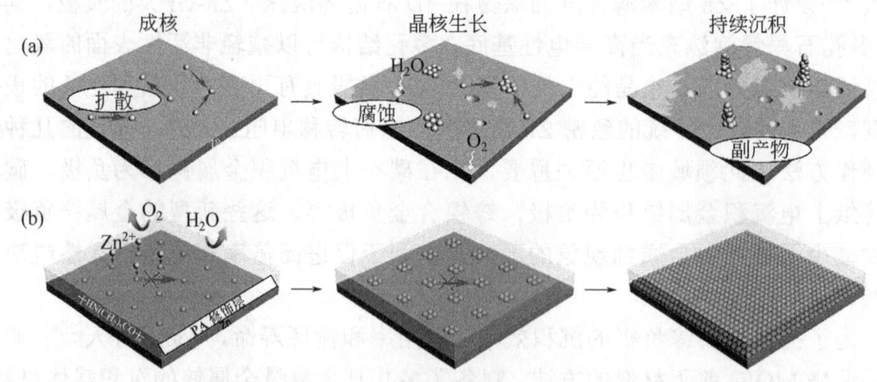


图 2-58　无改性的裸锌（a）和 PA 涂层修饰的锌（b）沉积原理图[209]

## 参考文献


[1] Huet F. Journal of Power Sources, 1998, 70: 59-69.

[2] Xu J Q, Thomas H R, Francis R W, et al. Journal of Power Sources, 2008, 177: 512-527.

[3] Mizushima K, Jones P C, Wiseman P J, et al. Materials Research Bulletin, 1980, 15: 783-789.

[4] Ellis B L, Lee K T, Nazar L F. Chemistry of Materials, 2010, 22: 691-714.

[5] Zhang L P, Dong T, Yu X J, et al. Materials Research Bulletin, 2012, 47: 3269-3272.

[6] Zhang S S. Journal of Power Sources, 2007, 164: 351-364.

[7] Xu K. Chemical Reviews, 2004, 104: 4303-4418.

[8] Qi W, Shapter J G, Wu Q, et al. Journal of Materials Chemistry A, 2017, 5: 19521-19540.

[9] Fergus J W. Journal of Power Sources, 2010, 195: 939-954.

[10] Liu Z L, Yu A S, Lee J Y. Journal of Power Sources, 1999, 81-82: 416-419.

[11] Shin Y J, Choi W J, Hong Y S, et al. Solid State Ionics, 2006, 177: 515-521.

[12] Weill F, Tran N, Croguennec L, et al. Journal of Power Sources, 2007, 172: 893-900.

[13] Kondrakov A O, Schmidt A, Xu J, et al. The Journal of Physical Chemistry C, 2017, 121: 3286-3294.

[14] Oljaca M, Blizanac B, Du Pasquier A, et al. Journal of Power Sources, 2014, 248: 729-738.

[15] Jung S K, Gwon H, Hong J, et al. Advanced Energy Materials, 2014, 4: 1300787.

[16] De Biasi L, Kondrakov A O, Geßwein H, et al. The Journal of Physical Chemistry C, 2017, 121: 26163-26171.

[17] Lai Y Q, Xu M, Zhang Z A, et al. Journal of Power Sources, 2016, 309: 20-26.

[18] Hu G R, Liu W M, Peng Z D, et al. Journal of Power Sources, 2012, 198: 258-263.

[19] Xie H B, Du K, Hu G R, et al. The Journal of Physical Chemistry C, 2016, 120: 3235-3241.

[20] Kumai K, Miyashiro H, Kobayashi Y, et al. Journal of Power Sources, 1999, 81-82: 715-719.

[21] Peled E, Menkin S. Journal of the Electrochemical Society, 2017, 164: A1703-A1719.

[22] Sun Y Y, Liu S, Hou Y K, et al. Journal of Power Sources, 2019, 410: 115-123.

[23] Pang C G, Xu G J, An W Z, et al. Energy Technology, 2017, 5: 1979-1989.

[24] Li Y C, Wan S, Veith G M, et al. Advanced Energy Materials, 2017, 7: 1601397.

[25] Hyung Y E, Vissers D R, Amine K. Journal of Power Sources, 2003, 119-121: 383-387.

[26] Nakagawa H, Fujino Y, Kozono S, et al. Journal of Power Sources, 2007, 174: 1021-1026.

[27] Zhang S S. Journal of Power Sources, 2006, 162: 1379-1394.

[28] Zhao W M, Zheng B Z, Liu H D, et al. Nano Energy, 2019, 63: 103815.

[29] Huang X S. Journal of Solid State Electrochemistry, 2011, 15: 649-662.

[30] Liu K, Liu W, Qiu Y C, et al. Science Advances, 2017, 3: e1601978.

[31] Zhou Y T, Yang J, Liang H Q, et al. Composites Communications, 2018, 8: 46-51.

[32] Grundish N S, Amos C D, Agrawal A, et al. Advanced Functional Materials, 2019, 29: 1903550.

[33] Li H, Wu D, Wu J, et al. Advanced Materials, 2017, 29: 1703548.

[34] Li W Y, Pang Y, Liu J Y, et al. RSC Advances, 2017, 7: 23494-23501.

[35] Kim H S, Shin J H, Moon S I, et al. Electrochimica Acta, 2003, 48: 1573-1578.

[36] Gopalan A I, Santhosh P, Manesh K M, et al. Journal of Membrane Science, 2008, 325: 683-690.

[37] Periasamy P, Tatsumi K, Shikano M, et al. Journal of Power Sources, 2000, 88: 269-273.

[38] Pu W H, He X M, Wang L, et al. Journal of Membrane Science, 2006, 272: 11-14.

[39] Xu D, Su J M, Jin J, et al. Advanced Energy Materials, 2019, 9: 1900611.
[40] Liu F Q, Wang W P, Yin Y X, et al. Science Advances, 2018, 4: eaat5383.
[41] Lu Q W, He Y B, Yu Q P, et al. Advanced Materials, 2017, 29: 1604460.
[42] Wu H P, Cao Y, Su H P, et al. Angewandte Chemie International Edition, 2018, 57: 1361-1365.
[43] Zhu M, Wu J X, Zhong W H, et al. Advanced Energy Materials, 2018, 8: 1702561.
[44] Chen N, Xing Y, Wang L L, et al. Nano Energy, 2018, 47: 35-42.
[45] Chen N, Dai Y J, Xing Y, et al. Energy & Environmental Science, 2017, 10: 1660-1667.
[46] Guo P L, Su A Y, Wei Y J, et al. ACS Applied Materials & Interfaces, 2019, 11: 19413-19420.
[47] Sun C W, Liu J, Gong Y D, et al. Nano Energy, 2017, 33: 363-386.
[48] Liu Q, Geng Z, Han C P, et al. Journal of Power Sources, 2018, 389: 120-134.
[49] Yu S, Schmidt R D, Garcia-Mendez R, et al. Chemistry of Materials, 2016, 28: 197-206.
[50] Zhou W D, Wang Z X, Pu Y, et al. Advanced Materials, 2019, 31: 1805574.
[51] Wan J, Xie J, Mackanic D G, et al. Materials Today Nano, 2018, 4: 1-16.
[52] Bae J, Li Y T, Zhang J, et al. Angewandte Chemie International Edition, 2018, 57: 2096-2100.
[53] Chen L, Li W X, Fan L Z, et al. Advanced Functional Materials, 2019, 29: 1901047.
[54] Aravindan V, Lee Y S, Madhavi S. Advanced Energy Materials, 2015, 5: 1402225.
[55] Li X L, Zhi L J. Nanoscale, 2013, 5: 8864-8873.
[56] Sharma R A, Seefurth R N. Journal of the Electrochemical Society, 1976, 123: 1763-1768.
[57] Szczech J R, Jin S. Energy & Environmental Science, 2011, 4: 56-72.
[58] Obrovac M N, Christensen L. Electrochemical and Solid-State Letters, 2004, 7: A93-A96.
[59] Ma D L, Cao Z Y, Hu A M. Nano-Micro Letters, 2014, 6: 347-358.
[60] Salah M, Murphy P, Hall C, et al. Journal of Power Sources, 2019, 414: 48-67.
[61] Ryu J H, Kim J W, Sung Y E, et al. Electrochemical and Solid State Letters, 2004, 7: A306-A309.
[62] Chan C K, Peng H L, Liu G, et al. Nature Nanotechnology, 2007, 3: 31.
[63] Wu H, Chan G, Choi J W, et al. Nature Nanotechnology, 2012, 7: 310.
[64] Liu X H, Zhong L, Huang S, et al. ACS Nano, 2012, 6: 1522-1531.
[65] Park M H, Kim M G, Joo J, et al. Nano Letters, 2009, 9: 3844-3847.
[66] Hwang T H, Lee Y M, Kong B S, et al. Nano Letters, 2012, 12: 802-807.
[67] Ryu J, Hong D, Choi S, et al. ACS Nano, 2016, 10: 2843-2851.
[68] Luo W, Wang Y X, Chou S L, et al. Nano Energy, 2016, 27: 255-264.
[69] Li G, Li J Y, Yue F S, et al. Nano Energy, 2019, 60: 485-492.
[70] Xu Z X, Yang J, Zhang T, et al. Joule, 2018, 2: 950-961.
[71] Jia H P, Zou L F, Gao P Y, et al. Advanced Energy Materials, 2019, 1900784.
[72] Forney M W, Ganter M J, Staub J W, et al. Nano Letters, 2013, 13: 4158-4163.
[73] Chen L, Shaw L L. Journal of Power Sources, 2014, 267: 770-783.
[74] Manthiram A, Fu Y Z, Su Y S. Accounts of Chemical Research, 2013, 46: 1125-1134.
[75] Li M Y, Carter R, Douglas A, et al. ACS Nano, 2017, 11: 4877-4884.
[76] Geim A K. Science, 2009, 324: 1530-1534.
[77] Ahn W, Seo M H, Jun Y S, et al. ACS Applied Materials & Interfaces, 2016, 8: 1984-1991.
[78] Fang R P, Zhao S Y, Pei S F, et al. ACS Nano, 2016, 10: 8676-8682.
[79] Wu H, Tang Q, Fan H, et al. Electrochimica Acta, 2017, 255: 179-186.
[80] Lyu Z Y, Xu D, Yang L J, et al. Nano Energy, 2015, 12: 657-665.
[81] Strubel P, Thieme S, Biemelt T, et al. Advanced Functional Materials, 2015, 25: 287-297.

[82] Choudhury S, Agrawal M, Formanek P, et al. ACS Nano, 2015, 9: 6147-6157.
[83] Ding N, Lum Y W, Chen S F, et al. Journal of Materials Chemistry A, 2015, 3: 1853-1857.
[84] Zeng S Z, Yao Y C, Huang L, et al. Chemistry – A European Journal, 2018, 24: 1988-1997.
[85] Yan M, Chen H, Yu Y, et al. Advanced Energy Materials, 2018, 8: 1801066.
[86] Chen T, Zhang Z W, Cheng B R, et al. Journal of the American Chemical Society, 2017, 139: 12710-12715.
[87] Armand M, Tarascon J M. Nature, 2008, 451: 652-657.
[88] Yang W, Yang W, Dong L B, et al. Journal of Materials Chemistry A, 2019, 7: 13103-13112.
[89] Lei T Y, Chen W, Huang J W, et al. Advanced Energy Materials, 2017, 7: 1601843.
[90] Li H, Ge Z, Zheng Y, et al. Chemical Communications, 2019, 55: 1991-1994.
[91] Kong Y B, Luo J M, Jin C B, et al. Nano Research, 2018, 11: 477-489.
[92] Tu J X, Li H J, Zou J Z, et al. Dalton Transactions, 2018, 47: 16909-16917.
[93] Wei P, Fan M Q, Chen H C, et al. Renewable Energy, 2016, 86: 148-153.
[94] Xie Y P, Zhao H N, Cheng H W, et al. Applied Energy, 2016, 175: 522-528.
[95] Qian W W, Gao Q M, Zhang H, et al. Electrochimica Acta, 2017, 235: 32-41.
[96] Yang Y, McDowell M T, Jackson A, et al. Nano Letters, 2010, 10: 1486-1491.
[97] Yang Y, Zheng G Y, Misra S, et al. Journal of the American Chemical Society, 2012, 134: 15387-15394.
[98] Sun D, Hwa Y, Shen Y, et al. Nano Energy, 2016, 26: 524-532.
[99] Wang D h, Xie D, Xia X h, et al. Journal of Materials Chemistry A, 2017, 5: 19358-19363.
[100] Seh Z W, Yu J H, Li W Y, et al. Nature Communications, 2014, 5: 5017.
[101] Chung S H, Manthiram A. Advanced Energy Materials, 2019, 9: 1901397.
[102] Chen Y, Lu S T, Zhou J, et al. Journal of Materials Chemistry A, 2017, 5: 102-112.
[103] Yan K, Sun B, Munroe P, et al. Energy Storage Materials, 2018, 11: 127-133.
[104] Kozen A C, Lin C F, Pearse A J, et al. ACS Nano, 2015, 9: 5884-5892.
[105] Zhao Y, Sun Q, Li X, et al. Nano Energy, 2018, 43: 368-375.
[106] Ye Y S, Wang L L, Guan L L, et al. Energy Storage Materials, 2017, 9: 126-133.
[107] Jia W S, Fan C, Wang L P, et al. ACS Applied Materials & Interfaces, 2016, 8: 15399-15405.
[108] Qian J F, Henderson W A, Xu W, et al. Nature Communications, 2015, 6: 6362.
[109] Liu W, Song M S, Kong B, et al. Adv Mater, 2017, 29: 1603436.
[110] Eshetu G G, Judez X, Li C M, et al. Angewandte Chemie International Edition, 2017, 56: 15368-15372.
[111] Balach J, Jaumann T, Giebeler L. Energy Storage Materials, 2017, 8: 209-216.
[112] Hassoun J, Scrosati B. Angewandte Chemie International Edition, 2010, 49: 2371-2374.
[113] Wang L N, Wang Y G, Xia Y Y. Energy & Environmental Science, 2015, 8: 1551-1558.
[114] Liu M, Ren Y X, Jiang H R, et al. Nano Energy, 2017, 40: 240-247.
[115] Wang N, Zhao N, Shi C, et al. Electrochimica Acta, 2017, 256: 348-356.
[116] Ai W, Xie L H, Du Z Z, et al. Scientific Reports, 2013, 3: 2341.
[117] Lv D P, Yan P F, Shao Y Y, et al. Chemical Communications, 2015, 51: 13454-13457.
[118] Su D W, Zhou D, Wang C Y, et al. Advanced Functional Materials, 2018, 28: 1800154.
[119] Su X, Wu Q L, Li J C, et al. Advanced Energy Materials, 2014, 4: 1300882.
[120] Shen Y F, Zhang J M, Pu Y F, et al. ACS Energy Letters, 2019, 4: 1717-1724.
[121] Duan B C, Wang W K, Wang A B, et al. Journal of Materials Chemistry A, 2014, 2: 308-314.
[122] Tan G Q, Xu R, Xing Z Y, et al. Nature Energy, 2017, 2: 17090.
[123] Chen X, Chen X R, Hou T Z, et al. Science Advances, 2019, 5: eaau7728.
[124] Yim T, Park M S, Yu J S, et al. Electrochimica Acta, 2013, 107: 454-460.

[125] Zhang L, Ling M, Feng J, et al. Energy Storage Materials, 2018, 11: 24-29.
[126] Qu C, Chen Y Q, Yang X F, et al. Nano Energy, 2017, 39: 262-272.
[127] Su C C, He M N, Amine R, et al. Angewandte Chemie, 2018, 130: 12209-12212.
[128] Pei F, Lin L L, Fu A, et al. Joule, 2018, 2: 323-336.
[129] Liu D H, Zhang C, Zhou G M, et al. Advanced Science, 2018, 5: 1700270.
[130] Babu G, Ababtain K, Ng K Y S, et al. Scientific Reports, 2015, 5: 8763.
[131] Al Salem H, Babu G, V. Rao C, et al. Journal of the American Chemical Society, 2015, 137: 11542-11545.
[132] Yuan Z, Peng H J, Hou T Z, et al. Nano Letters, 2016, 16: 519-527.
[133] Li H X, Ma S, Cai H Q, et al. Energy Storage Materials, 2019, 18: 338-348.
[134] He J R, Chen Y F, Manthiram A. Energy & Environmental Science, 2018, 11: 2560-2568.
[135] Wu X, Fan L S, Qiu Y, et al. ChemSusChem, 2018, 11: 3345-3351.
[136] Pramudita J C, Sehrawat D, Goonetilleke D, et al. Advanced Energy Materials, 2017, 7: 1602911.
[137] Ponrouch A, Monti D, Boschin A, et al. Journal of Materials Chemistry A, 2015, 3: 22-42.
[138] Yu L H, Wang L P, Liao H B, et al. Small, 2018, 14: 1703338.
[139] Li F, Zhou Z. Small, 2018, 14: 1702961.
[140] Delmas C, Braconnier J J, Fouassier C, et al. Solid State Ionics, 1981, 3-4: 165-169.
[141] Carlier D, Cheng J H, Berthelot R, et al. Dalton Transactions, 2011, 40: 9306-9312.
[142] Yabuuchi N, Kajiyama M, Iwatate J, et al. Nature Materials, 2012, 11: 512.
[143] Lee D H, Xu J, Meng Y S. Physical Chemistry Chemical Physics, 2013, 15: 3304-3312.
[144] Guignard M, Didier C, Darriet J, et al. Nature Materials, 2012, 12: 74.
[145] Yoshida H, Yabuuchi N, Kubota K, et al. Chemical Communications, 2014, 50: 3677-3680.
[146] Wang Y S, Xiao R J, Hu Y S, et al. Nature Communications, 2015, 6: 6954.
[147] Kim J, Seo D H, Kim H, et al. Energy & Environmental Science, 2015, 8: 540-545.
[148] Lu Y H, Wang L, Cheng J G, et al. Chemical Communications, 2012, 48: 6544-6546.
[149] Pu X J, Wang H M, Zhao D, et al. Small, 2019, 15: 1805427.
[150] Shen W, Wang C, Xu Q J, et al. Advanced Energy Materials, 2015, 5: 1400982.
[151] Wen Y, He K, Zhu Y J, et al. Nature Communications, 2014, 5: 4033.
[152] Hong K L, Qie L, Zeng R, et al. Journal of Materials Chemistry A, 2014, 2: 12733-12738.
[153] Zhang Z, An Y L, Xu X Y, et al. Chemical Communications, 2016, 52: 12810-12812.
[154] Li W, Hu S, Luo X, et al. Advanced Materials, 2017, 29: 1605820.
[155] Che H Y, Chen S L, Xie Y Y, et al. Energy & Environmental Science, 2017, 10: 1075-1101.
[156] Wu F, Zhu N, Bai Y, et al. Nano Energy, 2018, 51: 524-532.
[157] Wang Y S, Feng Z M, Laul D, et al. Journal of Power Sources, 2018, 374: 211-216.
[158] Guo Z W, Zhao Y, Ding Y X, et al. Chem, 2017, 3: 348-362.
[159] Lalère F, Leriche J B, Courty M, et al. Journal of Power Sources, 2014, 247: 975-980.
[160] Jian Z L, Luo W, Ji X L. Journal of the American Chemical Society, 2015, 137: 11566-11569.
[161] Niu X G, Zhang Y C, Tan L L, et al. Energy Storage Materials, 2019.
[162] Xiong P X, Zhao X X, Xu Y H. ChemSusChem, 2018, 11: 202-208.
[163] Eftekhari A. Journal of Power Sources, 2004, 126: 221-228.
[164] Su D W, McDonagh A, Qiao S Z, et al. Advanced Materials, 2017, 29: 1604007.
[165] Jiang L W, Lu Y X, Zhao C L, et al. Nature Energy, 2019, 4: 495-503.
[166] Yang H C, Li H C, Li J, et al. Angewandte Chemie International Edition, 2019.
[167] Lin M C, Gong M, Lu B, et al. Nature, 2015, 520: 324

[168] McKerracher R D, Holland A, Cruden A, et al. Carbon, 2019, 144: 333-341.
[169] Wang D Y, Wei C Y, Lin M C, et al. Nature Communications, 2017, 8: 14283.
[170] Cai T H, Zhao L M, Hu H Y, et al. Energy & Environmental Science, 2018, 11: 2341-2347.
[171] Wu C, Gu S C, Zhang Q H, et al. Nature Communications, 2019, 10: 73.
[172] Reynolds G F, Dymek C J. Journal of Power Sources, 1985, 15: 109-118.
[173] Jayaprakash N, Das S K, Archer L A. Chemical Communications, 2011, 47: 12610-12612.
[174] Dong X Z, Xu H Y, Chen H, et al. Carbon, 2019, 148: 134-140.
[175] Nayak P K, Yang L, Brehm W, et al. Angewandte Chemie International Edition, 2018, 57: 102-120.
[176] Tafur J P, Abad J, Román E, et al. Electrochemistry Communications, 2015, 60: 190-194.
[177] Tansel B. Separation and Purification Technology, 2012, 86: 119-126.
[178] Zhang N, Cheng F Y, Liu J X, et al. Nature Communications, 2017, 8: 405.
[179] Pan H L, Shao Y Y, Yan P F, et al. Nature Energy, 2016, 1: 16039.
[180] Zhang H Z, Wang J, Liu Q Y, et al. Energy Storage Materials, 2018.
[181] Yan M Y, He P, Chen Y, et al. Advanced Materials, 2018, 30: 1703725.
[182] Kundu D, Adams B D, Duffort V, et al. Nature Energy, 2016, 1: 16119.
[183] Ding J, Du Z, Gu L, et al. Advanced Materials, 2018, 30: 1800762.
[184] Liu C F, Neale Z, Zheng J Q, et al. Energy & Environmental Science, 2019, 12: 2273-2285.
[185] Xia C, Guo J, Li P, et al. Angewandte Chemie International Edition, 2018, 57: 3943-3948.
[186] Wan F, Zhang L L, Dai X, et al. Nature Communications, 2018, 9: 1656.
[187] He P, Quan Y L, Xu X, et al. Small, 2017, 13: 1702551.
[188] Hu P, Zhu T, Wang X P, et al. Nano Letters, 2018, 18: 1758-1763.
[189] He P, Zhang G B, Liao X B, et al. Advanced Energy Materials, 2018, 8: 1702463.
[190] Zhang L Y, Chen L, Zhou X F, et al. Advanced Energy Materials, 2015, 5: 1400930.
[191] Jia Z J, Wang B G, Wang Y. Materials Chemistry and Physics, 2015, 149-150: 601-606.
[192] Chae M S, Heo J W, Kwak H H, et al. Journal of Power Sources, 2017, 337: 204-211.
[193] Liu Z, Bertram P, Endres F. Journal of Solid State Electrochemistry, 2017, 21: 2021-2027.
[194] Liu T Y, Zhou Z P, Guo Y C, et al. Nature Communications, 2019, 10: 675.
[195] Cheng Y W, Luo L L, Zhong L, et al. ACS Applied Materials & Interfaces, 2016, 8: 13673-13677.
[196] Yan J, Fan Z J, Sun W, et al. Advanced Functional Materials, 2012, 22: 2632-2641.
[197] Li R Z, Lin Z J, Ba X, et al. Nanoscale Horizons, 2016, 1: 150-155.
[198] Grgur B N, Ristić V, Gvozdenović M M, et al. Journal of Power Sources, 2008, 180: 635-640.
[199] Huang J, Wang Z, Hou M, et al. Nature Communications, 2018, 9: 2906-2906.
[200] Zhang N, Cheng F Y, Liu Y C, et al. Journal of the American Chemical Society, 2016, 138: 12894-12901.
[201] Bai S L, Song J L, Wen Y H, et al. RSC Advances, 2016, 6: 40793-40798.
[202] Tafur J P, Fernández Romero A J. Journal of Membrane Science, 2014, 469: 499-506.
[203] Kundu D, Hosseini Vajargah S, Wan L, et al. Energy & Environmental Science, 2018, 11: 881-892.
[204] Laska C A, Auinger M, Biedermann P U, et al. Electrochimica Acta, 2015, 159: 198-209.
[205] Wang F, Borodin O, Gao T, et al. Nature Materials, 2018, 17: 543-549.
[206] Liu B, Zhang J G, Xu W. Joule, 2018, 2: 833-845.
[207] Chao D L, Zhu C R, Song M, et al. Advanced Materials, 2018, 30: 1803181.
[208] Wang Z, Huang J H, Guo Z W, et al. Joule, 2019, 3: 1289-1300.
[209] Zhao Z M, Zhao J W, Hu Z L, et al. Energy & Environmental Science, 2019, 12: 1938-1949.

# 第3章 新型超级电容器

## 3.1 概述

随着人类社会、科学技术和全球经济日益发展，人类对能源的需求越来越大，传统能源难以满足人类需求，能源短缺问题越来越严重。因此，寻求环境友好、可持续使用的新能源（太阳能、风能、氢能等）显得尤为重要。如何高效地转换与存储新能源成为了新能源使用过程中亟待解决的问题。目前，新型电化学储能器件（如电池、超级电容器等）的开发正在被研究人员和企业高度重视与关注。二次电池（铅酸、锂离子电池等）在相对小的体积和质量下，具有储存容量大的优点，成为最常见的电能源存储器件，被广泛应用于人类日常生活、工业、军事等众多领域。如图 3-1 所示，锂离子电池虽然能够达到 180 Wh/kg 的高能量密度，但是供电速度慢，功率密度低[1]。同时，锂离子电池的寿命较短，废弃后处理不合理会造成环境的污染。因此，锂离子电池的使用受到了限制，而发展快速充放电、绿色环保的储能器件迫在眉睫。

与普通传统电池相比，超级电容器（Supercapacitors or Ultracapacitors）以其充放电速率快、能量转换效率高、循环使用寿命长以及环境友好等优点已经成为大家深入研究的储能器件之一[2-4]。它是一种介于蓄电池和传统电容器之间的新型储能装置，已经成功应用到众多领域。如图 3-2 所示，它既可作车辆快速启动电源，也可用作起重装置的电力平衡电源；既可用作混合电动汽车、内燃机、无轨车辆的牵引能源，还可作为其它设备的电源。

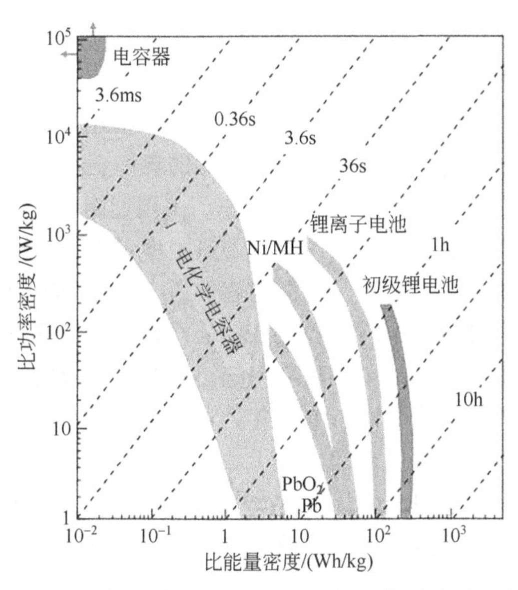


图 3-1　各种电能源存储系统的比功率-比能量密度对比图[1]

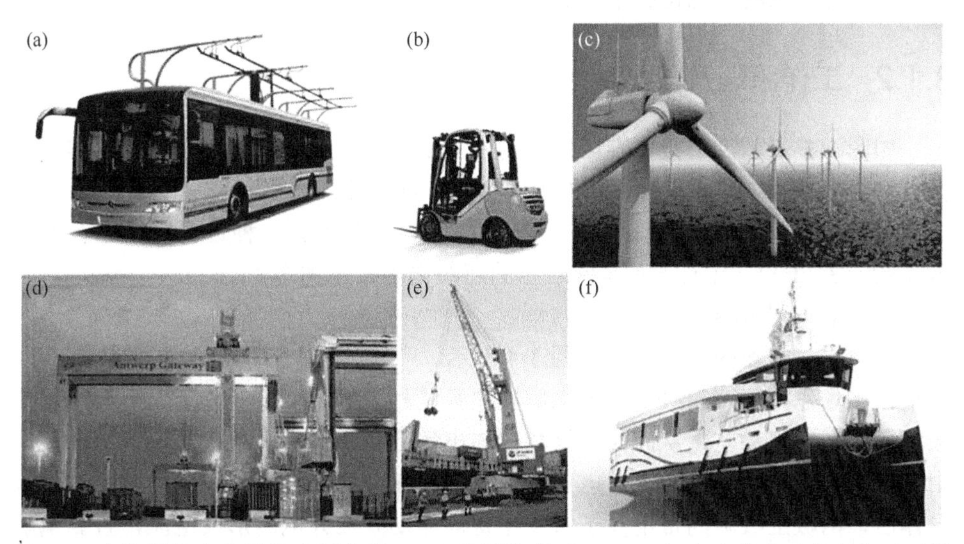


图 3-2　大容量的电容器的应用实例：（a）短程但快速（1 min）充电的电动公交车（亚星新能源脐橙公司，中国）；（b）一个混合动力节能叉车（斯蒂尔，德国），（c）可提高可靠性和效率的离岸变速风力涡轮机；（d，e）混合动力节能的自动堆垛机和港口起重机（哥特瓦尔德，德国）；（f）快速充电和低振动操作的电动渡轮（STX 欧洲，韩国）[5]

### 3.1.1　发展历史

最早的电容器可以追溯至 1746 年荷兰莱顿大学的教授 Pieter Van Musschenbroek 发明的“莱顿”瓶，而超级电容器是一种介于化学电池与普通传统电容之间，同时又兼具两者特点的新型储能器件。

1853 年，德国物理学家赫姆霍兹（Helmholtz）提出界面双电层理论模型：在一定电压作用下，电极材料与电解质溶液接触的界面上会生成数量相同、电荷相反的两层电荷，从而形成双电层[6]。1957 年，美国通用公司的贝克尔（Becker）基于上述双电层电容理论，制备出了一种能量密度大小与电池相近的，多孔碳材料电极的小型电容器，并命名为“超级电容器”，并于 1969 年由 SOHIO 公司开发推向市场。该项技术随后转让给日本 NEC 公司并生产出商业化的水系大容量电容器，将其应用于电动汽车的电池启动系统。从此，超级电容器便引起了众多国家的关注，并开展了全面性研究。1971 年，Sergio Trasatti 等发现二氧化钌($RuO_2$)具有突出性能的电容性，因而掀起了基于金属氧化物为电极材料的赝电容电容器的研究热潮。1975 年后，Brian E. Conway 开展了大量 $RuO_2$ 相关的基础研究和商业开发工作。此后，$RuO_2$ 为电极材料的赝电容超级电容器也被应用于军事领域。20 世纪 90 年代后，一系列廉价的过渡族金属（锰、镍、钴、钒等）氧化物、导电聚合物等电极材料也得到了广泛的研究。

### 3.1.2 工作原理及分类

如图 3-3 所示，超级电容器的结构主要由阴极、阳极、电解液和隔膜构成。根据储能机理的不同，可以将超级电容器分为三类：一种是双电层超级电容器（Electrical double layer capacitor，EDLC）[图 3-3（a）]，一种是赝电容超级电容器 [图 3-3（b）]，还有一种是混合型的超级电容器 [图 3-3（c）]。

（1）双电层电容器

双电层电容器的工作原理如图 3-4 所示。

在电场作用下，超级电容器电解液中数量相当的阴阳离子分别向电极的正负极移动，形成电势差，从而在电极材料与电解液间形成双电层；撤离该电场后，由于电荷异性相吸作用，该双电层可以稳定存在并稳住电压。在超级电容器接入导体后，两极上吸附的带电离子将发生定向移动并在外电路形成电流，直到电解液重新变回电中性。如此往复，可多次充放电使用。如图 3-4 所示，如果电容器由两个电极组成，那么两个电容值分别为 $C_1$ 和 $C_2$，总的电容器电容量为 $C_T$，表达为公式（3-1）：

$$\frac{1}{C_T}=\frac{1}{C_1}+\frac{1}{C_2} \tag{3-1}$$

该双电层理论最早是在 1853 年，由亥姆霍兹（Helmholtz）提出[8]，电容值的大小由公式（3-2）决定。

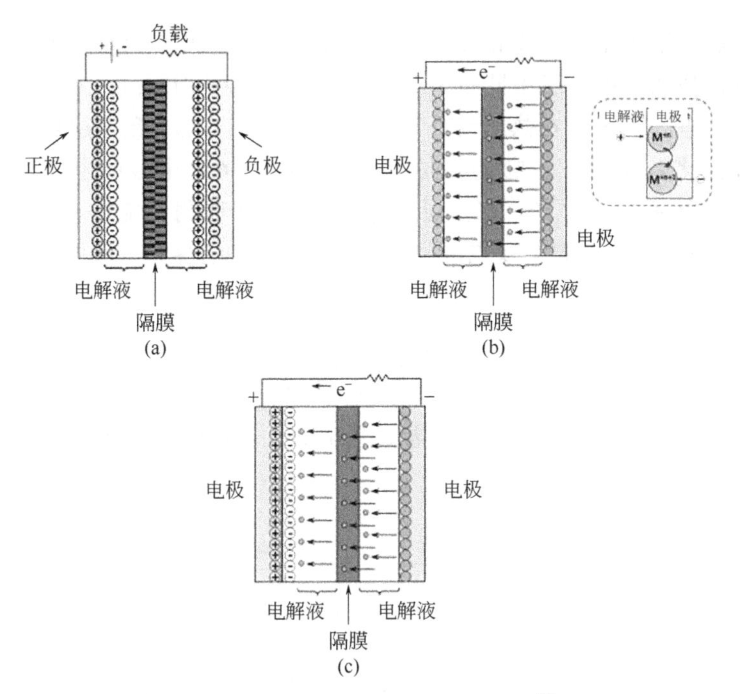


图 3-3 超级电容器类型的示意图[7]

（a）EDLC 型；（b）赝电容器型；（c）混合电容器类型

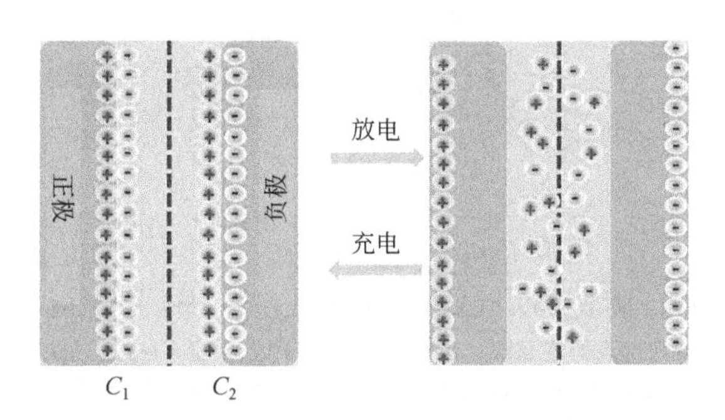


图 3-4 EDLC 超级电容器充放电工作的示意图

$$C = \frac{\varepsilon_r \varepsilon_0}{d} A \tag{3-2}$$

其中，$C$ 是电容值，$\varepsilon_r$ 是电解质介电常数，$\varepsilon_0$ 是真空介电常数，$d$ 是双层的有效厚度（电荷分离距离），$A$ 是电极材料的比表面积。

亥姆霍兹双电层模型考虑的因素相对单一［见图 3-5（a）］，后来由 Gouy 和 Chapman 等人进一步优化，考虑了热动力下电解液阴阳离子在电解液中的连续分布，提出了扩散层，即 Gouy-Chapman 模型［见图 3-5（b）］[8]。然后 Stern

进一步改进，结合 Gouy-Chapman 模型，认为在电极-电解液界面存在两个离子分布区域，分别为扩散层［见图 3-5（b）］和致密层［Stern 层，见图 3-5（c）］。在扩散层，电解质离子在热运动作用下产生的电容 $C_{diff}$。致密层由特殊的吸附离子（在大多数情况下，它们都是阴离子，而不考虑电极的电荷性质）和非特别吸附的反离子组成[8,9]。在内层致密区域，离子吸附在电极表面，产生的电容用 $C_H$ 表示。因此，整个双电层电容 $C_{dl}$ 与致密层电容和扩散层电容关系如公式（3-3）：

$$\frac{1}{C_{dl}}=\frac{1}{C_H}+\frac{1}{C_{diff}} \tag{3-3}$$

其中，$C_{dl}$ 代表整个电极体系双电层电容，$C_H$ 代表紧密层的电容，$C_{diff}$ 代表扩散层的电容。

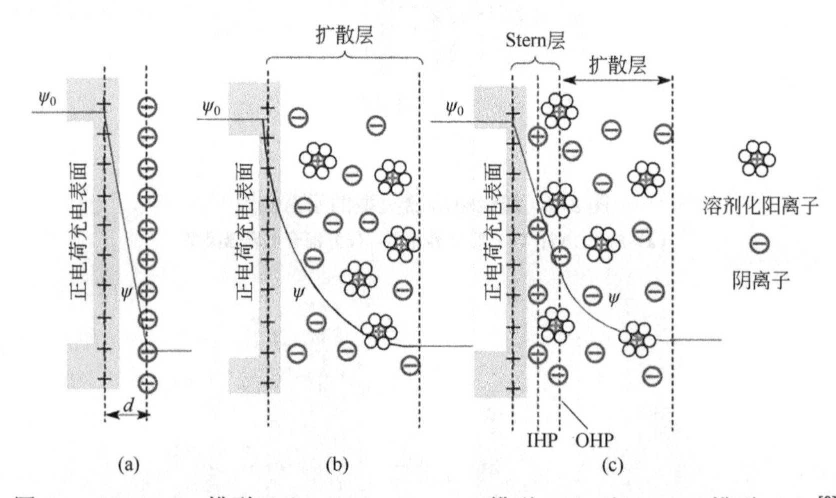


图 3-5　Helmholtz 模型（a），Gouy-Chapman 模型（b）以及 Stern 模型（c）[8]

Stern 模型包括内部亥姆霍兹层（IHP）和外部亥姆霍兹层（OHP）。IHP 是指特定吸附离子（通常为阴离子）最接近的距离，OHP 是指非特异性吸附离子的距离。OHP 也是漫射层开始的平面。*d* 表示亥姆霍兹模型描述的双层距离。$\psi_0$ 和 $\psi$ 分别是电极表面和电极/电解质界面处的电势

从双电层电容器工作原理来看，其充放电过程没有涉及化学反应，只是有离子在电极材料表面脱吸附的物理过程，电极材料没有发生相变，所以具有良好的循环使用寿命，但是比电容值比较低。DHLC 的电容值从式（3-1）和式（3-2）以及最近的研究得出，其电容值与电容器的电极材料的活性比表面积、孔隙度、电极表面与电解液的可接触性以及电解液的酸碱性等因素有关[8,10]。目前，适用于双电层电容器的电极材料最多的是具有优异导电性能的碳材料（石墨烯，洋葱型石墨烯，多孔碳，碳纳米管，二维层状碳材料等）[11-15]。

（2）赝电容超级电容器

赝电容超级电容器的工作原理是：在具有电化学活性的电极材料的表面或体相中的二维或准二维空间里进行欠电位沉积，发生高度可逆的化学吸脱附或氧化还原反应，产生与电极充电电位有关的电容，从而进行能源存储［见图3-3（b）和图3-6］。其充放电反应过程在水系电解液中如下：

电解液为酸性时：$MO_x + H + e^- \rightleftharpoons MO_{x-1}(OH)$

电解液为碱性时：$MO_x + OH^- - e^- \rightleftharpoons MO_x(OH)$

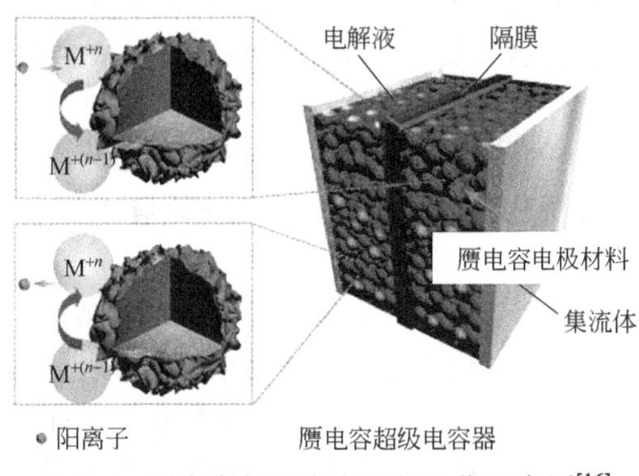


图3-6　赝电容超级电容器的工作示意图[16]

另外，通过在电解液中加入具有氧化还原反应活性的离子，也可以增加赝电容效应[17,18]。因此，一般情况下，赝电容电容器往往要比双电层电容器具有更优异的电容量和能量密度。但是伴随着氧化还原反应的发生，尤其是表面的赝电容效应，电极材料体相会发生变化或电解液组分发生改变，因此，赝电容超级电容器的电化学稳定性不如双电层超级电容器，其循环使用寿命不如双电层电容器的长。

目前，赝电容超级电容器效电极材料有：导电型高分子[19-21]、过渡金属氧化物/氢氧化物/化合物[22-24]、氮、氧、硼等杂原子掺杂的炭材料[13,25,26]和多孔炭中的电化学吸附氧等[27]。

（3）混合型超级电容器

混合型超级电容器结合了超级电容器电极材料内部发生的快速充放电反应和电池内部发生插层反应的工作原理特点，既拥有超级电容器的高功率密度又具有电池的高能量密度的特点。应用于电池中的多级纳米孔材料具有高的电子传输性能和大的比表面积特性，从而有利于电子的传输，降低电解液的传输路径和抑制相转变，因而常被作为混合型超级电容器的一方电极。而另一方电极常为双电层超级电容器的碳材料。电解液是含有锂离子或钠离子的电池用电解液。

根据电解液的不同，又可将超级电容器分为水系超级电容器、有机系超级电容器，离子液体型超级电容器以及全固态电解质超级电容器。

最早开发的双电层电容器是水系电容器。水系电解液具有电导率较高和电解质离子尺寸较小的优点。电解质离子易进入到电极材料微孔结构里，从而有效利用了材料大的比表面积。水系电解液主要分为以下 3 类：酸性、碱性和中性水溶液。最常用的酸性电解液、碱性电解液和中性电解液分别为 $H_2SO_4$ 溶液、KOH 溶液和碱金属盐水溶液（如 $Na_2SO_4$ 溶液）。强酸、强碱溶液水系电解液相比中性电解液具有更高的电导率、更低的内阻等优点，但是却有更强的腐蚀性，导致组成的超级电容器结构不稳定，从而引起电解液泄漏和环境污染。而中性水溶液虽然电导率不及强酸和强碱电解液，但腐蚀性更小，安全性更高[28]。水系电解液，由于水的热电稳定性只有 1.23 V[28-30]，若电压窗口过大，易发生析氢反应（HER）和析氧反应（OER）导致水电解液的分解。因此，要拓展水系电解液的电压范围，最有效的方法是在电极的稳定状态下增强水系电解液 HER 和 OER 的过电压窗口[4,31]。

有机体系超级电容器由于有机电解液具有较高的分解电压（2～4 V），因此其工作电化学窗口更大，同时相比水系超级电容器有耐腐蚀、电化学稳定性高、工作环境湿度范围宽等优点。但是，有机体系电解液由于低的电导率，较大的内阻，并且由于电解液中的离子半径较大，对电极材料孔径要求更大。因此，当较高电压充电后期和高电流密度下，导致有机电解液中的导电离子浓度较低，易出现“离子匮乏效应”。目前常用的超级电容器有机电解质盐主要为三甲基一乙基铵、四甲基铵或四乙基铵等季铵盐阳离子和高氯酸阴离子、四氟硼酸阴离子和六氟磷酸阴离子等阴离子；有机溶剂主要有碳酸丙烯酯、乙腈、$\gamma$-丁内酯和碳酸乙烯酯等。对于有机电解液的研究主要是从提高电解液的电导率、降低黏度等角度出发，研发和优化新型电解质盐和有机电解质，使电解液在高电压和低温的工作条件下，仍具有优异的电化学性能[16,32]。

离子液体电解质超级电容器中的电解液，是在室温或者附近温度下呈现液态的仅有阴、阳离子存在的盐。它是由特定有机阳离子和无机或有机阴离子构成。离子电解液具有良好的热性能和电化学稳定性，可忽略的波动性和不可燃性（取决于阳离子和阴离子的组合），且种类多，阴阳离子可以多样调整等优点。因此，在超级电容器中应用时，人们可以有效调控和优化离子电解液来满足超级电容器的使用工作电压窗口、工作温度范围和低内阻等[33]。但是由于离子液体的高黏度、低的离子传导率和高成本限制了离子电解液在超级电容器中的使用。当用大的电流密度充放电时，由于离子电解液黏度比有机和水系电解液还要高，导致其性能不佳[34,35]。目前常使用的离子电解液有：咪唑盐、吡咯、铵、亚硫酸氢铵、磷酸氢铵等[16]。离子电解液超级电容器的性能可以从两方面改进：一是可以研究与分散剂结构相似的阳离子，旨在防止阳离子的团聚，从而提高电解液的离子传导率和离子电导率[36,37]；二是从电极表面与电解液的浸润性、电极材料的孔结构等方面优化[38,39]。

近些年，随着可穿戴、微电子、可打印的电子器件的发展，特别是柔性电子能源存储器件的应运而生，全固态超级电容器越来越受到关注。全固态电解液不仅充当了离子传输介质，而且也可以作为电极隔膜。它的最大有优点是器件组装工艺简单，无电解液泄漏的问题。目前可作为全固态电解液的多是聚合物电解液和极个别可用的无机盐（如陶瓷电解质[40,41]）。如图 3-7 所示，这类聚合物电解液又分为固态聚合物（如 PEO/$Li^+$）、凝胶聚合物和聚电解质。固态聚合物电解质的离子是在无水状态下，在聚合物中传输。凝胶聚合物是由聚合物主体（例如 PVA）和含水电解质（例如 $H_2SO_4$）或溶解在溶剂中的导电盐组成。在聚电解质中，离子电导率由带电荷的聚合物链提供。在这三种聚合物电解质中，凝胶电解质得益于其较高的电子传导率，在全固态超级电容器中被使用得最多。然而它也存在一定的局限性，比如其机械性能较弱，易导致电路内部短路，同时，水的存在又将

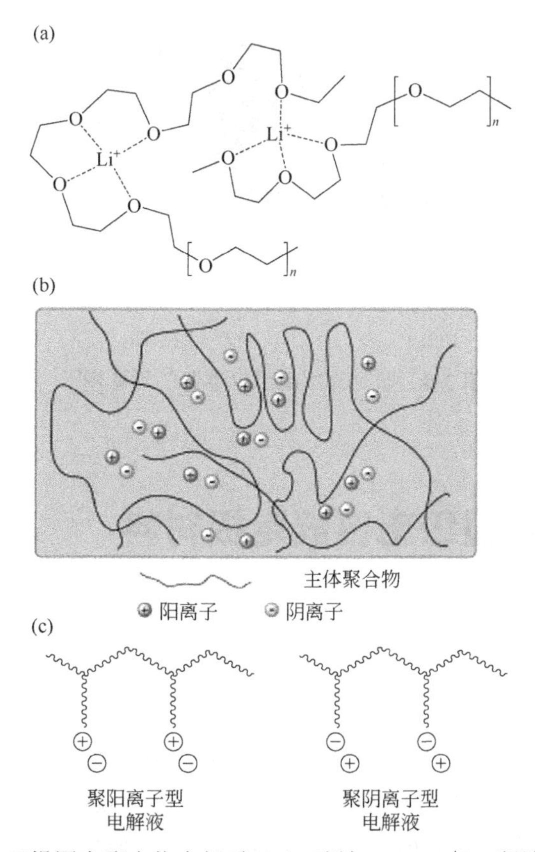


图 3-7　干燥固态聚合物电解质（a）（例如 PEO/$Li^+$），凝胶聚合物电解质（b）和聚电解质（c）的示意图[16]

导致工作电压范围窄。因此，目前对于它的改性在于如何提高聚合物电解质的机械性能、电化学稳定性及热性能。

根据正负极电极材料是否一致，可以将超级电容器分为对称型超级电容器和非对称型超级电容器［杂化型超级电容器，见图 3-3（c）］。

非对称超级电容器的正负极材料不同，利用双电层（EDL）和法拉第赝电容（faradaic）机制或者锂离子电池机制来存储电荷。非对称超级电容器利用两种不同类型的电极材料，大幅度拓宽了超级电容器的工作电位窗口，提高了能量密度。目前非对称超级电容器主要分为三类，第一类是电极分别为双电层的碳材料和具有赝电容的电极材料[42]；第二类是电极分别为双电层的碳材料和含锂离子的电池型材料（见图 3-8）[43,44]；第三类是受上述两种超级电容器电容值低的双电层碳材料制约，后面发展出来的两极都具有赝电容性能的非对称超级电容器[45]。

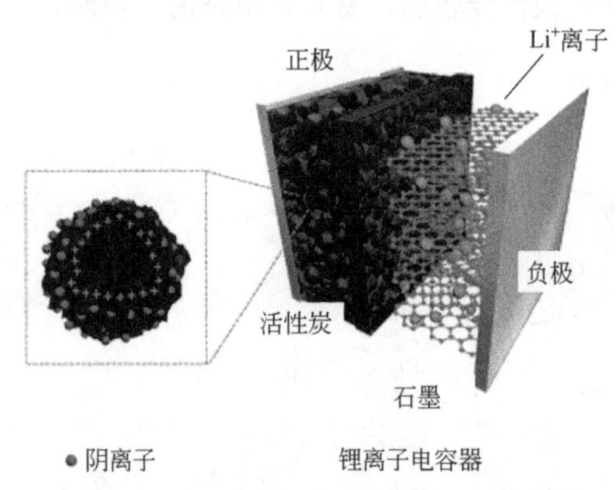


图 3-8　非对称型超级电容器的示意图[16]

# 3.2 双电层超级电容器电极材料

## 3.2.1 活性炭

活性炭材料由于其低成本、大的比表面积（>1000 $m^2/g$）和优异的电性能，是最早被广泛应用于超级电容器的活性物质[1,8]。它一般都是通过由富碳的有机前驱体通过在惰性气氛（$N_2$，Ar）下的热处理（碳化）和活化生成孔隙结构而获得。这些前驱体可以是天然可再生资源，如椰子壳、木材、化石燃料及生物肥料等[46-49]

和它们的衍生物如沥青、煤或焦炭，也可以是自合成前驱体如共价聚合物[50,51]。活化步骤包括物理活化、化学活化和微波诱导法三种方法。物理活化法通常使用$CO_2$[52]或者水蒸气[53]等气氛，活化温度范围可为 600～1200℃。它分为两步，前驱体首先在惰性气体中 400～900℃下热解，然后在 350～1000℃的氧化气氛中氧化，产生孔隙率和比表面积[54]。化学活化法只有一步，采用前驱体与碱金属化合物（KOH、NaOH 等）、碳酸盐（$K_2CO_3$等）、氯化物（$ZnCl_2$、$FeCl_2$等）[55]、强酸（$H_3PO_4$、$H_2SO_4$等）[56]等化学试剂混合处理，经 400～900℃高温活化。微波诱导法是通过对前驱体微波加热，使物质内部发生偶极旋转和离子传导，生成碳材料。三种活化方法各有优缺点。化学活化法的活化温度比物理方法要低，而且活化周期要短，产物具有更高的比表面积和孔隙率，更利于做超级电容器电极材料。在活化后的产物处理问题上，物理方法一般无需再处理，但是化学活化时使用的化学试剂具有一定的危险性，需要清洗掉残留的活化产物。在众多的化学活化剂中，KOH 能够为碳材料提供多级孔结构，更高的孔容（以微孔居多）以及超高的比表面积（3000 $m^2/g$），因此，近年来在能源存储领域得到广泛应用[57,58]。微波诱导法可以避免物理、化学活化时加热处理带来的缺陷。第一个明显的问题就是加热梯度。因为前两种方法的热度来源是前驱体外部，热是从碳材料前驱体的表面到内部的，所以存在温度梯度，导致所制备的活性炭存在不定形和不均匀的微观结构。而微波加热法产生的热梯度是相反的顺序，它是从碳材料的内部到表面。这种方法可以实现内部加热和容积式加热，能量传递代替热量传递，启动和关闭即时，具有加热快速、安全性高、设备可小型自动化和改进效率高等特点。

在实际研发中，需要扬长避短，结合多种活化方法[59]。活性炭的化学和物理性能很大程度上受前驱体的成分、活化温度和活化时间等因素影响。经过活化，碳材料能够得到高的孔隙率，以及不同化学表面性能（例如氮、氧元素含量和组成）。随着活化时间和温度的提高，孔隙率会更大，但是也会拓宽材料的孔径分布[54]。Kierzek 等人制备出由 KOH 活化，在 $H_2SO_4$电解质中具有优异性能的活性炭[60]。这些活性炭是用各种煤和沥青衍生物做碳前驱体，然后与 KOH 以质量比为 1∶4 在 800℃下活化 5 h 制备而成。得到的这些活性炭基本上都具有微孔结构，比表面积在 1900～3200 $m^2/g$ 之间，孔容在 1.05～1.61 $cm^3/g$。比电容值在 200～320 F/g 之间，有些甚至比商业化的活性炭 PX-21 的比电容值（240 F/g）还要高。

介于材料成本是超级电容器工业化的一项重要考虑因素，用生物质为活化前驱体的原材料研究层出不穷[61]。Hou[62]等人以米糠为碳前驱体，经 KOH 高温活化得到高比表面积（2475 $m^2/g$）的三维结构的活性炭，该材料当电流密度为 10 A/g 时，电容值仍可达 265 F/g（电解液 6 mol/L KOH）。以此活性炭为电极材料制备的超级电容器当能量密度为 1223 W/kg 时，功率密度可达 70 Wh/kg。Ge 等人[63]以多孔的稻壳为前驱体，经过碳化后得到大比表面积（3145 $m^2/g$）的多孔碳材料；通过进一步调控 KOH 化学活化，得到了具有优异电化学性能的多孔碳材料。数据表明，当以 800℃为 KOH 活化温度时，该活性炭材料的比电容在水系电解液 6 mol/L KOH 和有机系电解液 1.5 mol/L 四乙基铵四氟硼酸盐中分别可达 367 F/g 和 174 F/g，并且该材料有优异的电化学稳定性。

## 3.2.2 碳纳米管

图 3-9 是不同类型的碳纳米管的示意图。据文献报道，超级电容器的所有阻抗决定了其功率密度的大小。而碳纳米管，由于其独特的孔结构、优异的电性能和良好的机械性和热稳定性能，被广泛应用于超级电容器领域。碳纳米管分为单壁碳纳米管（SWCNTs）和多壁碳纳米管（MWCNTs）两类。虽然碳纳米管具有较大的比表面积以及高的导电率，但是由于其中有利于电荷传输的微孔较少，因此，比电容仅有 20～80 F/g。对于多壁碳纳米管而言，可以通过活化程序，增加

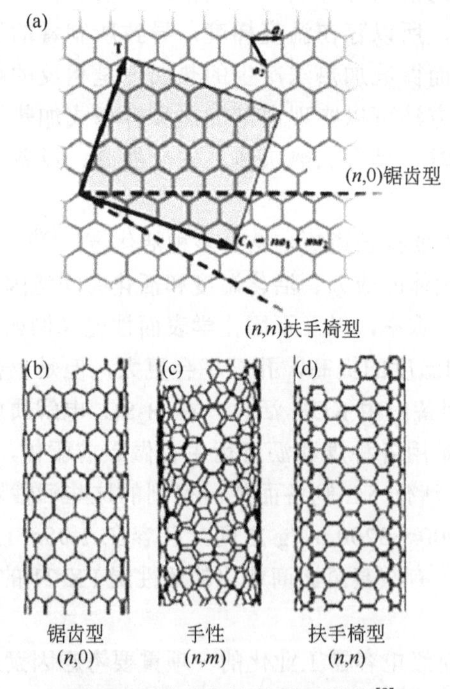


图 3-9 碳纳米管的原子结构[8]

（a）示意图显示了石墨烯片如何根据一对手性“滚动”；（b）锯齿形的碳纳米管的不同原子结构（n, 0）；（c）手性（n, m）和（d）扶手椅（n, n）碳纳米管

微孔体积，但是改性后的电容性能依旧不如活性炭。也有人用强酸对碳纳米管进行表面功能化处理，引入赝电容来增大其电容性能[64]。

碳纳米管由于具有良好的机械性能，也被广泛用于柔性超级电容器。为了解决纯碳纳米管内阻高的问题和利用其特殊的柔韧机械性能，Lee 等人[14]制备了在 CNTs 网络上电镀一层沿同一方向生长排列的镍金属，并且引入蛇纹石设计的电极进一步提高了导电性和可变形性（见图 3-10）。这种方法大大提高了可拉伸器件的导电性和柔韧性。

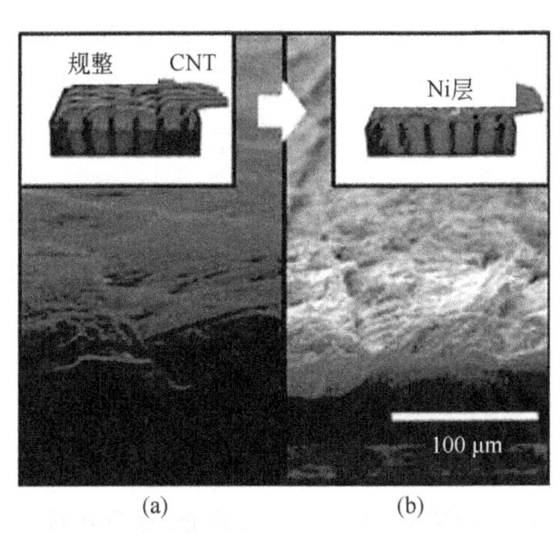


图 3-10　在碳纳米管电镀镍之前（a）和后（b）的形貌图

插图为相应的示意图

碳纳米管由于其优异的机械性能，高的电导性，还常被用作支撑基底材料，然后再在上面长双电层或赝电容电极材料，可制备出性能优异的二维、三维柔性超级电容器[14,65,66]。

Sun 和 Huang 等人[65]成功地将无定形 $MnO_2$ 均匀长在多壁碳纳米管上，制备了结构稳定的无定形 $MnO_2$@MWCNTs 纤维（见图 3-11），并应用到超级电容器上。该 $MnO_2$@MWCNTs 纤维电极材料具有优异的比电容和倍率性能。基于该材料的固态超级电容器表现出了高的比电容和功率密度、优异的循环稳定性和机械性能。这归功于该纳米纤维的优异设计：①尺寸比较小的无定形二氧化锰为赝电容反应，提供了更多的阳离子活性位点，缩短了电子和离子传输路径，因此即使在高扫速下依旧能够充分发挥二氧化锰良好的性能；②无定形二氧化锰的分布能够防止碳纳米管的堆叠，有利于离子传输；③MWCNTs 的网络结构也为纤维材料提供了高的电子传输性能。

为了充分利用双电层电容材料的优异电传导性，Vibha 等人[66]在聚苯胺（PANI）电纺丝原料中加入 12% CNT 和聚（环氧乙烷）（PEO），提高 PANI 的电

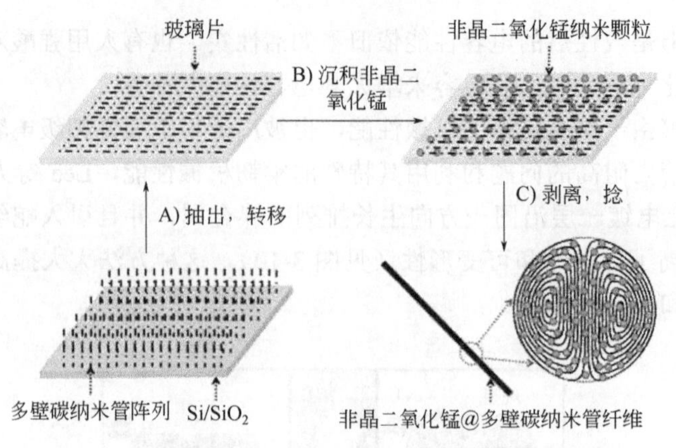


图 3-11 非晶 $MnO_2$@MWCNTs 纤维的制造示意图

纺丝电极材料的导电性，制得 PANI-CNT 电极材料。与纯 PANI 电极材料的 308 F/g（0.5 A/g 时）相比，PANI-CNT 具有更高的电容性能（385 F/g）。

## 3.2.3 石墨烯

继 2004 年英国科学家 K. S. Novoselov 和 A. K. Geim 利用机械剥离法成功从石墨中剥离出石墨烯后（见图 3-12）[67]，石墨烯由于其优异的电化学性能、热稳

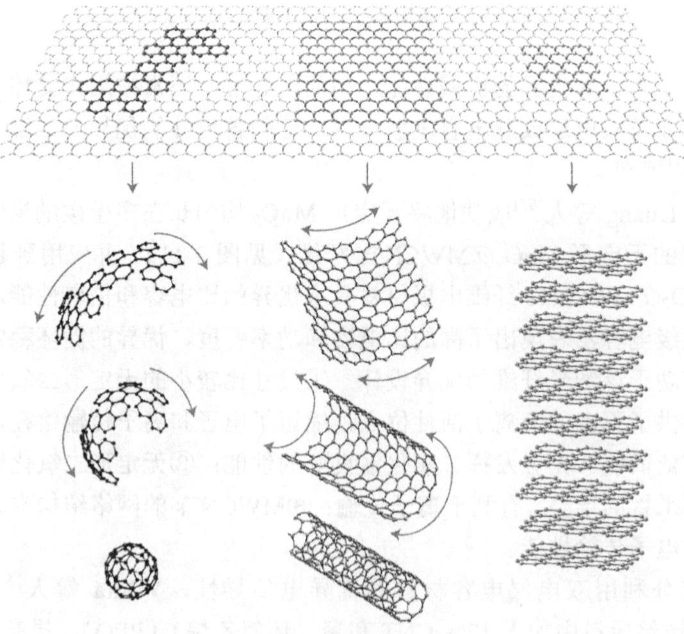

图 3-12 石墨烯、富勒烯、碳纳米管和石墨的相互转换[71]

定性、机械性能，高的电子迁移率［理论值为 $1\times10^6\ cm^2/(V\cdot s)$，是硅的 100 倍］，大的比表面积（2630 $m^2/g$）受到各个领域科学家的广泛关注[68,69]。石墨烯是由 $sp^2$ 杂化的单层碳原子以蜂窝状排列结构组成的一种二维平面结构材料。用于制备石墨烯的方法有很多，有机械剥离法、化学气相沉积（Chemical vapour deposition，CVD）、液相剥离法、化学还原氧化法、电化学还原法、电弧放电法、外延生长法等[11,70]。

由于 π-π 键的存在，石墨烯容易堆叠，降低比表面积，影响电子的传输，因此，科学工作者采用各种方法来调控石墨烯形貌结构、组成成分或者与赝电容电极材料复合，以此来提高基于石墨烯电极材料的电容性能[72-76]。

为避免石墨烯片层的堆叠，有研究者采用单壁碳纳米管与石墨烯复合，以增加石墨烯片层之间的距离（见图 3-13）[77]。改性后的复合材料在 $BMIMBF_4$ 电解液中的比电容可达 222 F/g，比原始的单壁碳纳米管（66 F/g）和还原氧化石墨烯（6 F/g）要高得多。同样是 CNT 与 rGO（还原氧化石墨烯）复合，Lee 等人通过库仑相互作用将接枝了阳离子表面活性剂的 CNT 与呈负电荷的石墨烯片复合，并用 KOH 活化（见图 3-14）[76]。得到的复合膜具有自支撑性和柔韧性，具有高的电子传导率 39400 S/m 和可观的质量密度 1.06 $g/cm^3$，测得的最大能量密度为 117.2 Wh/L，最大功率为 110.6 Wh/kg。

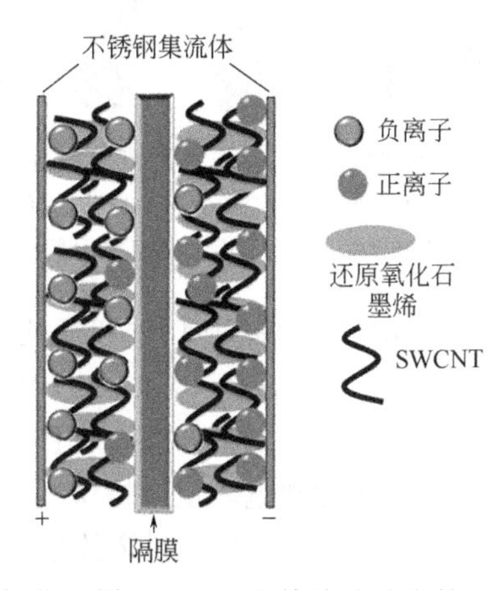


图 3-13　由还原氧化石墨（rGO）和单壁碳纳米管（SWCNTs）制备的超级电容器电池的示意图[77]

石墨烯作为大比表面积的二维材料，还常被用作复合赝电容材料生长的基底材料，形成二维复合电极材料；或者利用其优良的循环稳定性和高的电子传输性能，用石墨烯包裹赝电容材料形成核壳结构复合电极材料，提高赝电容电极材料的导电性[78,79]。还有一些研究者通过在其它共混物上引入官能团，让复合物之间发生共价反应，加固两者的结合，从而提高最终电极材料的循环使用寿命。

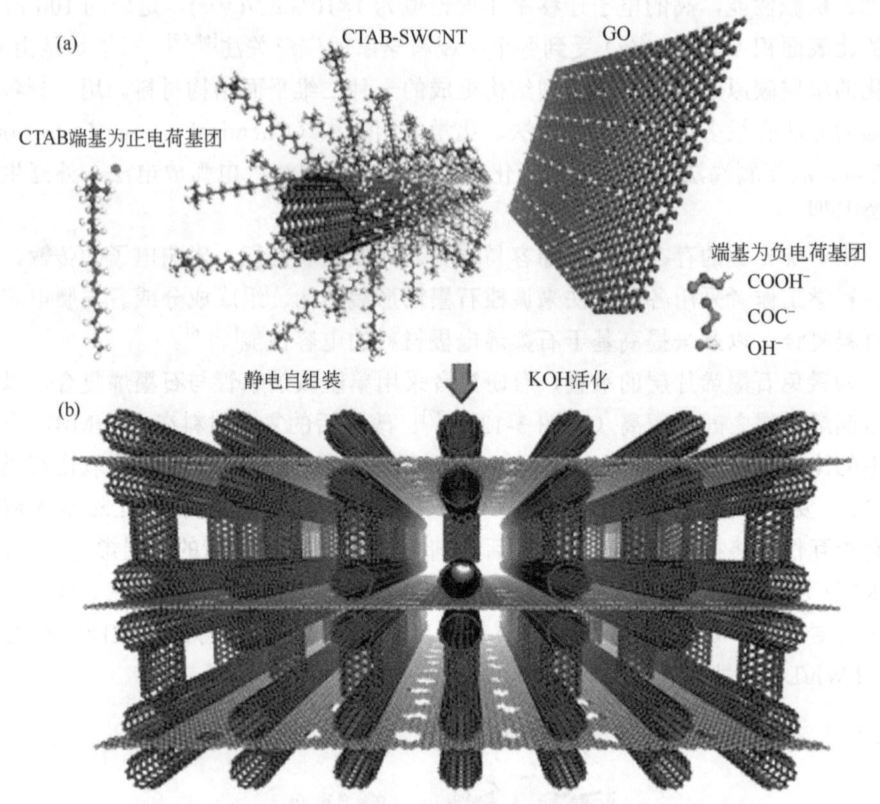


图 3-14 还原氧化石墨烯/单壁碳纳米管混合纳米结构示意图[76]

（a）带正电荷的 CTAB 接枝的 SWCNT，带负电荷的氧化石墨烯层；

（b）3D SWCNT 与石墨烯片层相互作用组装图

Zhuang 课题组采用多孔 Mo-MOFs 前驱体和氧化石墨烯复合制备了多孔 rGO/$MoO_3$ 复合物并制备了柔性超级电容器（图 3-15）[78]。该复合物的制备方法简单，受益于 Mo-MOFs 的多孔结构，制备的复合物保持了多孔纳米结构，这不仅缩短了电解液离子传输路程，还为赝电容反应提供了更多的活性面积，从而提高了电化学性能，同时还可以防止 $MoO_3$ 和石墨烯的聚集。

石墨烯氧化物的水溶性和溶剂可分散性的特点，扩展了石墨烯基超级电容器的应用。高超课题组利用氧化石墨烯的溶剂可分散性，深入研究了通过湿法纺丝法制备石墨烯纤维，以应用于超级电容器领域[80,81]。该课题组近期还采用三维（3D）打印技术制备了三维立体结构的氧化石墨烯气凝胶，采用该材料制备的超级电容器在 0.5 A/g 的充放电电流密度下，比电容可达 213 F/g[73,82]。也有人利用氧化石墨烯的溶剂可分散性，将石墨烯水溶液抽滤成膜，再还原去除氧化官能团制得自支撑柔性器件或多孔纳米结构材料[75]。采用这种抽滤的方法制备的自支撑电极材料，无需添加黏结剂，且制备工艺简单，易实现工业化生产。或者采用该大比表面积的石墨烯膜作为集流体，赋予超级电容器质轻和耐弯折特性，做成柔性器件。

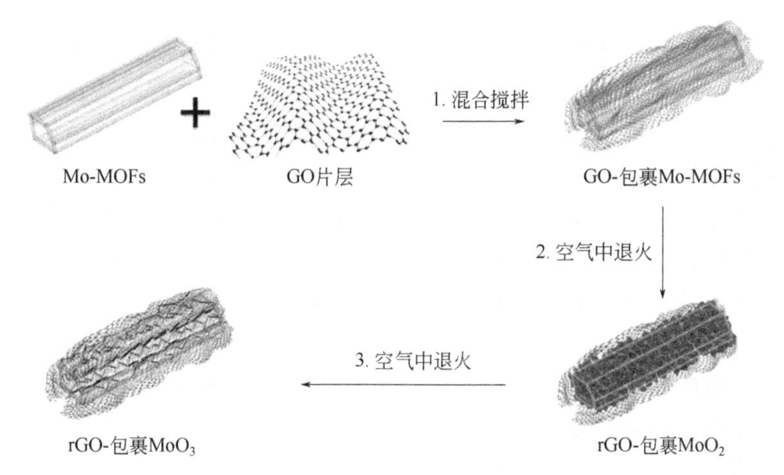


图 3-15　通过使用 Mo-MOFs 作为前躯体制备 rGO/$MoO_3$ 复合物的示意图[78]

### 3.2.4　炭气凝胶

炭气凝胶是以间苯二酚和甲醛的缩合反应产物为前驱体，通过溶胶-凝胶法，在惰性气氛中经高温分解制备出具有多孔结构的炭气凝胶。它不仅具有可控的孔结构，也表现出较高的导电性。受益于炭气凝胶的三维多孔结构，当它作为超级电容器电极材料时通常具有较好的倍率性能。但是由于其比表面积相对小（400～900 $m^2/g$），导致炭气凝胶的比电容较低，能量密度不高[83]。

总结上述各碳材料在双电层电极材料中的应用，研究者主要从提高材料的比表面积、孔结构、杂元素掺杂等方面开展研究，从而提高碳材料的比电容和双电层超级电容器的性能[84-86]。

## 3.3　赝电容超级电容器电极材料

赝电容器过渡金属化合物主要有过渡金属氧化物/氢氧化物、过渡金属硫化物、过渡金属硒化物、过渡金属磷化物、二维层状过渡金属碳（氮）化物（MXene）等。制备过渡金属化合物的常用方法有水热法、球磨煅烧法、电化学沉积法、CVD 法等。

## 3.3.1 过渡金属氧化物

贵金属氧化物氧化钌是最早被研究应用在国防和航空航天领域的超级电容器赝电容电极材料，它具有高的比电容值和优异的功率密度，是目前金属氧化物在超级电容器中性能最优的电极材料[87]。然而，氧化钌是贵金属氧化物，成本高，毒性较大，且需要在强酸（$H_2SO_4$）电解液中使用，限制了其民用化使用。因此，一些价格低廉、环境友好的过渡金属氧化物电极材料（氧化锰、氧化钴、氧化镍、氧化铁等）[24,88,89]应运而生。过渡金属氧化物/氢氧化物在进行插层反应时具有高的理论赝电容活性和相对高的工作电压。但是由于氧化物的低电子传输性能，在实际应用时只是利用了活性物质的外表面活性位点，并且随着充放电循环次数的增加，活性物质氧化还原反应的次数增加，其晶格结构不是那么稳定，导致其循环稳定性不佳。目前，通过调控纳米结构、与具有优异电子传输性能的材料复合、调控过渡金属氧化物/氢氧化物的元素组成等方法来提高它们的性能[23,24,90,91]。

二氧化锰在众多绿色过渡金属氧化物中，以其成本低、环境友好、资源丰富、理论电容值高（1370 F/g）等特点，近年来引起了科学家们的广泛关注[89,92,93]。为了提升过渡金属氧化物实际应用的电容值，Zhu 等人设计合成了一种以 β-$MnO_2$ 为核，高度有序排列的“水钠锰矿型”$MnO_2$ 纳米片层为壳的杂化金属氧化物（见图 3-16）[94]。这种复合物外壳的平行有序排列结构为电解液中的离子提供了有效的传输通道，同时内核 β-$MnO_2$ 有高电容性能。在三电极体测试体系中，电解液为硫酸钠时，在 1.2 V 的工作窗口下，该电极材料表现出 306 F/g 的比电容。基于该电极材料制备的不对称超级电容器，在 1 mol/L 硫酸钠电解液体系中，功率密度为 40.4 kW/kg 时，具有 17.6 Wh/kg 的大能量密度。

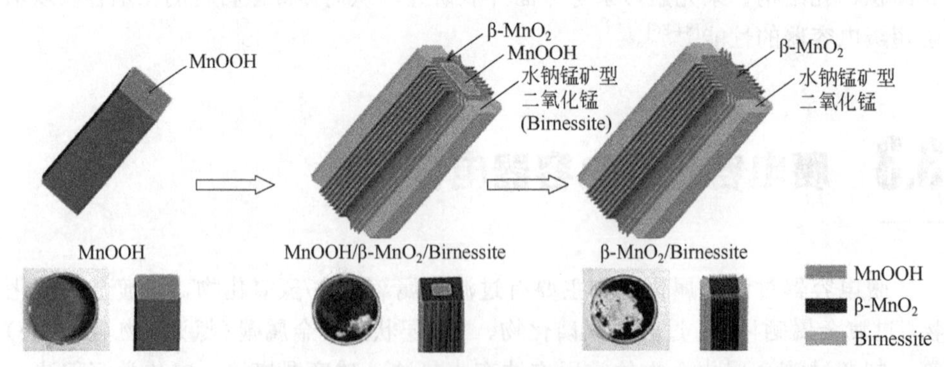


图 3-16 β-$MnO_2$/平行排列水钠锰矿的核/壳纳米棒的示意图[94]

## 3.3.2 过渡金属硫、磷、硒化物

过渡金属氧化物的低导电性制约了它们在大电流工作情况下的倍率性能和能量密度。通过阴离子交换将过渡金属氧化物中的氧变成 S、P 和 Se 元素，可以赋予过渡金属化合物更小的带隙，从而大大提高过渡金属化合物的电导率[95]。因此一系列过渡金属硫化物、过渡金属磷化物和过渡金属硒化物（如 CuS[96]、$MoS_2$[20,97,98]、NiS[99]、CoS[100]、$Co_9S_8$[101]、$NiCo_xS_y$[102]、NiCoP[103]、硫掺杂 NiP[104]等）被开发应用到超级电容器领域。

过渡金属硫化物的初始电容值比较高，但是经过第一次充放电后，电容值剧烈下降。当循环次数限制在可逆嵌入反应的范围内时，基于过渡金属硫化物的电极表现出更好的循环稳定性，只是容量值有所降低。值得一提的是，表现出相对较高电导率的金属硫化物大多都呈现半导体相[105,106]。目前，研究比较热门的过渡金属硫化物是复合 $MCo_2S_4$（M=Ni[107]、Zn[108]、Cu[109]），它既具有多组分的氧化态，也具有更快的电子传输性能，因此比单一的过渡金属硫化物的电化学活性和比电容高。最近，Yu 等人[110]采用两步水热法制备了石墨烯薄层包裹 $NiCo_2S_4$ 的核壳结构材料（$NiCo_2S_4$@G）（见图 3-17）。由于 $NiCo_2S_4$@G 的核壳结构使该材料要比金属物直接长在石墨烯片层上具有更好的接触性能和热稳定性，因此，该电极材料在 1 A/g 时能有 1432 F/g 的比电容。基于 $NiCo_2S_4$@G 和多孔负极碳的电极材料，电解液为 2 mol/L KOH 的非对称超级电容器表现出优异的循环稳定性，循环了 5000 次充放电后，该器件依旧保持了 83.4%初始电容量。

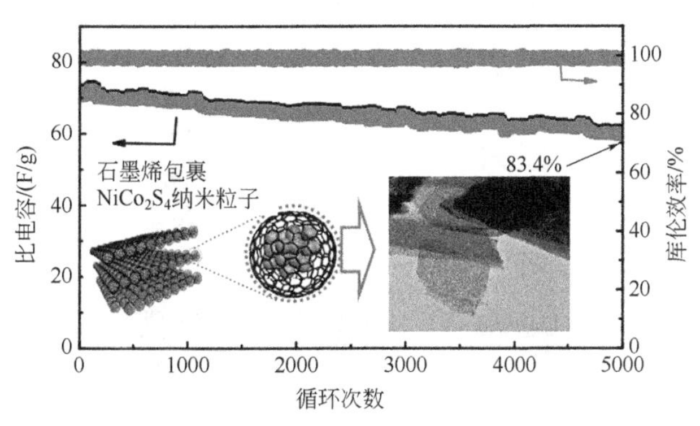


图 3-17 基于 $NiCo_2S_4$@G 电极材料不对称超级电容器的循环性能图[110]

（内嵌图为石墨烯包裹 $NiCo_2S_4$ 透射电子显微镜图）

过渡金属磷化物除了具有良好的导电性外，还具有高的电催化反应活性，但作为超级电容器电极材料的相关研究才刚刚起步。研究表明，复合过渡金属磷化物 $Ni_xCo_{3-x}P_y$（$x$、$y$ 可调）如同复合过渡金属硫化物，结合了 $Ni_2P$[111]优异的电容

性和 $Co_2P$[112]良好的循环稳定性，表现出优异的电化学性能。而且，过渡金属和 P 的多价态也促进了电荷在法拉第氧化还原反应的储存[113]。

### 3.3.3 过渡金属碳（氮）化物

自 2011 年 Gogotsi 课题组用氢氟酸和超声法制备了二维层状 $Ti_3C_2$ 片层之后（见图 3-18）[114]，发展了一系列新型的二维过渡金属碳化物/过渡金属碳氮化物（transition metal carbides/carbonitrides，简称 MXenes）并被应用到能源存储领域[115,116]。MXenes 具体指的是 $M_{n+1}AX_n$，其中 M 表示早期过渡金属，A 表示ⅢA 或者ⅣA 族元素，X 表示 C 和/或 N，$n$=1、2 或者 3[117]（见图 3-19）。MXenes 结合了过渡金属碳化物的金属导电性和它们的羟基或氧封端表面的亲水性质。在本质上，它们表现为“导电黏土”。

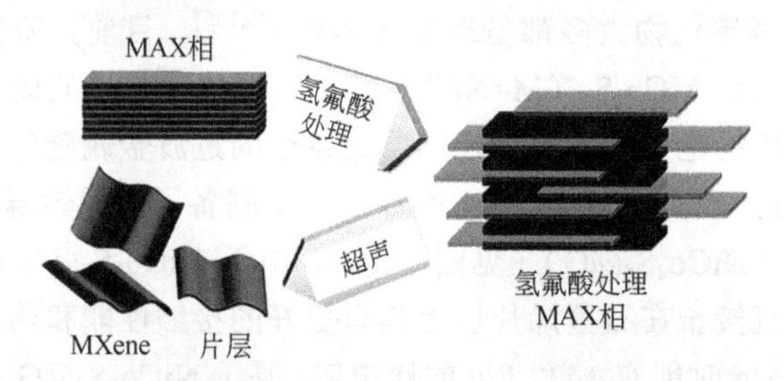


图 3-18 用氢氟酸剥离制备 MXene 片层示意图[116]

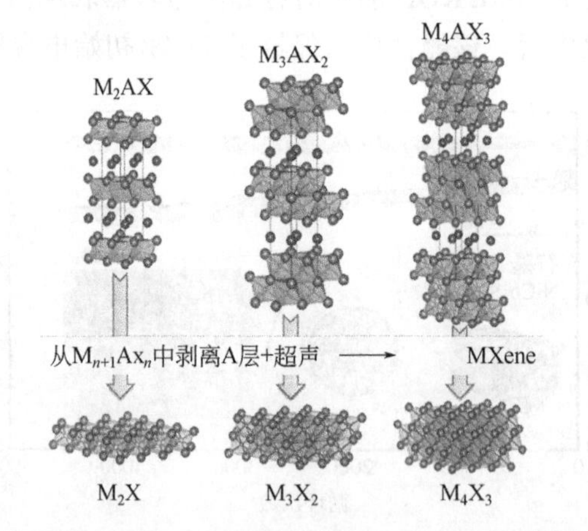


图 3-19 MAX 相的结构和相应的 MXenes[117]

MXenes 具有高的电导性和机械柔性，可以存储大量的电荷。但是它的电化学性能很大程度上受制备方法和表面化学性能影响。目前研究的关键在于，发展控制它们表面性能的方法来减小电容的不可逆。

Gogotsi 等人利用 MXene 优异的二维机械性能，采用盖章式方法制备了柔性的基于 MXene 材料的微型超级电容器[118]。这种微器件结合任意形状的 3D 打印邮戳和二维碳化钛或碳氮化物墨水，具有结构可控性（图 3-20）。同时，它具有高的面积比电容性能，当 25 μA/cm$^2$ 时电容达到 61 mF/cm$^2$，当电流密度增加 32 倍时，电容值可达 50 mF/cm$^2$。

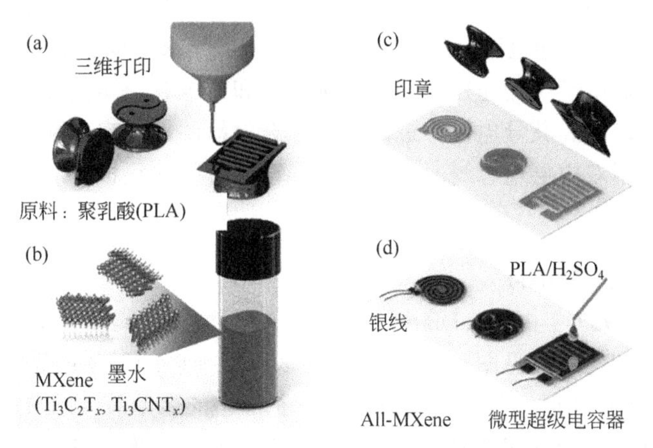


图 3-20　使用盖章方式制备的全 MXene 型微型超级电容器[118]

## 3.3.4　导电聚合物

导电聚合物（Conductive polymers）是一类主链由单键和双键交替的 π-π 共轭组成的聚合物，该体系通过掺杂 π-π 共轭键导电。常见的导电聚合物由聚苯胺（PANI）、聚吡咯（PPy）、聚噻吩（PTH）和聚对亚苯基乙烯（PPV）等，其结构式见图 3-21。导电聚合物材料具有成本低、导电率高、环境友好等优点，在多个领域得到应用。当导电聚合物被用作超级电容器电极材料时，具有电压窗口宽、可逆性优良、电化学活性可控和理论比电容值高等优点[19,20,119-121]。其中，聚苯胺、聚吡咯和聚噻吩及其衍生物是被应用最多的赝电容电极材料。

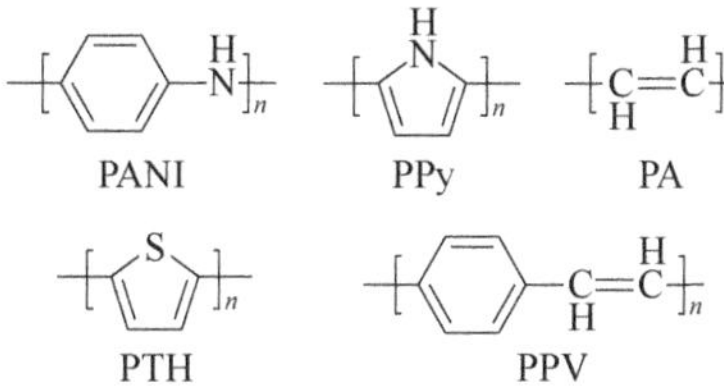

PANI　PPy　PA

PTH　PPV

图 3-21　几类典型的导电聚合物的结构式

导电聚合物主要是通过材料本身的电子与电解质中的离子交换，发生氧化还原反应，存储电荷。它因为优异的微孔结构、与电解液接触较好的特点，所以，相比过渡金属化合物赝电容材料，导电聚合物导电性的需求要低些。但是相比双电层电极材料，在参加电化学反应时，整个导电聚合物电极内部都发生电化学反应，因此，提高它的导电性能仍然很有必要。同时，导电聚合物在充放电过程中虽未发生类似金属化合物的相变，但是随着电子在材料内部发生嵌入和脱出，体积容易发生溶胀和收缩，导致电化学循环寿命不长。为了解决这个问题，目前常采用的方法有：改善导电聚合物的形貌结构（制备纳米结构居多），从而增大材料比表面积，缩短电子传输途径；与纳米碳材料和赝电容金属化合物复合，降低聚合物形变机率，提高其导电性，进而提高复合材料的比电容；利用非对称型电容器的特点，采用双电层电容材料作负极，导电聚合物作正极，从而延长器件循环使用寿命。

#### 3.3.4.1 聚苯胺（PANI）

聚苯胺是 1987 年由 MacDiarmid 提出的苯式-醌式结构单元交替连接的结构，其聚合物重复结构单元见图 3-22。其中，$y$ 值表示聚苯胺的氧化还原程度（图 3-23）。当 $y$ 为 0 或 0.5 或 1 时，呈现的是典型的三种形态的聚苯胺（LEB、EB、PNB），它们都是绝缘体。但是可以通过质子酸（HCl、高氯酸等）掺杂、碘掺杂、光助氧化掺杂、离子注入掺杂等掺杂方式使聚苯胺（$0<y<1$）变为导体。不同的 $y$ 值对应于不同的结构和电导率。

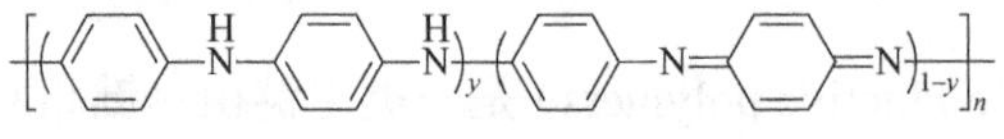

图 3-22 聚苯胺的分子结构式

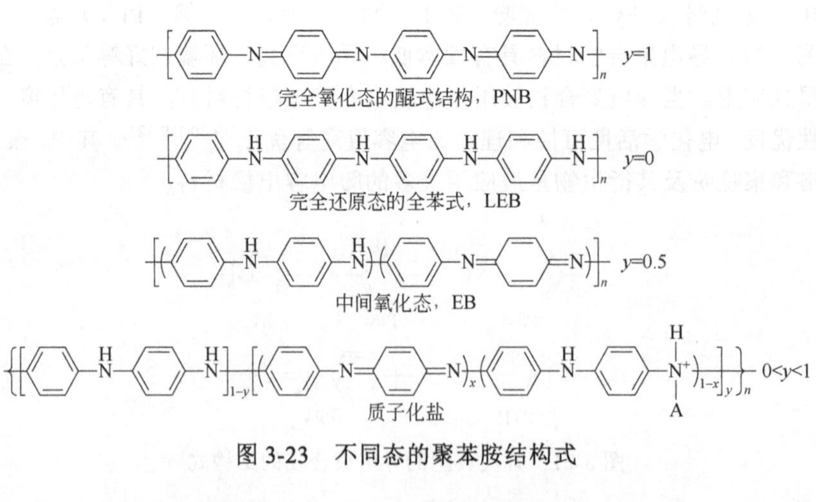

$y=1$

完全氧化态的醌式结构，PNB

$y=0$

完全还原态的全苯式，LEB

$y=0.5$

中间氧化态，EB

$0<y<1$

质子化盐

图 3-23 不同态的聚苯胺结构式

聚苯胺的合成工艺简便，成本低，在赝电容电极材料里面研究得比较多。纯聚苯胺被用作电容器电极使用时，工作电压窗口一般为 0.7 V；若超过了 0.7 V，电极材料更加容易分解成醌类小分子物质[122]。研究者为了提高聚苯胺赝电容材料的循环使用寿命，常用的方法有：调控材料的形貌结构，与其它材料复合制备成非对称型超级电容器。

为了提高聚苯胺与电解液的有效接触和稳定性，可通过结构设计，制备纳米级聚苯胺（如聚苯胺纳米线阵列[123]、聚苯胺纳米管[124]等），提高聚苯胺的比表面积。

利用碳材料、金属化合物或者其它导电聚合物的优点，采用复合的方法[119,121,125]，制备出不同形貌结构的聚苯胺/（碳材料、金属化合物或者其它导电聚合物）复合材料，也是一种提高聚苯胺电容性能的方法。Meng 和他的合作者[21]以多孔石墨烯为模板，在其表面生长聚苯胺纳米线阵列，制备了三维还原氧化石墨烯/聚苯胺（3D-rGO/PANI）的复合膜（见图 3-24）。利用石墨烯优异的电化学性能和多孔模板，以及聚苯胺良好的赝电容性能，3D-rGO/PANI 膜表现出良好的倍率性能。经过 5000 次循环后，电容保持率为 88%。此外，利用具有大比表面积的二维片层结构电极材料与聚苯胺复合也为复合电容器材料提供了不错的选择[126,127]。Yu 等人在尺寸可控的微孔结构石墨烯纸上，用电沉积方法生长聚苯胺片层。制备出的石墨烯-聚苯胺复合膜具有良好的电导率（15 Ω/sq）和低的密度（0.2 g/cm$^3$）。经过 1000 次循环充放电后，电容值保持率保持在 64.2%，而单纯的 PANI 膜只有 53.8%的保持率（见图 3-25）[127]。

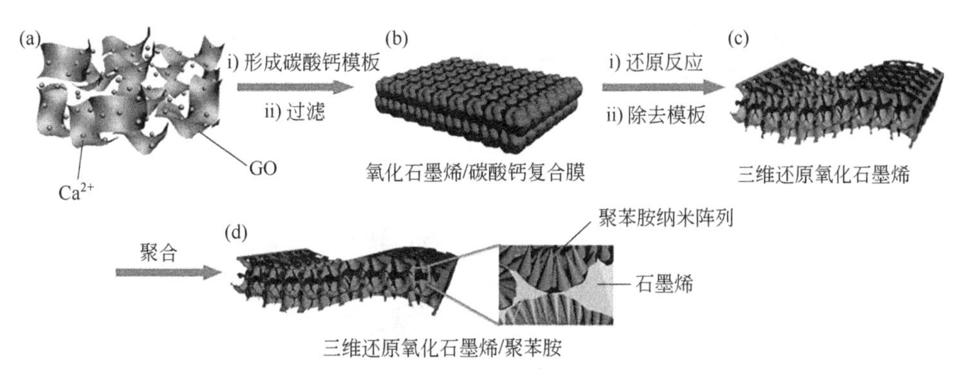


图 3-24 3D-rGO 和 3D-rGO/PANI 膜制备示意图

#### 3.3.4.2 聚吡咯（PPy）

聚吡咯结构式见图 3-21，是一种 p 型掺杂的导电聚合物。它具有多孔结构、高离子导电率、快速的充/放电速率、价格低廉、良好的环境稳定性和高的能量密度等优点，因而展现了优异的法拉第赝电容。与聚苯胺一样，聚吡咯的电化学性能与它的合成方法密切相关。此外，改善聚吡咯电极材料性能的方法，也与上述

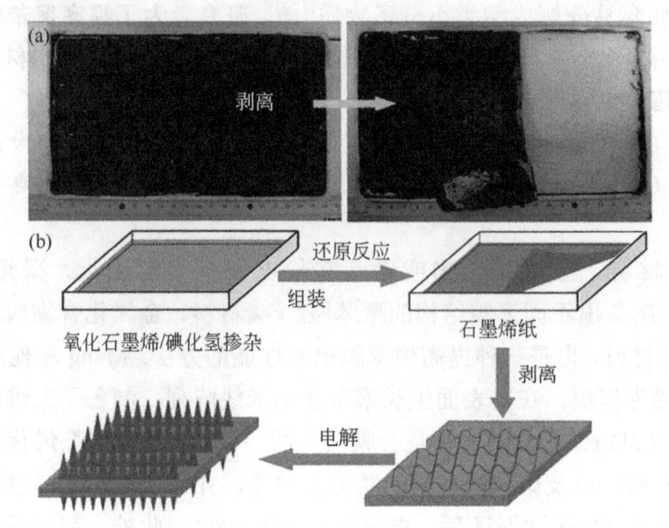


图 3-25　大面积制备石墨烯纸和石墨烯-聚苯胺纸的过程示意图[127]

（a）在一个大小为 22 cm×16 cm 的聚四氟乙烯基板上剥离制备一块石墨烯纸；

（b）石墨烯-聚苯胺纸制备的示意图

改善聚苯胺电极的方法相一致。例如：改变聚吡咯的形貌结构；与其它电极材料复合；被应用组装成非对称型超级电容器（图 3-26 和图 3-27）[19,20,128]。

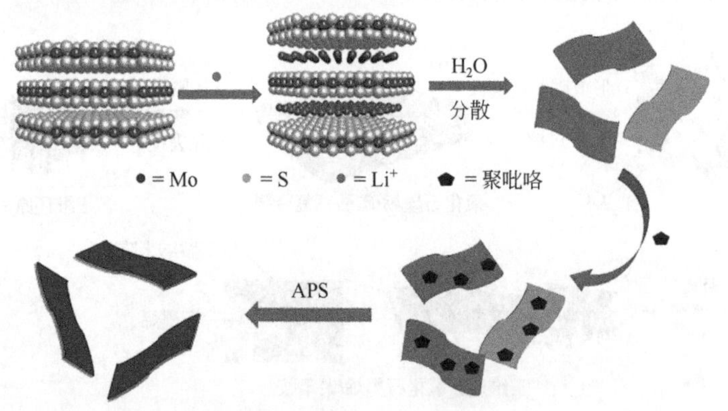


图 3-26　$MoS_2$/PPy-*n* 纳米复合材料的制备过程[19,20,128]

### 3.3.4.3　聚噻吩（PTH）及其衍生物

聚噻吩是一种 p 型聚合物，但是其衍生物既能做 n 型也能做 p 型聚合物。虽然聚噻吩的导电性差，但是 p 型聚噻吩在空气中稳定性高、耐湿度强。基于聚噻吩的电容性能虽然比聚苯胺和聚吡咯要低，但是它具有更高的电压工作窗口（1.2 V）。这为聚噻吩基非对称超级电容器提供了更大的工作窗口。在聚噻吩衍生物中，聚(3,4-亚乙基二氧噻吩)（PEDOT）、聚[3-(4-氟苯基)噻吩]（PFPT）、

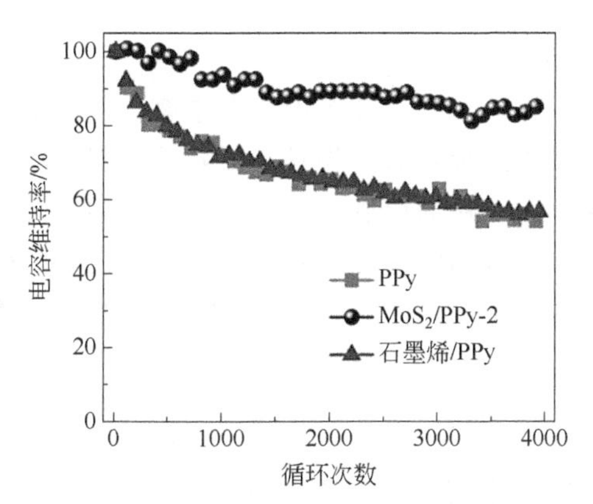


图 3-27　Ppy、$MoS_2$/PPy-2 和石墨烯/PPy 在电流密度为 1 A/g 下，4000 次循环中的循环稳定性[19,20,128]

聚(3-甲基噻吩)（PMeT）和聚(二蒽基-3,4-b:3′,4′d)噻吩（PDTT）被成功用于超级电容器应用，其电容值在 70～200 F/g 之间。

# 3.4 其它新型电极材料

随着对能源存储器件的大力发展，多种新型的具有优异电化学性能的电极材料应运而生：金属有机骨架材料（Metal organic frameworks，MOFs）、黑磷、共价有机骨架材料（Covalent organic frameworks，COFs）以及前面提到的 MXene 材料等。

## 3.4.1 金属有机骨架材料

MOFs 是一类有机配体和金属离子或团簇通过配位键自组装形成的具有分子内孔隙的有机-无机杂化材料。相比其它传统的多孔材料，MOFs 材料具有多种多样的骨架结构、可控的孔径大小、大的比表面积和大量的活性位点。目前，MOFs 被广泛应用到气体吸附和分离、催化、药物输送、成像和传感器领域。近年来，MOFs 及其衍生物也慢慢被应用于电化学能量存储领域，例如锂离子电池、燃料电池和超级电容器中。但是，由于 MOFs 是通过配体和金属中心之间的配位键构成的有序网络晶型结构，所以，MOFs 的骨架结构不稳定并且导电性通常不如常用的碳质电极材料。为此，寻求稳定性良好和电导率高的 MOFs 及其衍生物，以应用于超级电容器，显得尤为重要。

MOFs 应用于超级电容器中，主要有以下几方面。

#### 3.4.1.1 双金属氧化物

前面有提及过渡金属氧化物在超级电容器中有广泛的研究和应用。相对单金属过渡氧化物，双金属过渡金属氧化物具有更好的性能，例如：有更优异的导电性，提供相对低的活化能，从而更利于电子的传递；混合过渡金属阳离子的偶合作用具有更丰富的氧化还原活性位点。与制备双金属过渡氧化物的传统方法相比，由混合 MOF 材料制备双金属过渡氧化物的方法具有易调控不同金属组成和材料形貌可控的特点[129,130]。

#### 3.4.1.2 碳复合材料

（1）MOFs 衍生的碳/金属氧化物复合材料

过渡金属氧化物的能量密度和倍率性能受到其材料内在的低导电率的限制，可以通过碳掺杂来提高。将碳材料与过渡金属氧化物混合，可以有效减小电化学反应过程中的电荷转移电阻，并且碳材料的加入可以增加一定的双电层电容效应。MOFs 作为碳/过渡金属氧化物复合物的前驱体，通过在惰性气体氛围下高温碳化后，可直接得到金属氧化物分散均匀的碳/金属氧化物复合物。Qian 等通过在泡沫镍基底上面水热生长 Co-MOFs，然后在氩气氛下高温碳化，最后直接得到 $Co_3O_4$/C 纳米线阵列。应用于超级电容器中，在 1 $mA/cm^2$ 的电流密度下，具有 1.32 $F/cm^2$ 的比电容[131]。

（2）石墨烯/MOFs 衍生的金属化合物

利用石墨烯大的比表面积、突出的电传导性能和优异的弹性，研究者们通过常温原位或者水热法在石墨烯上生长 MOFs 前驱体，再通过高温作用，制得石墨烯/MOFs 衍生金属化合物复合材料以应用于超级电容器中[132]。

#### 3.4.1.3 MOFs 衍生的金属氧化物复合物

由 MOFs 衍生制备的金属氧化物复合物不仅汇合了单金属氧化物的优点，并且具有更加多样的结构和形貌。另外这种复合物增强了材料的导电性，增加了活性位点。可以借鉴双金属有机框架化合物从而直接获得金属氧化物混合物[133,134]。

#### 3.4.1.4 高导电性 MOFs

MOFs 作为超级电容器电极材料的问题在于：孔隙度越高，导电性一般越差。Dincă 等人报告了一种高导电性的 MOFs——六亚氨基三苯镍化物［$Ni_3(HITP)_2$］作为电极材料（图 3-28），成功构建了一种稳定的超级电容器[135]。该超级电容器具有良好的循环稳定性，在循环 10000 次后，比电容仍然可以保持在初始值的 90%。

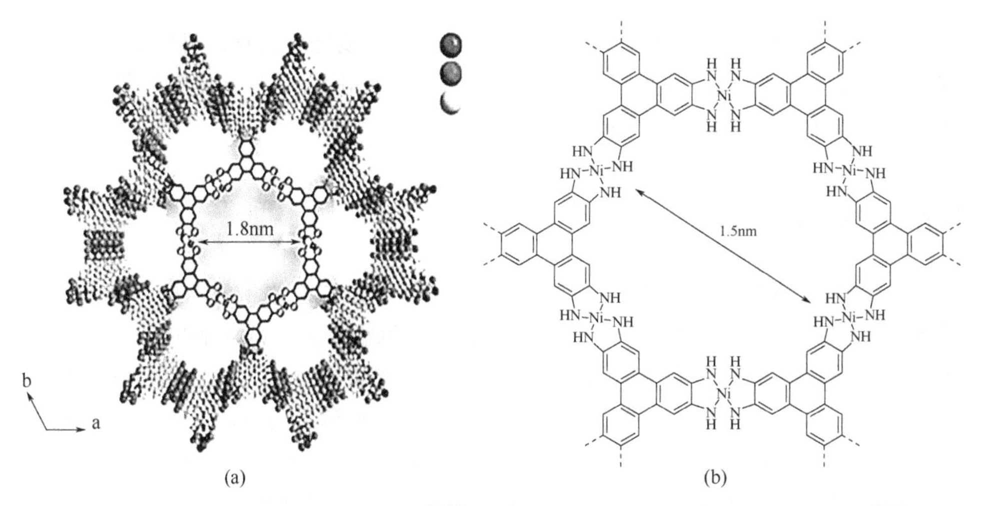


图 3.28 沿 c 轴观察到的 Cu-CAT[136]（a）和 $Ni_3(HITP)_2$（b）的结构示意图[135]

## 3.4.2 共价有机骨架材料

还有一种新型超级电容器电极材料是 COFs。该材料的出现最早可追溯到 2005 年，Yaghi 和合作者设计合成了第一个由共价键连接的共价有机骨架材料[137]。在 COFs 里，连接单元有 B—O、C—N、B—N 和 B—O—Si 等。与 MOFs 相似的是，COFs 也有高的比表面积、孔径大小可控和高的分子可设计性，因此也被应用到有机合成和能量存储领域[138]。根据 COFs 的组成成分，它既可以做双电层电容材料也可以做赝电容电极材料。尽管如此，但是其不溶性及较差的储电能力一直阻碍其在超级电容器上的应用。Arjun Halder 等成功合成出了一种拥有层间氢键的 COFs，该材料在酸碱性溶液中均具有良好的稳定性。将该材料用于超级电容器，展现出优良的性质，面积电容可达 1600 $mF/cm^2$，循环稳定性可达 100000 以上[139]。通过与石墨烯复合，借助于石墨烯的高电性，石墨烯/COFs 在储能领域中崭露头角。目前所报道的关于石墨烯/COFs 的制备方式有将 COFs 片层沉积在石墨烯上，或将 COFs 膜平行排列在基底上。然而这种平行堆叠的方式并不能使 COFs 的孔结构得到充分利用，进而阻碍了材料离子传输性能。于默奥大学 Alexandsr V. Talyzin 教授团队提出一种制备具有高储能性能的 COFs/石墨烯复合材料的新策略。在该工作中，研究人员通过引入分子支柱的方法，实现了 COF-1 材料于氧化石墨烯（GO）上的垂直生长。在制备过程中，研究人员首先将 1,4-苯二硼酸分子（DBA）共价接枝于 GO 上，再将之作为 COF-1 生长的成核位点，得到垂直于基底生长的 COFs。实验结果表明，若没有 DBA 作为分子支柱，COFs 无法实现在 GO 上的垂直生长，而是平行排列于基底之上。此外，研究人员发现通过调控 COF-1 合成过程中 DBA 的用量，可实现对 COF-1 纳米片层厚度的精确调控，进而获得厚度在 3～15 nm 的纳米片。值得一提的是，碳化后的复合材料依然可以保持其独特的三维结构，并在超级电容器测试中展现出优异的电化学性能，1 A/g 的电流密度下比容量为 160 F/g[139]。

### 3.4.3 黑磷

黑磷早在 1914 年就已经合成出来，2014 年作为二维纳米材料的一员被大家重新认识。由于其强的层内 P—P 键和弱的层间范德华力形成了独特的 P 原子波纹平面。通过断裂层间范德华力，可以将原始的黑磷剥离成多片层甚至单片层黑磷纳米片。可将黑磷片层定义为亚磷。目前，制备亚磷的方法有：高能机械球磨红磷，高压下加热有毒的白磷或红磷或液态金属中的白磷转化。当前使用最多的是在有机溶剂（例如丙酮和 *N*-甲基-2-吡咯烷酮）中的液体剥离方法[140]。亚磷应用于超级电容器材料还处于起始阶段，目前研究的还不是很多。有人通过液体内剥离出黑磷纳米片层制备成以 PVA/$H_3PO_4$ 为凝胶电解液的全固态柔性超级电容器[141]。在循环伏安测试中，扫速为 0.005 V/s、0.01 V/s 和 0.09 V/s 时，电容分别为 17.78 F/$cm^3$（59.3 F/g）、13.75 F/$cm^3$（48.5 F/g）和 4.25 F/$cm^3$（14.2 F/g）。在循环了 30000 次后，电容保持率为 71.8%。随着黑磷纳米片层的研究，也有研究者尝试将与磷同一主族的砷剥离成纳米片层，应用作超级电容器的电极材料，其在 14 A/g 电流密度下，电容高达 1578 F/g[142]。

## 3.5 微型结构超级电容器器件结构与性能

为更好地满足可穿戴电子产品的抗拉伸、可修复的需求，亟须开发与之相匹配的可拉伸微型超级电容器。国内的复旦大学、同济大学、中国科学院苏州纳米技术与纳米仿生研究所、清华大学、香港城市大学、上海交通大学、吉林大学等以及国外的爱尔兰都柏林三一学院、美国德雷塞尔大学、韩国浦项科技大学、新加坡南洋理工大学等高等院校和科研机构在微型超级电容器（Micro-supercapacitor，MSC）领域相继开展有关研究并做出了较为突出的贡献[78,143-148]。

微型超级电容器一般可分为两类（见图 3-29）：一类是一维纤维状 MSC，它有同轴结构和扭曲结构，这类 MSC 具有质量轻、可以被编织进衣物、织物等优点；另一类是二维平面 MSC，主要有平行柱、同心圆和交叉指电极型，这类 MSC 体积小、质量轻、功率密度高，在弯折条件下具有可拉伸、可自愈特性。

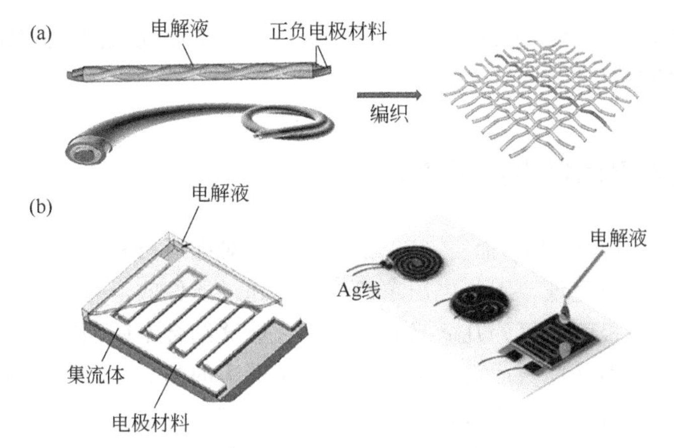


图 3-29 一维纤维状微型超级电容器（a）和二维平面交叉指型微型超级电容器（b）示意图[118,147,149]

## 3.5.1 一维纤维状微型超级电容器

一维纤维状微型超级电容器主要有两种结构：缠绕式与同轴式。这两种结构的电容器制备方法也有所不同。

（1）缠绕式 MSC 的制备

缠绕式 MSC 是以线型的柔性基底，例如碳布上，通过在上面生长电极材料，最终将涂有固态电解质的碳纤维，以一定的角度缠绕，实现一维纤维状 MSC 的组装[150-152]。例如，有研究者通过这种方法制备了以 $CoNiO_2$ 为正极和活性炭为负极的非对称超级电容器[150]。该线性超级电容器可有一米以上的长度，电压窗口可到 1.8 V，长度比电容可达 1.68 mF/cm，能量密度为 0.95 mWh/$cm^2$。为降低制备纤维状超级电容器的成本，复旦大学彭慧胜教授设计了一种旋转平移法，可有效结合高分子的弹性与碳纳米管的优异电学性能和机械性能，制备出可拉伸的线状超级电容器。这种电容器可弯曲、折叠和拉伸，且在拉伸 75%的情况下能 100%保持电容器的各项性能。这种纤维状 MSC 可进一步编织成各种形状的织物，并可集成于各种微型电子器件上，从而满足未来对于微型能源的需求[152]。

（2）同轴式 MSC 的制备

同轴式 MSC 是通过首先在一根弹性绳上均匀地裹上一层固态电解质，紧接着继续裹上一层 CNT 薄膜电极材料，之后重复裹上一层固态电解质和一层 CNT 薄膜电极材料，最后涂上最外层的固态电解质材料来完成器件的组装[152]。与缠绕式电容器相比，同轴式电容器的制备方法对材料的要求更高，并不是一种具有普适性的器件组装方法。但是同轴电容器与缠绕式电容器相比，正负极的间距更短，对电极材料的利用率更高。已经有实验证明，在电极材料相同的条件下，同轴电容器的比电容远高于缠绕式电容器。因此，继续完善和优化同轴式线状超级电容器具有重要的意义。

### 3.5.2 二维平面微型超级电容器

相对一维纤维状 MSC 而言，二维平面 MSC 对电极材料的力学性能和器件各组分的黏结性要求更低，工作电压窗口也更易通过器件的串并联调节。并且二维平面 MSC 的电极间距可为几微米甚至更小，能够结合不同功能的集成多功能电子器件使用，为多功能集成可穿戴电子奠定了坚实的基础。为了满足可穿戴电子产品的抗拉伸、可修复的需求，二维平面超级电容器必须具有可拉伸性能、高的能量密度和功率密度以便适配供能。但目前大多数二维平面超级电容器电极材料本质上是非柔性材料，存在着面/体比电容小和拉伸强度低的问题，制约了可拉伸二维平面 MSC 的应用。为了提升二维平面 MSC 的实际应用性，必须解决电极材料的比电容低和柔韧性问题。目前研究的 MSC 电极材料主要集中在碳类材料（石墨烯、碳的衍生物、洋葱状碳、活性炭等）[153-157]，这类器件主要是依靠双电层原理充放电。另外一种是赝电容类材料，如导电聚合物材料、过渡金属氧化物/氢氧化物，过渡金属硫化物和氮化物以及金属碳/氮化物（MXene）[148,155,158-160]。这类器件主要依赖于快速的氧化还原反应存储电能。在众多电极材料中，二维材料［石墨烯、金属碳/氮化物（MXene）、过渡金属硫化物］具有大的比表面积和稳定的物理化学性能，为电荷传输提供了良好的通道和电化学性能的稳定性，利于其在二维平面 MSC 的应用[160-162]。理想的石墨烯与多数极性分子、溶剂介质等相互作用较弱。对石墨烯进行化学功能化可有效调变其化学反应活性与界面性质，但同时破坏其二维共轭结构，从根源上限制了复合材料电化学性能的提高。MXene 是一类具有类石墨烯结构与新颖性质的新型二维晶体化合物，MXene 在具有类金属导电性的同时，表面丰富的—F、—OH 等官能团也赋予其优良的化学反应活性与亲水性，可望作为构筑纳米复合结构的理想基质材料。但由于高比例金属原子在表面的暴露，MXene 在氧化性气氛中容易相变为 $TiO_2$ 半导体并伴随二维结构的坍塌，这不仅限制了 MXene 自身的应用，同时也对基于 MXene 的复合材料创制提出了巨大挑战。

为了在柔性器件中进一步应用性能优异的电极材料，必须在整个系统中采用机械坚固的基底，如具有可弯曲性能的聚对苯二甲酸乙二醇酯（PET）薄膜、聚酰亚胺（PI）薄膜以及具有自愈性能的硅胶（PDMS），并且要考虑电极材料与基底材料的黏结性。通过对基底材料引入可交联基团，使得它与电极材料发生交联作用，提升两者的黏结性，从而提高器件的可拉伸性能[163]。另外，目前制备二维平面 MSC 的方法有化学（激光）刻蚀法、激光直写化学气相沉法、电镀溅射法、喷墨打印法和掩模板抽滤法。刻蚀法、激光直写化学气相沉积、电镀溅射法、喷墨打印法等方法，需要激光刻蚀、激光加工或离子溅射等工艺以及相关的大型仪器，成本较高，耗材耗时。研究者可根据电极材料的特性，结合不同工艺的优点，制备出性能优异的超级电容器。

## 参考文献


[1] Simon P, Gogotsi Y. Nature Materials, 2008, 7: 845-854.
[2] Salanne M, Rotenberg B, Naoi K, et al. Nature Energy, 2016, 1: 16070.
[3] Liu W, Song M S, Kong B, et al. Advanced Materials, 2017, 29: 1603436.
[4] Yu M, Lu Y, Zheng H, et al. Chemistry-A European Journal, 2017, 24: 3639-3649.
[5] Gu W, Yushin G. Wiley Interdisciplinary Reviews: Energy and Environment, 2014, 3: 424-473.
[6] Helmholtz H. Annalen Der Physik, 1853, 165: 211-233.
[7] Vangari M, Pryor T, Jiang L. Journal of Energy Engineering, 2013, 139: 72-79.
[8] Zhang L L, Zhao X S. Chemical Society Reviews, 2009, 38: 2520-2531.
[9] Stern O. Z. Electrochem, 1924, 30: 508-516.
[10] Wang F, Wu X, Yuan X, et al. Chemical Society Reviews, 2017, 46: 6816-6854.
[11] Tan Y B, Lee J M. Journal of Materials Chemistry A, 2013, 1: 14814-14843.
[12] Peng L, Fang Z, Zhu Y, et al. Advanced Energy Materials, 2017, 8: 1702179.
[13] Ling Z, Wang Z, Zhang M, et al. Advanced Functional Materials, 2016, 26: 111-119.
[14] Hong S, Lee J, Do K, et al. Advanced Functional Materials, 2017, 27: 1704353.
[15] Mombeshora E T, Nyamori V O. International Journal of Energy Research, 2015, 39: 1955-1980.
[16] Zhong C, Deng Y, Hu W, et al. Chemical Society Reviews, 2015, 44: 7484-7539.
[17] Lee J, Tolosa A, Krüner B, et al. Sustainable Energy & Fuels, 2017, 1: 299-307.
[18] Ren L, Zhang G, Yan Z, et al. Electrochimica Acta, 2017, 231: 705-712.
[19] Zhou C, Zhang Y, Li Y, et al. Nano Letters, 2013, 13: 2078-2085.
[20] Tang H, Wang J, Yin H, et al. Advanced Materials, 2015, 27: 1117-1123.
[21] Meng Y, Wang K, Zhang Y, et al. Advanced Materials, 2013, 25: 6985-6990.
[22] Hou L, Shi Y, Wu C, et al. Advanced Functional Materials, 2018, 28: 1705921.
[23] Ji J, Zhang L L, Ji H, et al. ACS Nano, 2013, 7: 6237-6243.
[24] Li Y, Xu J, Feng T, et al. Advanced Functional Materials, 2017, 27: 1606728.
[25] Lin T, Chen I W, Liu F, et al. Science, 2015, 350: 1508.
[26] Hulicova-Jurcakova D, Kodama M, Shiraishi S, et al. Advanced Functional Materials, 2009, 19: 1800-1809.
[27] Sellam, Hashmi S A. ACS Applied Materials & Interfaces, 2013, 5: 3875-3883.
[28] Fic K, Lota G, Meller M, et al. Energy & Environmental Science, 2012, 5: 5842-5850.
[29] Raymundo-Piñero E, Leroux F, Béguin F. Advanced Materials, 2006, 18: 1877-1882.
[30] He M, Fic K, Fra E, et al. Energy & Environmental Science, 2016, 9: 623-633.
[31] Lee J, Srimuk P, Aristizabal K, et al. ChemSusChem, 2017, 10: 3611-3623.
[32] Liang Y, Liang F, Zhong H, et al. Journal of Materials Chemistry A, 2013, 1: 7000-7005.
[33] Freemantle M. Chemical & Engineering News, 1998, 76: 32-37.
[34] Chen Y, Zhang X, Zhang D, et al. Carbon, 2011, 49: 573-580.

[35] Xu B, Wu F, Chen R, et al. Electrochemistry Communications, 2008, 10: 795-797.
[36] Kunze M, Paillard E, Jeong S, et al. the Journal of Physical Chemistry C, 2011, 115: 19431-19436.
[37] Kunze M, Jeong S, Paillard E, et al. Advanced Energy Materials, 2011, 1: 274-281.
[38] Jiang D E, Wu J. The Journal of Physical Chemistry Letters, 2013, 4: 1260-1267.
[39] Fedorov M V, Kornyshev A A. Chemical Reviews, 2014, 114: 2978-3036.
[40] Ulihin A S, Mateyshina Y G, Uvarov N F. Solid State Ionics, 2013, 251: 62-65.
[41] Francisco B E, Jones C M, Lee S-H, et al. Applied Physics Letters, 2012, 100: 103920.
[42] Fu W, Zhao E, Ren X, et al. Advanced Energy Materials, 2018, 8: 1703454.
[43] Yuvaraj S, Karthikeyan K, Kalpana D, et al. J Colloid Interface Sci, 2016, 469: 47-56.
[44] Xie Y, Song F, Xia C, et al. New Journal of Chemistry, 2015, 39: 604-613.
[45] Mao X, Xu J, He X, et al. Applied Surface Science, 2018, 435: 1228-1236.
[46] He X, Zhao N, Qiu J, et al. Journal of Materials Chemistry A, 2013, 1: 9440.
[47] Jain A, Balasubramanian R, Srinivasan M P. Chemical Engineering Journal, 2016, 283: 789-805.
[48] Dhawale D S, Mane G P, Joseph S, et al. Chemphyschem, 2013, 14: 1563-1569.
[49] Li Z, Zhang L, Amirkhiz B S, et al. Advanced Energy Materials, 2012, 2: 431-437.
[50] Patra B C, Khilari S, Satyanarayana L, et al. Chemical Communications（Camb), 2016, 52: 7592-7595.
[51] Kandambeth S, Mallick A, Lukose B, et al. Journal of the American Chemical Society, 2012, 134: 19524-19527.
[52] Laušević Z, Apel P Y, Krstić J B, et al. Carbon, 2013, 64: 456-463.
[53] Wu F C, Tseng R L, Hu C C, et al. Journal of Power Sources, 2004, 138: 351-359.
[54] Sevilla M, Mokaya R. Energy & Environmental Science, 2014, 7: 1250.
[55] Du X, Zhao W, Wang Y, et al. Bioresour Technol, 2013, 149: 31-37.
[56] Jagtoyen M, Derbyshire F. Carbon, 1998, 36: 1085-1097.
[57] Wang J, Kaskel S. Journal of Materials Chemistry, 2012, 22: 23710.
[58] Li M, Liu C, Cao H, et al. Journal of Materials Chemistry A, 2014, 2: 14844-14851.
[59] He X, Geng Y, Qiu J, et al. Carbon, 2010, 48: 1662-1669.
[60] Kierzek K, Frackowiak E, Lota G, et al. Electrochimica Acta, 2004, 49: 515-523.
[61] Abioye A M, Ani F N. Renewable and Sustainable Energy Reviews, 2015, 52: 1282-1293.
[62] Hou J, Cao C, Ma X, et al. Science Report, 2014, 4: 7260.
[63] Gao Y, Li L, Jin Y, et al. Applied Energy, 2015, 153: 41-47.
[64] Frackowiak E, Béguin F. Carbon, 2002, 40: 1775-1787.
[65] Shi P, Li L, Hua L, et al. ACS Nano, 2017, 11: 444-452.
[66] Simotwo S K, DelRe C, Kalra V. ACS Applied Materials & Interfaces, 2016, 8: 21261-21269.
[67] Novoselov K S, Geim A K, Morozov S V, et al. Science, 2004, 306: 666.
[68] Saito Y, Luo X, Zhao C, et al. Advanced Functional Materials, 2015, 25: 5683-5690.
[69] Abdelkader A M, Valle′s C, Cooper A J, et al. ACS Nano, 2014, 8: 11225-11233.
[70] Chen C C, Kuo C J, Liao C D, et al. Chemistry of Materials, 2015, 27: 6249-6258.
[71] Geim A K, Novoselov K S. Nature Materials, 2007, 6: 183-191.
[72] Gao Y, Wan Y, Wei B, et al. Advanced Functional Materials, 2018, 28: 1706721.
[73] Jiang Y, Xu Z, Huang T, et al. Advanced Functional Materials, 2018, 28: 1707024.
[74] Xu Y, Shi G, Duan X. Accounts Of Chemical Research, 2015, 48: 1666-1675.
[75] Mao S, Lu G, Chen J. Nanoscale, 2015, 7: 6924-6943.
[76] Pham D T, Lee T H, Luong D H, et al. ACS Nano, 2015, 9: 2018-2027.
[77] Jha N, Ramesh P, Bekyarova E, et al. Advanced Energy Materials, 2012, 2: 438-444.

[78] Cao X, Zheng B, Shi W, et al. Advanced Materials, 2015, 27: 4695-4701.
[79] Sun Y, Fang Z, Wang C, et al. Nanoscale, 2015, 7: 7790-7801.
[80] Zhao X, Zheng B, Huang T, et al. Nanoscale, 2015, 7: 9399-9404.
[81] Zheng B, Huang T, Kou L, et al. Journal of Materials Chemistry A, 2014, 2: 9736-9743.
[82] Peng L, Xu Z, Liu Z, et al. Advanced Materials, 2017, 29: 1700589.
[83] Lee Y J, Jung J C, Yi J, et al. Current Applied Physics, 2010, 10: 682-686.
[84] Li B, Dai F, Xiao Q, et al. Energy & Environmental Science, 2016, 9: 102-106.
[85] Wang J, Xu Y, Ding B, et al. Angewandte Chemie International Edition English, 2018, 57: 2894-2898.
[86] Hwang J Y, Li M, El-Kady M F, et al. Advanced Functional Materials, 2017, 27: 1605745.
[87] Zhang J, Ma J, Zhang L L, et al. the Journal of Physical Chemistry C, 2010, 114: 13608-13613.
[88] Zhou X, Chen Q, Wang A, et al. ACS Applied Materials Interfaces, 2016, 8: 3776-3783.
[89] Lv Z, Luo Y, Tang Y, et al. Advanced Materials, 2017, 30: 1704531.
[90] Huang S, Zhu G-N, Zhang C, et al. ACS Applied Materials & Interfaces, 2012, 4: 2242-2249.
[91] Yang Y, Li L, Ruan G, et al. ACS Nano, 2014, 8: 9622-9628.
[92] Molinari A, Hahn H, Kruk R. Advanced Materials, 2017, 30: 1703908.
[93] Jiang J, Li Y, Liu J, et al. 2012, 24: 5166–5180.
[94] Zhu S, Li L, Liu J, et al. ACS Nano, 2018, 12: 1033-1042.
[95] Yang J, Yu C, Fan X, et al. Energy & Environmental Science, 2016, 9: 1299-1307.
[96] Fu W, Han W, Zha H, et al. Physical Chemistry Chemical Physics, 2016, 18: 24471-24476.
[97] Ji H, Liu C, Wang T, et al. Small, 2015, 11: 6480-6490.
[98] Yu X Y, Hu H, Wang Y, et al. Angewandte Chemie International Edition, 2015, 54: 7395-7398.
[99] Yu X Y, Yu L, Wu H B, et al. Angewandte Chemie International Edition English, 2015, 54: 5331-5335.
[100] Songzhan L, Jian W, Tian C, et al. Nanotechnology, 2016, 27: 145401.
[101] Hu H, Han L, Yu M, et al. Energy & Environmental Science, 2016, 9: 107-111.
[102] Chen W, Xia C, Alshareef H N. ACS Nano, 2014, 8: 9531-9541.
[103] Li X, Elshahawy A M, Guan C, et al. Small, 2017, 13: 1701530.
[104] Elshahawy A M, Guan C, Li X, et al. Nano Energy, 2017, 39: 162-171.
[105] Chhowalla M, Shin H S, Eda G, et al. Nature Chemistry, 2013, 5: 263.
[106] Pumera M, Sofer Z, Ambrosi A. Journal of Materials Chemistry A, 2014, 2: 8981-8987.
[107] Guan B Y, Yu L, Wang X, et al. Advanced Materials, 2017, 29: 1605051.
[108] Yang J, Zhang Y, Sun C, et al. Journal of Materials Chemistry A, 2015, 3: 11462-11470.
[109] Moosavifard S E, Fani S, Rahmanian M. Chemical Communications（Camb), 2016, 52: 4517-4520.
[110] Wu Y, Yu F, Chang Z, et al. Journal of Materials Chemistry A, 2018, 6: 5856-5861.
[111] Jin Y, Zhao C, Wang L, et al. International Journal Of Hydrogen Energy, 2018, 43: 3697-3704.
[112] Hu Y M, Liu M C, Hu Y X, et al. Electrochimica Acta, 2016, 190: 1041-1049.
[113] Song W, Wu J, Wang G, et al. Advanced Functional Materials, 2018, 28: 1804620.
[114] Naguib M, Kurtoglu M, Presser V, et al. Advanced Materials, 2011, 23: 4248-4253.
[115] Naguib M, Mochalin V N, Barsoum M W, et al. Advanced Materials, 2014, 26: 992-1005.
[116] Naguib M, Mashtalir O, Carle J, et al. ACS Nano, 2012, 6: 1322-1331.
[117] Naguib M, Halim J, Lu J, et al. Journal of the American Chemical Society, 2013, 135: 15966-15969.
[118] Zhang C J, Kremer M P, Seral-Ascaso A, et al. Advanced Functional Materials, 2018, 28: 1705506.
[119] Zhang K, Zhang L L, Zhao X S, et al. Chemistry of Materials, 2010, 22: 1392-1401.
[120] Song B, Tuan C C, Huang X, et al. Materials Letters, 2016, 166: 12-15.
[121] Wu L, Hao L, Pang B, et al. Journal of Materials Chemistry A, 2017, 5: 4629-4637.

[122] Zhang Q E, Zhou A A, Wang J, et al. Energy & Environmental Science, 2017, 10: 2372-2382.
[123] Wang K, Huang J, Wei Z. Journal of Physical Chemistry C, 2010, 114: 8062-8067.
[124] Li H, Song J, Wang L, et al. Nanoscale, 2017, 9: 193-200.
[125] Liu T, Finn L, Yu M, et al. Nano Letters, 2014, 14: 2522-2527.
[126] Zhu J, Sun W, Yang D, et al. Small, 2015, 11: 4123-4129.
[127] Cong H P, Ren X C, Wang P, et al. Energy & Environmental Science, 2013, 6: 1185-1191.
[128] Yang C, Zhang L, Hu N, et al. Journal of Power Sources, 2016, 302: 39-45.
[129] Zhao J, Wang F, Su P, et al. Journal of Materials Chemistry, 2012, 22: 13328-13333.
[130] Mahata P, Sarma D, Madhu C, et al. Dalton Transactions, 2011, 40: 1952-1960.
[131] Zhang C, Xiao J, Lv X, et al. Journal of Materials Chemistry A, 2016, 4: 16516-16523.
[132] Cao X, Zheng B, Shi W, et al. Advanced Materials, 2015, 27: 4695-4701.
[133] Yu F, Zhou L, You T, et al. Materials Letters, 2017, 194: 185-188.
[134] Zhang L, Zhang J, Liu Y, et al. Journal of Nanoscience and Nanotechnology, 2017, 17: 2571-2577.
[135] Sheberla D, Bachman J C, Elias J S, et al. Nature Materials, 2017, 16: 220-224.
[136] Li W H, Ding K, Tian H R, et al. Advanced Functional Materials, 2017, 27: 1702067.
[137] Côté A P, Benin A I, Ockwig N W, et al. Science, 2005, 310: 1166.
[138] Waller P J, Gándara F, Yaghi O M. Accounts of Chemical Research, 2015, 48: 3053-3063.
[139] Halder A, Ghosh M, Khayum M A, et al. Journal of the American Chemical Society, 2018, 140: 10941-10945.
[140] Wu S, Hui K S, Hui K N. Advanced Science, 2018, 5: 1700491.
[141] Hao C, Yang B, Wen F, et al. Advanced Materials, 2016, 28: 3194-3201.
[142] Martínez Periñán E, Down M P, Gibaja C, et al. Advanced Energy Materials, 2018, 8: 1702606.
[143] Ren J, Li L, Chen C, et al. Advanced Materials, 2013, 25: 1155-1159, 1224.
[144] Dalton A B, Collins S, Muñoz E, et al. Nature, 2003, 423: 703.
[145] Zhang P, Qin F, Zou L, et al. Nanoscale, 2017, 9: 12189-12195.
[146] Sung J H, Kim S J, Jeong S H, et al. Journal of Power Sources, 2006, 162: 1467-1470.
[147] Li, Lou Z, Chen D, et al. Small, 2018, 14: 1702829.
[148] Li L, Fu C, Lou Z, et al. Nano Energy, 2017, 41: 261-268.
[149] Zhou F, Huang H, Xiao C, et al. Journal of the American Chemical Society, 2018, 140: 8198-8205.
[150] Zhu G, Chen J, Zhang Z, et al. Chemical Communications, 2016, 52: 2721-2724.
[151] Chen X, Lin H, Deng J, et al. Advanced Materials, 2014, 26 : 8126-8132.
[152] Yang Z, Deng J, Chen X, et al. Angewandte Chemie International Edition, 2013, 52: 13453-13457.
[153] Wu Z S, Parvez K, Feng X, et al. Nature Communications, 2013, 4: 2487.
[154] Wu Z K, Lin Z, Li L, et al. Nano Energy, 2014, 10: 222-228.
[155] Liu W W, Feng Y Q, Yan X B, et al. Advanced Functional Materials, 2013, 23: 4111-4122.
[156] Zhai Y, Dou Y, Zhao D, et al. Advanced Materials, 2011, 23: 4828-4850.
[157] Chmiola J, Largeot C, Taberna P L, et al. Science, 2010, 328: 480.
[158] Liu S, Gordiichuk P, Wu Z S, et al. Nature Communications, 2015, 6: 8817.
[159] Kurra N, Ahmed B, Gogotsi Y, et al. Advanced Energy Materials, 2016, 6: 1601372.
[160] Cao L, Yang S, Gao W, et al. Small, 2013, 9: 2905-2910.
[161] Hou Y, Wang J, Liu L, et al. Advanced Functional Materials, 2017, 27: 1700564.
[162] Peng Y Y, Akuzum B, Kurra N, et al. Energy & Environmental Science, 2016, 9: 2847-2854.
[163] Kim H, Yoon J, Lee G, et al. ACS Applied Materials & Interfaces, 2016, 8: 16016-16025.

# 第4章 燃料电池

## 4.1 燃料电池现状与未来

### 4.1.1 概述

目前，人类对能源的需求量不断增加，同时化石燃料储存量不断减少以及化石燃料对环境污染日渐严重迫使全球各国都意识到“绿色能源”的重要性，重新对能源政策做出调整。在众多替代传统能源的研究中，氢能燃料电池脱颖而出并被该领域的研究者和产业者所认可。

氢能燃料电池是在将氢转化为电能和有用的热量的同时有效避免环境污染的发电装置。当氢能能够通过风能和太阳能等可再生资源绿色环保地生产时，整个能量利用体系将可以最大限度地保护我们的生存环境[1]。

国内环境保护意识的普遍提高和国际强制“低碳足迹”的发展趋势激发了能源政策与产业对环境友好型发电装置的兴趣。近年来，高效率、低噪声、良好的动态响应和对环境的低污染等因素使氢能燃料电池成为研究热点。另外，相比于风能和太阳能等一次能源，氢能燃料电池可以提供更稳定的电化学发电装置，在环保的前提下可以平稳地将氢燃料转化为电能输出。就众多的氢能燃料电池而言，在汽车动力、分布式发电和便携式电子应用领域，工作状态温和、启动速度快的质子交换膜燃料电池被广泛认为是最佳选择[2]。

早在 2017 年，美国能源部所主导研发的氢能燃料电池公共汽车动力系统已经有一部原型系统达到了 25000 h 累计实际运输工时，另外有 7 部达到了 1800 h 的累计实际运输工时。其实验性进展实例还包括用于机场包裹配送、码头运输的工具车动力系统和船载辅助动力系统等应用，且各实例均已走出实验阶段，在现场作业中进行了组装和测试[3]。不止美国，日本和韩国等主要经济体也在氢能燃料电池领域建立相对完善的产学研共同体，并都计划通过更多的研发来同时满足成本和耐久性目标，以在现实世界的客运服务中使用这些研究成果来取得新一代的技术优势[4]。今天的氢能燃料电池代表了可再生能源发展所向往的美好前景，同时还表现出非常明显的环境效益，但不可否认的是氢能燃料电池也面临很多技术和理论上的难题。

燃料电池（fuel cells），如图 4-1 所示，是一种以化学反应的方式将燃料中的能量转化为电能的装置，专业的化学名称为化学发电机[5]。燃料电池的结构与前面所知的二次电池（battery）非常相近，具有阴极、阳极及电解质，但因其使用燃料发电，因此就俗称燃料电池。燃料电池的发展始于 19 世纪英国 Grove 爵士，他通过铂电极和硫酸电解质液，成功组装成了第一个燃料电池的装置。随后，英国人 Mond 和助手 Langer 两人进一步改善反应面积，还将电化学反应概念导入其中，并创造了“fuel cells”名词；Ostwald 借助热力学理论，发展出燃料电池的电化学理论基础。氢和氧是维持燃料电池工作的基本燃料。燃料电池的最大优势在于发电的氢和氧最终会以无污染的水形式存在，但有一个弊端是单个燃料电池的输出电压较小，这使得燃料电池通常需要组装成如图 4-2 所示的电堆才能使用。

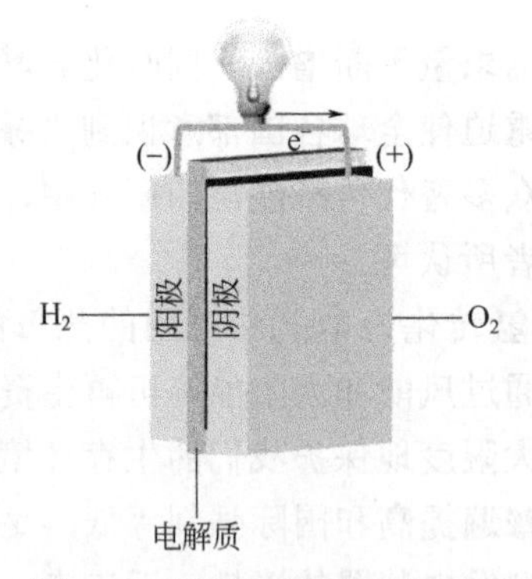


图 4-1　燃料电池的工作原理

## 4.1.2　燃料电池的现状

燃料电池根据其发生电化学反应性质的差异性可分为：碱性燃料电池（Alkaline fuel cell，AFC）、质子交换膜燃料电池（Proton exchange membrane fuel cell，

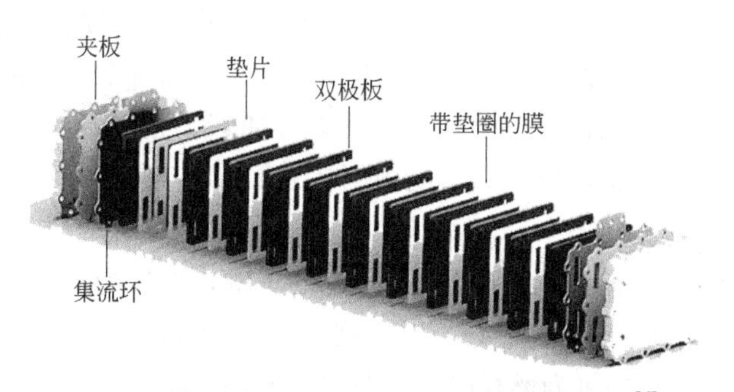


图 4-2 燃料电池单池堆叠成电堆结构示意图[6]

PEMFC)、磷酸燃料电池(Phosphoric acid fuel cell，PAFC)、熔融碳酸盐燃料电池(Molten carbonate fuel cell,MCFC)和固体氧化物燃料电池(Solid oxide fuel cell,SOFC)5 个大类。每种燃料电池的运行方式略有不同。但一般而言，氢燃料进入燃料电池的阳极，并在那里发生氧化反应失去电子。带正电荷的氢离子通过电解质隔膜到达阴极，同时带负电的电子通过导线提供电流来驱动连接外电路的电子设备工作。氧气在阴极处进入燃料电池，并且在一些电池类型中，它与从电路返回的电子和从阳极穿过隔膜的氢离子结合生成水。在其他电池类型中，氧气吸收电子然后通过电解质传播到阳极，在那里它与氢离子结合并完成反应。整个反应过程中电解质是一核心部件，电解质只能传输特定的离子，从而促使整个电池中电化学反应的正常进行，同时还得防止氢气与氧气的接触。无论最终在阳极还是阴极结合，氧气和氢离子一起形成水，并作为最终产物被排出。只要持续向燃料电池供应阳极的氢气和阴极的氧气，就能够持续对外电路供电。由于燃料电池通过化学方式而不是燃烧方式产生电力，因此它们不受卡诺循环限制，同时还可以利用来自外电路电子设备的废热进一步提高系统效率，这使得燃料电池在从燃料中提取能量方面具有更高的理论效率。

### 4.1.3 前景与挑战

AFC 已在载人航天飞行中成功应用，并显示出巨大的优越性。目前我国研制的航天用 AFC 与美国同类型航天用 AFC 相比差距很大。为适应我国宇航事业发展，改进电催化剂与电极结构，进一步提高电极活性是提升 AFC 效率的有效途径；改进石棉膜制备工艺，减薄石棉厚度，减小电池内阻，确保电池可在 300～600 mA/cm$^2$ 条件下稳定工作，并大幅度提高电池组比功率和加强液氢、液氧容器研制。

再生氢氧燃料电池（RFC）是在空间站用的高效储能电池，随着宇航事业和太空开发的进展，尤其需要大功率储能电池（几十到几百千瓦）时，会更加展现出它的优越性。这方面的研究我国还处于起步阶段，应把研究重点放在双效氧电极的研制上，力争在电催化剂与电极制备方面取得突破，为 RFC 工程开发奠定基础。

高比功率和比能量、室温下能快速启动的 PEMFC 作为电动车动力源时，动力性能可与汽油、柴油发动机相比，更重要的一点是它还表现出非常好的环境友好性。当以甲醇重整制氢为燃料时，每公里的能耗仅是柴油机的一半，与斯特林发动机、闭式循环柴油机相比，具有效率高、噪声小和红外辐射低等优点；在携带相同重量或体积的燃料和氧化剂时，PEMFC 的续航力最大，比斯特林发动机长一倍。百瓦至千瓦的小型 PEMFC 还可作为军用、民用便携式电源和各种不同用途的可移动电源，市场潜力十分巨大。尽管 PEMFC 具有高效及环境友好等突出优点，但目前仅能在特殊场所应用和试用。若作为商品进入市场，必须大幅度降低成本，使生产者和用户均能获利。若作为电动车动力源，PEMFC 造价应要和汽油、柴油发动机相比；若作为各种便携式动力源，其造价必须与各种化学电源相当。在降低 PEMFC 成本方面，目前已经取得突破性进展。通过改进电催化剂和电极制备工艺，特别是电极立体化工艺的诞生，PEMFC 电池 Pt 的用量已经降低至小于 1 g/kW。另外，Ballard 在降低膜成本方面也取得了标志性的成果，其研发的氟苯乙烯聚合物膜的运行寿命已超过 4000 h，而膜成本仅为 50 美元/$cm^2$。为降低双极板制造费用，国外正在开发薄涂层金属板、石墨板成型技术和新型电池结构。

为加速我国 MCFC 开发，我国可充分利用本土的资源优势，深入研究低 Pt 含量合金电催化剂和电极内 Pt 与 Nafion 的最佳分布，进一步提高 Pt 利用率、降低 Pt 用量，开发金属表面改性与冲压成型技术，低成本、部分氟化、含多元磺酸基团的质子交换膜，甲醇、汽油等氧化重整制氢技术，以及抗 CO 中毒的阳极催化剂。

对于 SOFC，中温（800～850℃）的 SOFC 电池可以有效地减少 SOFC 对材料的要求。有效途径之一是通过制备薄（小于 35 μm）而致密的 YSZ 膜；二是探究新型中温固体电解质，进而加速 SOFC 发展。

质子交换膜燃料电池、固体氧化物燃料电池相比于以上的其它类型燃料电池，因具有较高的能量转化率、对环境友好、启动速度快等特点，因此被认为是目前解决能源危机与环境污染最有前景的方法之一。所以在本章节中我们将以 PEMFC 与 SOFC 为代表介绍燃料电池。

# 4.2 质子交换膜燃料电池

## 4.2.1 质子交换膜燃料电池工作原理

PEMFC 通过将氢气与空中的氧气结合成对环境无污染的水同时释放出电能的一项新能源技术，目前在航天飞机和汽车等领域都有实际应用。另外，美国能源部给出的最新 PEMFC 成本数据显示：PEMFC 系统成本已经降至 55 美元/千瓦，其在实验室环境中能持续续航 5000 h，并且其电压劣比要低于 10%，在满功率状态下系统的效率已经达到 53%。

PEMFC 通过利用外部供给的燃料（氢气与氧气）和氧化剂（氧气）的化学能产生电能。图 4-3 给出了一个单 PEMFC 和由多个 PEMFC 组成的 PEMFC 电堆

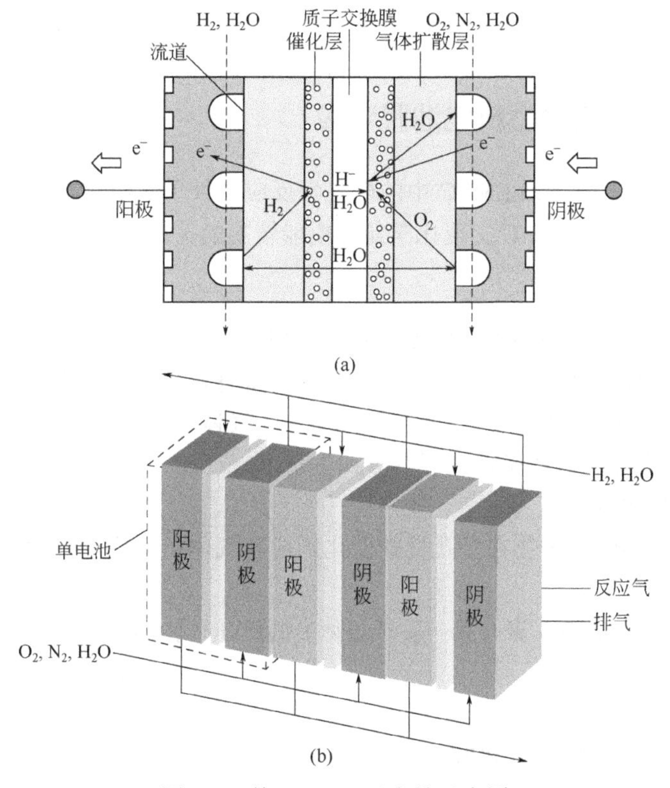


图 4-3　单 PEMFC 及电堆示意图

的示意图。通常，一个燃料电池由阳极、阴极和质子交换膜组成。在阳极，氢气通过流道经气体扩散层到催化层，在阳极的催化层，氢气分解成质子（氢阳离子）和电子，质子再通过质子交换膜到阴极。但是，电子不能通过质子交换膜，电子须通过一个外部的电路到达阴极，进而产生电能。与此同时，在阴极侧，空气或氧气通过气体通道经过气体扩散层到催化层。在阴极的催化层，氧气和阳极侧的氢离子和电子反应，产生水和热。由于阳极和阴极水浓度和压力的差异，质子通过交换膜，水可以双向通过交换膜。单个燃料电池通常经串联形成燃料电池堆以达到所需的电压。如图 4-3（b）所示，三个单燃料电池串联，供应的气体通过进口歧管分给单燃料电池，排出的气体需通过出口歧管排出。

在阳极侧，氢气分解成质子和电子的反应叫作氢气氧化反应（HOR），反应式见式（4-1）；在阴极侧，氧气、质子和电子生成水的反应叫作氧气还原反应（ORR），反应式见式（4-2）；氧化反应是弱吸热反应，还原反应是强放热反应，因此总的反应产生热，反应式见式（4-3）。

阳极：$$2H_2 \longrightarrow 4H^+ + 4e^- \tag{4-1}$$

阴极：$$O_2 + 4H + 4e^- \longrightarrow 2H_2O \tag{4-2}$$

总反应：$$2H_2 + O_2 \longrightarrow 2H_2O \tag{4-3}$$

## 4.2.2 质子交换膜燃料电池膜电极

膜电极（MEA）为 PEMFC 中的电化学反应提供了质子、电子、反应气体和水的连续通道，是 PEMFC 实现化学能与电能转换的关键部件，直接影响 PEMFC 的性能和寿命。

### 4.2.2.1 质子交换膜燃料电池膜电极组件结构

膜电极组件（图 4-4）作为 PEMFC 的核心部件，其组成成分包含气体扩散层（包括微孔层结构）、质子交换膜、催化层[7]。气体、质子及电子的传输通道是 PEMFC 正常运行的必备条件，其具体如下：

（1）物料传输通道

反应气体和气体产物在多孔性的催化剂层和气体扩散层中传输。

（2）质子传输通道

催化层中沿 Nafion 聚合物（质子导体）的质子传输通道，并且质子只能从阳极传递到阴极。

（3）电子传输通道

电子先是依靠 Pt/C 催化剂传输到达气体扩散层，再最终到达外电路。其中气体扩散层通常由基底层和微孔层两部分组成。基底层通常是由多孔的碳纸、碳布组成，其厚度约为 100～400 pm，它主要起支撑微孔层和催化层的作用。微孔层通常是为了改善基底层的孔隙结构而在其表面涂制的一层碳粉层，厚度约为 10～100 pm，其主要作用是降低催化层和基底层之间的接触电阻，使气体和水发生再分配，防止电极催化层“水淹”，同时防止催化层在制备过程中渗漏到基底层。

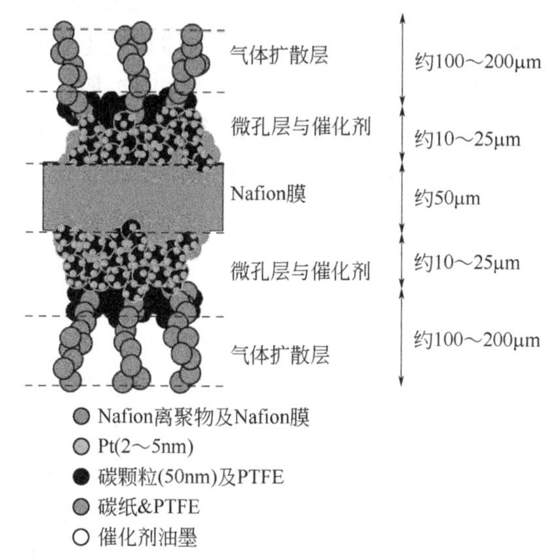


图 4-4　质子交换膜燃料电池膜电极组件结构示意图[7]

质子交换膜的主要作用是选择性传输离子，只传导质子且阻隔电子，当前普遍使用的是全氟磺酸型质子交换膜——Nafion 系列。

一般来讲，要求质子交换膜电导率达到 0.1 S/cm 以上，同时具有低的反应气体渗透系数和较好的机械强度，这样才有利于膜电极制备、电池组装及膜电极循环使用。催化层是由 Pt/C 催化剂和黏结剂组成的多孔结构。催化层内的离子聚合物（Nafion）不仅是催化剂颗粒间的黏结剂，而且为电化学过程中产生的质子提供传输通道。催化剂的浆液中通常会添加一些聚四氟乙烯（PTFE），来增加孔道的疏水性，降低电极“水淹”的可能性。催化层厚度约为 10～20 μm，该层主要作用是固定催化剂颗粒，构建结构良好的三相反应界面。催化层是膜电极的核心部分，既是电化学反应的场所，同时也为质子、电子、反应气体和水提供运输通道，其结构对 PEMFC 的成本及性能有很大的影响。

#### 4.2.2.2　质子交换膜燃料电池膜电极研究进展

由于膜电极是电化学反应发生的场所，所以有关膜电极的制备方法、组装工艺、物化特性、使用材料和运行条件等都会对 PEMFC 的性能产生重要影响。膜电极制备技术发展至今，主要的研究集中在电极界面结构设计，其中电极结构由无序状态慢慢转向有序状态发展。GDL 法是通过将催化剂浆料整合到经过预处理的扩散层上，从而制得多孔气体扩散电极，再将多孔气体扩散电极与预先处理过的膜材料通过热压形成 MEA，该法制备的催化层较厚，而且铂利用率较低。另外，CCM 法是在质子交换膜两侧通过转印法或者直接喷涂法整合上催化层，形成三合一膜电极，该法制得的催化层相对较薄，厚度在 10 pm 左右[8]。目前 GDL 法和 CCM 法在实验室及商业界都有使用。通常多孔气体扩散电极往往会加入疏水性的聚四氟乙烯（PTFE），这在一定程度上能促进气体的扩散，但会带来阻碍电子传导的弊端；同时聚合物会包裹催化剂进而降低其催化性能；电池长时间运行过程中催化层容易从质子交换膜表面脱落，电极寿命降低。传统膜电极催化层均属多孔复合电极，催化层中物质与孔隙的分布均为无序状态，催化层的传质过电位占 PEMFC 总传质过电位的 20%～50%。基于此，膜电极的梯度设计和有序设计方案被提出以期能够进一步提高膜电极的性能和寿命[9]。

燃料电池实际运行过程中，由于膜电极内部电压、电流、温度、氧气浓度及水分含量等的分布不均匀，因此制备一种带梯度结构的催化剂层，可以很好地平衡电极结构与运行条件、贵金属使用量与电极性能的关系。在靠近质子交换膜的一侧 Pt 负载量和 Nafion 含量较高，增加了与电解质的接触面积，缩短了质子传输路径；而在催化层与气体扩散层的界面，孔径较大，Nafion 含量较少，孔不容易被 Nafion 覆盖，促进了反应气的扩散和水的排除，使欧姆电阻降低。无论是 GDL 法、CCM 法还是膜电极的梯度化设计，电极内部催化剂纳米颗粒、Nafion 质子导体及孔隙结构均是随机的无序分布，很大程度上降低了催化剂的利用率，同时增加了传质阻力。基于此，将纳米阵列结构及多孔结构引入到膜电极制备过程，实现电子、质子、传质通道有序，电极三相反应界面的最大化，同时有效降低贵金属载量，提升电极结构稳定性。

#### 4.2.2.3 质子交换膜燃料电池膜电极界面结构设计

燃料电池内部是一个多相耦合反应过程，膜电极内部是一个电化学反应过程，涉及到多个反应界面，当前大多数研究聚集于催化剂层内传统的三相反应界面结构设计。

（1）膜电极催化层梯度化设计

研究表明，传统方法制备的均相催化层并不是燃料电池最优性能的理想结构。如图 4-5 所示，Xie 等人[10]通过对比具有 30%（质量分数，下同）Nafion 的均相催化层和 2 种正反 Nafion 梯度的催化层（20%-30%-40% Nafion，从扩散层向质子交换膜或反之亦然），测试结果发现 Nafion 负载较高的梯度催化层具有更高的功率，并且高 Nafion 负载的催化层表现出更高的质子电导率；孔隙率测量结果表明，低的 Nafion 负载量，接近 GDL 的孔体积分数较高，降低了传质阻力。值得一提的是，在中等和高电流密度条件下，与均匀样品以及具有倒 Nafion 梯度的样品相比，正 Nafion 梯度的样品质子传输能力提升更显著。

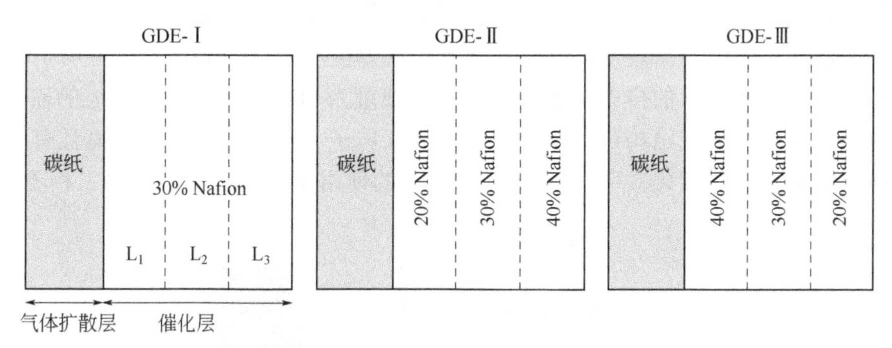


图 4-5 Nafion 含量均相及梯度含量的膜电极示意图[10]

考虑到催化剂层内的反应速率不均匀，Taylor 等人[11]对催化层内 Pt 分布采用梯度负载的方法进行优化，如图 4-6 所示。实验结果表明 Pt 的梯度分布能有效地提升电池性能，特别是在大电流密度区间，说明电极内部的传输得到了改善。

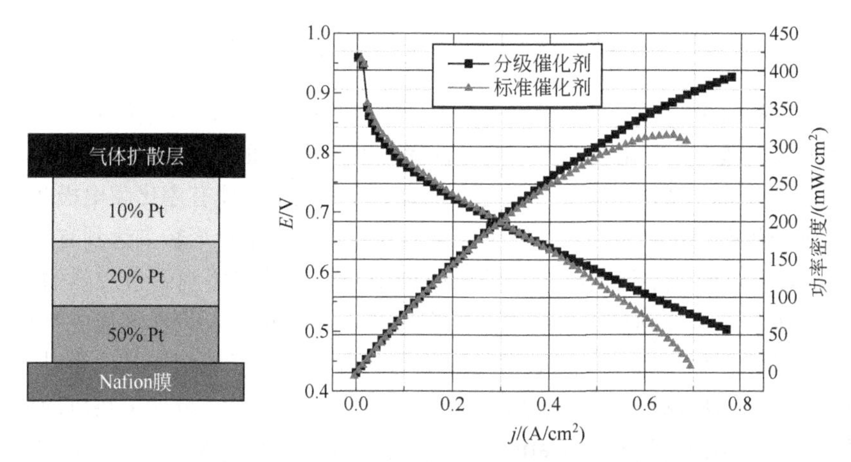


图 4-6 膜电极催化层 Pt 负载量梯度设计及电池性能对比

总之，催化层的梯度设计（Pt 和离子聚合物含量）可以优化质子交换膜到催化层和催化层到扩散层的电学性能，另外，上述实验结果都表明催化层和质子交换膜是一个整体而不是不同且分离的个体。

（2）膜电极催化层有序化设计

包括梯度化膜电极在内，其催化层都是催化剂（电子导体）与电解质溶液（质子导体）按一定比例混合制备而成，质子、电子、气体和水等物质的多相传输通道均处于无序状态，存在着较强的电化学极化和浓差极化，制约膜电极的大电流放电性能。基于此，Middelman 等[12]在 2002 年首次提出理想的膜电极结构，如图 4-7 所示。电极中，电子导体垂直于膜，同时电子导体表面上附着粒径约为 2 nm 的铂颗粒。电子导体外又涂覆了一层质子导电聚合物层，该质子导体层也同时垂直于膜取向。理论计算表明，质子导体薄层的厚度小于 10 nm，气体更易扩散至三相界面以及产物水的排出，Pt/C 催化剂负载量为 20%便可以满足电池的需求。所以说，其有序微观结构可以实现传质通道（电子、质子及物料）分离且有序，进而提高催化剂的催化效率、降低贵金属 Pt 的使用量以及增加反应的三相界面。

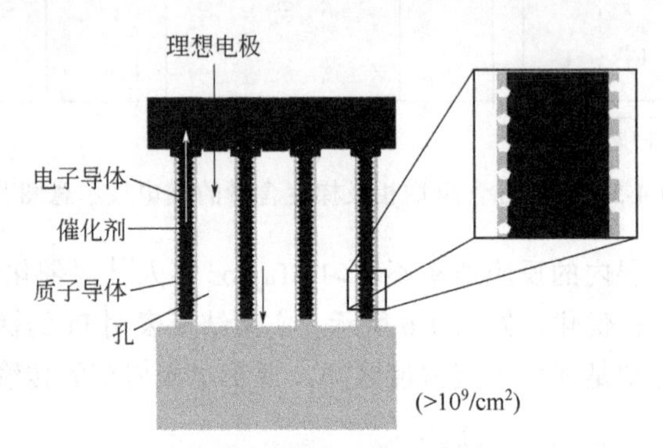


图 4-7　理想膜电极有序化结构示意图[12]

目前，商业化的有序膜电极只有 3M 公司的 NSTF 电极，其它大部分都还处于实验室研发阶段。有序化膜电极不仅可以优化电子传输通道，同时还可以优化质子传输通道，因此可以分为质子导体有序化膜电极和电子导体有序化膜电极两大类，其中电子导体有序化膜主要是通过催化剂载体或催化剂本身形貌来达到有序效果。

① 电子导体有序化膜电极　纳米阵列结构是目前有序制备最成熟的制备方法，垂直碳纳米管阵列被用作膜电极的有序制备。Tian 等人[13]通过化学气相沉积和等离子体增强化学沉积法在铝箔基板成功制备出了垂直碳纳米管，通过物理溅射的方法将 Pt 纳米颗粒催化剂添加至垂直碳纳米管薄膜上，最后用热压的方法将有序化电极从铝箔上转移到 Nafion 膜上，并装配成电池，整个工艺过程如图 4-8 所示。用这种方法制备的 MEA 燃料电池，其 Pt 负载量可降至 35 μg/cm$^2$，与商业 Pt 催化剂负载在 400 μg/cm$^2$ 碳粉上的性能相当。Murata 等制备的有序碳纳米管阵列，Pt 负载量为 0.1 mg/cm$^2$ 时，在 0.6 V 条件下电流达 2.6 A/cm$^2$ 时，表现出良好的电化学性能。

Zeng 等[14,15]通过结合水热和物理气相沉积方法，成功制备出含有 PtCo 双金属纳米管阵列的超薄催化剂层，如图 4-9 所示，其直径约为 100 nm，并直接与质子交换膜垂直，最后形成约 300 nm 厚度的催化剂层。简单的热退火方法被用来在 Pt 中掺杂 Co，进而提高催化层的反应活性。另外，不含黏合剂的催化层，其

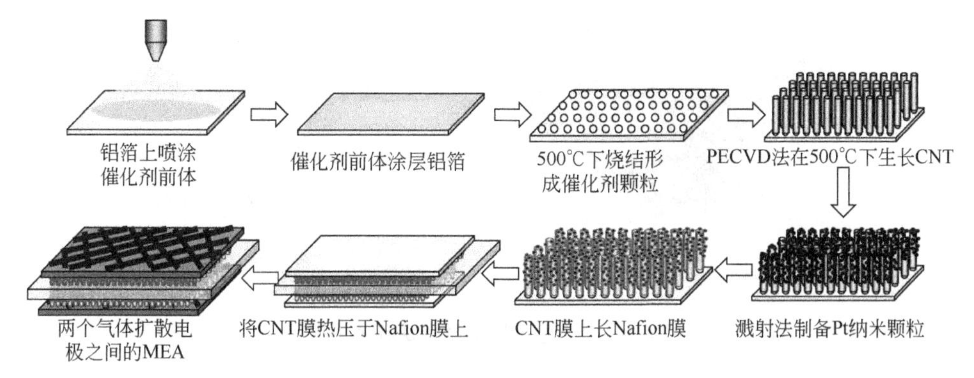


图 4-8 垂直碳纳米管有序膜电极制备工艺示意图[13]

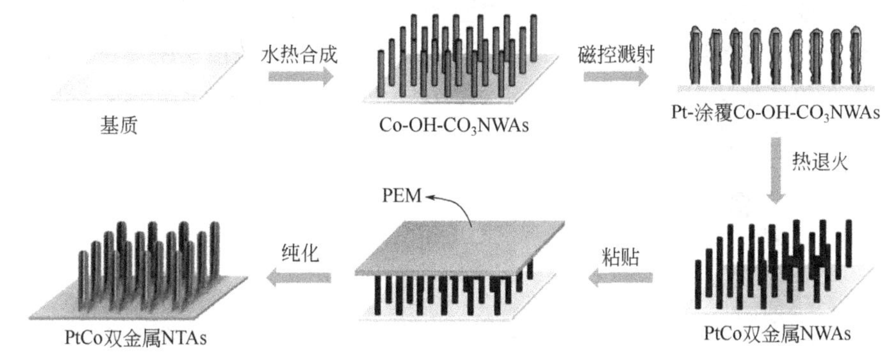


图 4-9 PtCo 双金属纳米管阵列超薄催化剂层[14]

催化活性会大幅提升，进而增强 PEMFC 的传质效果。作为阴极使用时，最大功率密度可达到 14.38 kW/g，而阴极铂载量仅为 52.7 μg/cm$^2$，比常规膜电极高 1.7 倍。加速测试实验表明所制备的纳米结构超薄催化剂层比常规膜电极具有更好的稳定性。

② 质子导体有序化膜电极 Nafion 是 PEMFC 内部的主要质子传输通道，并且纳米线的 Nafion 及纳米阵列的 Nafion 是有序传输通道的研究热点。纳米线或纳米阵列的 Nafion 有利于质子的传输，进而减小电极内部的离子传输阻抗。

#### 4.2.2.4 质子交换膜/催化层界面结构设计

增强质子交换膜与催化层界面的黏附和接触，有利于延长燃料电池的耐久性，相比于传统膜电极，其功率密度有明显的提高。如图 4-10 所示，Jang 等人[16]通过简易的拉伸与压印技术，将多尺度图案化结构引入到催化剂层与膜之间，进一步通过惰性的薄金层降低甲醇的渗透。相比于传统膜电极，电极的质量传输量增大，活性位点明显增多，钼的利用率提高。甲醇燃料电池测试结果显示，该电池比平坦膜结构 MEA 的功率提高了近 50%。

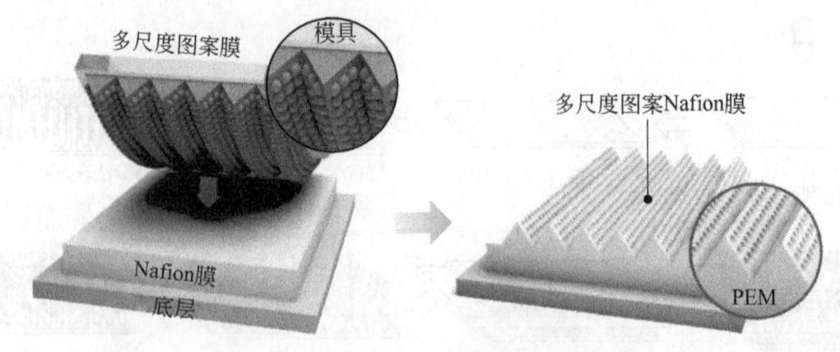


图 4-10　多尺度图案膜合成示意图[16]

Lee 等[17]通过采用面内流支通道的新型催化剂层来提高 PEMFC 的传输质子性能。该催化层是在表面功能化的基板上涂覆催化层浆料，再将干燥的催化层转移至膜上，最终得到面内流支通道的新型催化剂，合成示意图如图 4-11 所示。相比于平面的催化层，该催化层在大电流密度下的性能具有明显的提升，说明平面内通道更有利于传质。

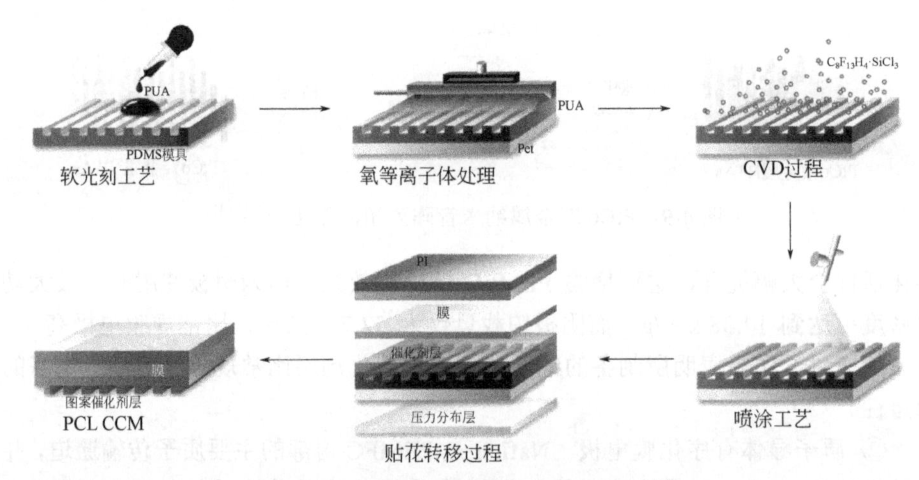


图 4-11　面内流动通道催化层示意图[17]

#### 4.2.2.5　制约膜电极性能和寿命的主要科学问题

低 Pt 载量、长寿命是目前膜电极研究所追求的目标，而实现该目标的关键在于催化层结构的创新，即要克服传统催化层中的“三传两反”的难题，建立稳定的三相反应界面。其中“三传”指的是气体（氢气与氧气）、质子与电子的传输过程，“两反”是指阳极上氢气所发生的氧化反应与阴极上氧气所发生的还原反应。在传统催化层中往往会出现连接电解质的传输通道、气体传输通道及催化剂间（Pt/C）的电子传输通道易于局部化，进而隔断传输通道，不可避免地存在大量的反应死区，最终会造成催化反应活性低，前面提到的三相反应界面小。另外，气体传质通道的无序化、大小不均，会带来反应速率与传质流量不匹配，进而会引起浓差极化现象。

由上可知，要提高膜电极性能和寿命，主要应从以下两方面着手：

① 如何通过 Pt 利用率最大化和传质改进，在保证 PEMFC 性能和寿命的基础上实现膜电极的低 Pt 结构设计；

② 如何设计和优化膜电极中催化剂/载体界面、气/液传质界面、质子交换膜/催化层/气体扩散层接触界面的结构，在提升性能的同时兼顾三相反应界面的耐久性。

### 4.2.3 质子交换膜的导电作用

质子交换膜燃料电池（PEMFC）利用质子导电材料作为电解质，与普通燃料电池相比，其室温下启动速度快，无电解质流失，具有高的比功率与比能量，因而在分散型电站、可移动电源及航空航天等领域获得了广泛的应用。质子交换膜（PEM）作为燃料电池的核心材料，其性能的高低直接影响燃料电池的稳定性和耐久性。

根据氟含量，可以将质子交换膜分为全氟质子交换膜、部分氟化聚合物质子交换膜、非氟聚合物质子交换膜、复合质子交换膜 4 类。其中，由于全氟磺酸树脂分子主链具有聚四氟乙烯（PTFE）结构，因而带来优秀的热稳定性、化学稳定性和较高的力学强度；聚合物膜寿命较长，同时由于分子支链上存在亲水性磺酸基团，具有优秀的离子传导特性。非氟质子膜要求比较苛刻的工作环境，否则将会很快被降解破坏，无法具备全氟磺酸离子膜的优异性能。这几类质子交换膜的优缺点如表 4-1 所示[18]。

**表 4-1 各类质子交换膜优缺点比较**

| 质子交换膜类型 | 优点 | 缺点 |
|---|---|---|
| 全氟磺酸膜 | 机械强度高，化学稳定性好，在温度大的条件下导电率高；低温时电流密度大，质子传导电阻小 | 高温时膜易发生化学降解，质子传导性变差；单体合成困难，成本高；用于甲醇燃料电池时易发生甲醇渗透 |
| 部分氟化聚合物膜 | 工作效率高；单电池寿命提高；成本低 | 氧溶解度低 |
| 新型非氟聚合物膜 | 电化学性能与 Nafion（聚四氟乙烯和全氟-3,6-二环氧-4-甲基-7-癸烯-硫酸的共聚物）相似；环境污染小；成本低 | 化学稳定性较差；很难同时满足高质子传导性和良好机械性能 |
| 复合膜 | 可改善全氟磺酸膜导电率低及阻醇性差等缺点，赋予特殊功能 | 制备工艺有待完善 |

全氟质子交换膜最先实现产业化。全氟类质子交换膜包括普通全氟化质子交换膜、增强型全氟化质子交换膜、高温复合质子交换膜。普通全氟化质子交换膜的生产主要集中在美国、日本、加拿大和中国，主要品牌包括美国杜邦（Dupont）的 Nafion 系列膜，陶氏化学（Dow）的 Dow 膜和 Xus-B204 膜，3M 的全氟碳酸膜；日本旭化成株式会社的 Aciplex 膜，日本旭硝子公司的 Flemion 膜，日本氯工程公司的 C 系列膜；加拿大 Ballard 公司的 BAM 系列膜；比利时 Solvay 公司的 Solvay 系列膜；中国山东东岳集团的 DF988、DF2801 质子交换膜。全氟质子交换膜的主要生产企业与产品如表 4-2 所示。

**表 4-2　全球质子交换膜企业与产品**

| 序号 | 企业 | 国家 | 产品 | 投产时间 |
| --- | --- | --- | --- | --- |
| 1 | Dupont | 美国 | Nafion 系列 | 1966 年 |
| 2 | Dow | 美国 | Xus-B204 | |
| 3 | 3M | 美国 | 全氟磺酸离子交换膜系列 | |
| 4 | Gore | 美国 | 全氟磺酸离子交换膜系列 | |
| 5 | 旭硝子 | 日本 | Flemion F4000 系列，氯工程 C 系列 | 1978 年 |
| 6 | 旭化成 | 日本 | Aciplex F800 系列 | 1980 年 |
| 7 | Solvay | 比利时 | Solvay 系列 | |
| 8 | Ballard | 加拿大 | BAM 系列 | 1983 年 |
| 9 | 东岳 | 中国 | DF988、DF2801 | 2009 年，2012 年 |

#### 4.2.3.1　Nafion®膜

目前使用最广泛的质子交换膜材料是由杜邦公司生产的全氟磺酸 Nafion 膜，从图 4-12 可以看出，全氟磺酸膜由疏水性的聚四氟乙烯主链组成疏水相，亲水性的磺酸基团形成亲水相。在湿度环境下，亲疏水相发生相分离形成一种胶束网络结构，其中疏水的主链结构分布在胶束的外围隔离膜的表面水与膜内的离子团簇，膜内的离子团簇形成质子传输通道。

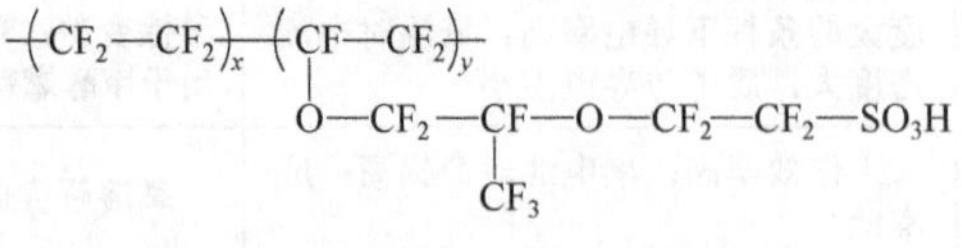

$$-\!\!\left(CF_2-CF_2\right)_x\!\!-\!\!\left(\underset{\underset{\displaystyle O-CF_2-\underset{\underset{\displaystyle CF_3}{|}}{CF}-O-CF_2-CF_2-SO_3H}{|}}{CF}-CF_2\right)_y\!\!-$$

图 4-12　Nafion 膜化学结构

在全氟质子交换膜内，质子的迁移是通过水合质子从一个固定的磺酸根位置跃迁到另一个固定的磺酸根位置来实现的。质子的迁移速度与可移动的质子数量、固定的磺酸根相互作用以及膜的微观结构等因素密切相关。全氟磺酸质子交换膜优异的电化学性能主要来自它的分子结构特点：①磺酸根离子通过醚支链固定在全氟主链上，最大限度地减少了阴离子在铂催化剂上的吸附；②高电负性的氟原子取代氢原子，强的吸附电子作用增大了全氟聚乙烯磺酸的酸性，从而增强了材料的离子导电性；③由于 C—F 键的键能（485 kJ/mol）比 C—H 键的键能（401 kJ/mol）高，同时氟原子紧密包裹 C—C 主链，保护碳骨架不被氧化，因而全氟质子交换膜具有较高的热稳定性、化学稳定性以及电化学稳定性。

虽然全氟质子交换膜材料具有一系列优异的质子传导性能、卓越的化学稳定性、良好的机械性能，但仍存在以下缺点，限制了其在人类社会生产生活中的广泛应用[19,20]：

① 较低的玻璃化转变温度（$T_g$=130℃），限制了燃料电池的使用温度要低于80℃，严重阻碍动力学氧化还原反应效率的进一步提高，同时也增加了温度控制系统的操控难度，增加成本；

② 高温条件件质子交换膜材料会发生脱水效应，导致质子传导率大幅下降，阻碍了通过适当提高工作温度来提高电极反应速率和克服催化剂中毒的难题，限制电池使用温度低于 80℃；

③ 燃料渗透率较高，尤其对某些碳氢化合物燃料阻隔性较差，燃料容易透过膜电极到达电池正极，造成开路电压大幅减小，电池性能降低；

④ 生产成本高，制备工艺复杂危险，制备过程涉及多步氟化反应，增加危险系数，此外，含氟材料的降解产物都会对环境造成污染，对人类健康造成伤害。

#### 4.2.3.2 质子交换膜的改性

由于全氟磺酸膜在实际运用过程中存在着以上几点突出的弊端，无法满足燃料电池技术的需求。因此，在不降低膜的质子传导性能的前提下，科研工作者做了大量有关全氟磺酸膜的改性工作来弥补其上述不足。

Nafion 膜的质子传导性能具有很高的湿度依赖性，在低湿的环境中，Nafion 膜通常会出现脱水现象，导致膜的坍塌进而导致电导率的显著下降。经科研工作者多年的不懈努力，Nafion 膜改性工作取得了一些突破性的成果。一方面是支撑型复合膜的制备，将 Nafion 填充到多孔材料的孔道中，降低了 Nafion 的使用量进而降低膜的制备成本，但这种方法在降低其成本的同时也会带来一个低电导率问题。另外一方面通过加入保水性强的颗粒或基团（$SiO_2$、$TiO_2$、杂多酸与咪唑基等）以及用非挥发性酸（磷酸、硫酸）替代水溶剂等方法来提高膜在高温低湿环境下的质子电导率。亲水性氧化物掺杂自增湿复合膜一般利用 $SiO_2$、二氧化钛（$TiO_2$）等亲水性氧化物粒子对膜材料进行掺杂，由于这些亲水粒子的存在，质子交换膜可吸收电池反应过程中生成的水，进而保持质子膜的湿润。可通过亲水氧化物的含量、直径、晶体类型等因素调节成膜的增湿性能。

Yildirim 等人[21]向多孔的聚乙烯膜（Solupor®）引入 Nafion，由于 Solupor 的增强效果，得到的混合物相比于原 Nafion 膜具有更低的溶胀度与甲醇透过率，燃料电池测试结果显示其电池功率密度高达 90 mW/cm$^2$。Li 等人[22]选用具有较好热稳定性与大比表面积的 MIL-101（Cr）为框架材料，首先将植酸通过真空辅助法引入到 MIL-101 孔道中，再将植酸与 MIL-101 的复合物与 Nafion 膜复合制备出在低湿度环境（57.4% RH 与 10.5% RH）具有高质子电导率（$6.08\times10^{-2}$ S/cm 与 $7.63\times10^{-4}$ S/cm）的复合物膜，相比于纯 Nafion 膜其电导率有显著提高。Amjadi 等人[23]通过溶胶-凝胶方法成功将 $TiO_2$ 纳米颗粒引入到 Nafion 膜的亲水相中。当 $TiO_2$ 纳米颗粒掺杂量低于 3%时，复合膜的吸水性随 $TiO_2$ 颗粒的增加而升高，电池测试结果显示混合膜的最大功率密度高达 80 mW/cm$^2$。

#### 4.2.3.3 MOFs/COFs 晶状孔材料质子交换膜材料

金属有机骨架材料（MOFs）与共价有机骨架材料（COFs）在内的新兴晶状孔材料作为较有前景的质子交换膜材料而备受关注。它们可设计的框架结构与高的比表面积不仅可以有序地容纳不同的质子载体，同时还可以改变孔道中质子载体的浓度及迁移率。目前晶状孔材料的质子导体报道主要分为两类：①无水条件质子导体，通过借助水类似物（含氮化合物与非挥发性酸）作为质子载体来提高其质子导电性；②湿度条件下的质子导体材料，通过和水或溶剂分子形成有效的氢键网格来提高质子运输能力。

（1）无水条件质子导体

项生昌课题组[24]通过三氮唑形成的五核锌和对苯二甲酸为原料在 DMA 溶剂下，同时加入不同的有机羟基化合物［苯二酚（Hq）、环己二醇（Ch）、丁醇（Bu）］，得到一系列同构的化合物（FJU-31@Hq、FJU-31@Ch 与 FJU-31@Bu），这些化合物的交流阻抗测试结果（图 4-13）显示在−40℃的低温下，FJU-31@Hq 与 FJU-31@Ch 还表现出较好的质子电导率，其值分别为 $3.24\times10^{-6}$ S/cm 与 $1.17\times10^{-6}$ S/cm，这是首例观察到低温导电性的 MOFs。在整个测试过程中，FJU-31@Hq 化合物表现出更高的质子电导率与更宽的运行温度范围，这是由于 Hq 更低的 p$K_a$ 值（9.8），而低的 p$K_a$ 值促使 $H^+$运输更有效。从 FJU-31@Hq 与 FJU-31@Ch 的阿伦尼乌斯图中，可以看出这两个化合物具有较小的活化能，分别为 0.18 eV 与 0.19 eV，属于 Grotthuss 质子传导机理，因此两化合物属于快离子导体。另外质子导电性的循环测试表明，FJU-31@Hq 的电导率经升温-降温过程并没有观察到明显变化，表明其具有较好的稳定性。

咪唑因其较强的质子传导能力与较高的熔点等被认为是一种非常理想的质子载体材料。Kitagaw 课题组[25]报道了两例咪唑负载的 MOFs 复合材料，

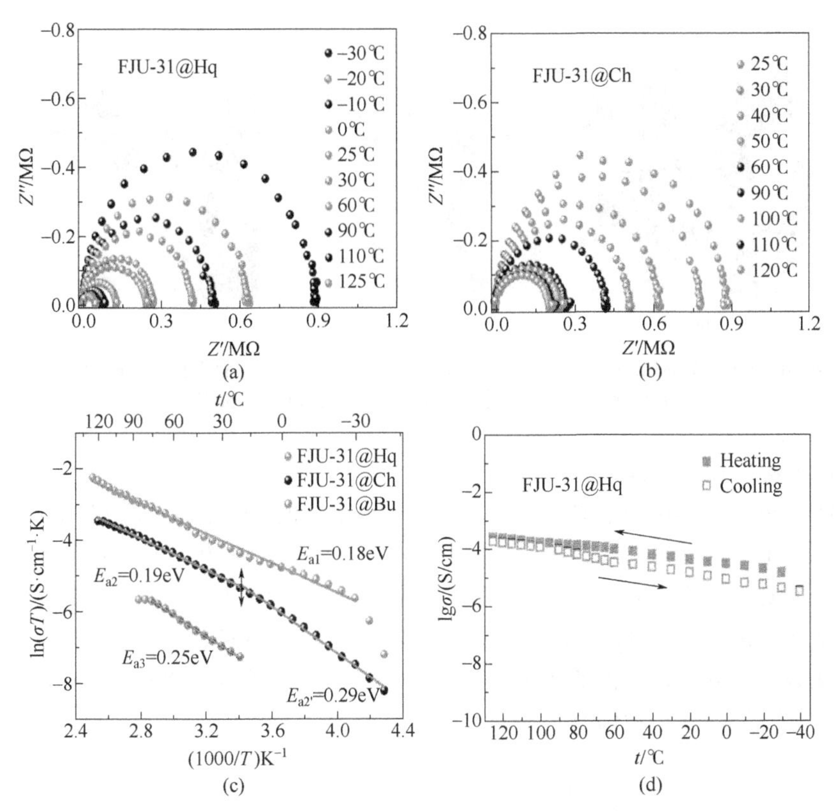


图 4-13　在无水条件下，（a）FJU-31@Hq 与（b）FJU-31@Ch 不同温度下的尼奎斯特图；（c）FJU-31@Hq、FJU-31@Ch 与 FJU-31@Bu 阿伦尼乌斯曲线；（d）FJU-31@Hq 质子导电率循环测试图[24]

Al($\mu_2$-OH)(1,4-ndc)（ndc=萘二羧酸）与 Al($\mu_2$-OH)(1,4-bdc)（bdc=对苯二甲酸）。两复合物在无水条件下的交流阻抗测试表明 Al($\mu_2$-OH)(1,4-ndc)在室温下质子电导率为 $5.5\times10^{-8}$ S/cm，随着温度的升高，在 120℃处质子电导率达到最大值 $2.2\times10^{-5}$ S/cm。尽管 Al($\mu_2$-OH)(1,4-bdc)框架中含有更多的咪唑，但其在室温下的电导率只有 $10^{-10}$ S/cm，在最高温度 120℃处，电导率也仅为 $10^{-7}$ S/cm，这种明显的差异性是由于咪唑与孔道中极性基团的相互作用造成的。如图 4-14 所示，在 Al($\mu_2$-OH)(1,4-ndc)中咪唑与框架没有强的相互作用，可以自由移动，而在 Al($\mu_2$-OH)(1,4-bdc)中由于咪唑与框架上的极性基团相互作用阻碍了孔道中咪唑的迁移。Jiang 等人[26]将咪唑与三氮唑负载到由 1,3,5-三(4-氨基苯基)苯（TPB）和 2,5-二甲氧基对苯二甲醛（DMTP）制备得到的介孔 COFs 中，得到了两例在高温区域具有高性能的质子导体材料，证明了大的介孔材料不是如以往的研究表明的不利于高质子导体材料的制备。130℃的高温条件下，Im@TPB-DMTP-COF 的电导率高达 $4.37\times10^{-3}$ S/cm。

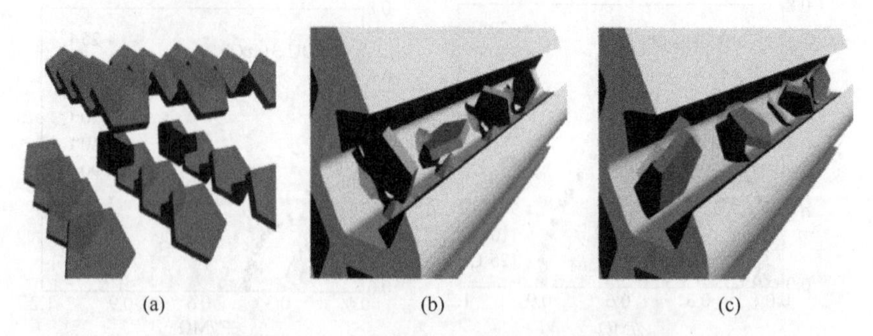


图 4-14 （a）本体咪唑堆积；（b）咪唑在具有极性位点的 Al-bdc MOF 中的堆积；（c）咪唑在没有极性位点的 Al-ndc MOF 中的堆积[26]

（2）湿度依赖性晶状孔材料质子导体

Banerjee 课题组[27]报道了首例具有质子导电性的 COFs 材料。如图 4-15 所示，三甲酰间苯三酚单体与 4,4′-偶氮二苯胺单体在席夫碱的催化下得到了具有一维孔道的三维 COFs 材料，该材料还表现出较高的热化学稳定性。将其泡在 1.5 mol/L 磷酸溶液中得到 PA@Tp-Azo 复合材料，在 67℃与 98%相对湿度的条件下，电导率为 $9.9\times10^{-5}$ S/cm。其高的质子电导率是由于偶氮基团易被磷酸质子化，同时可以与磷酸二氢阴离子相结合。

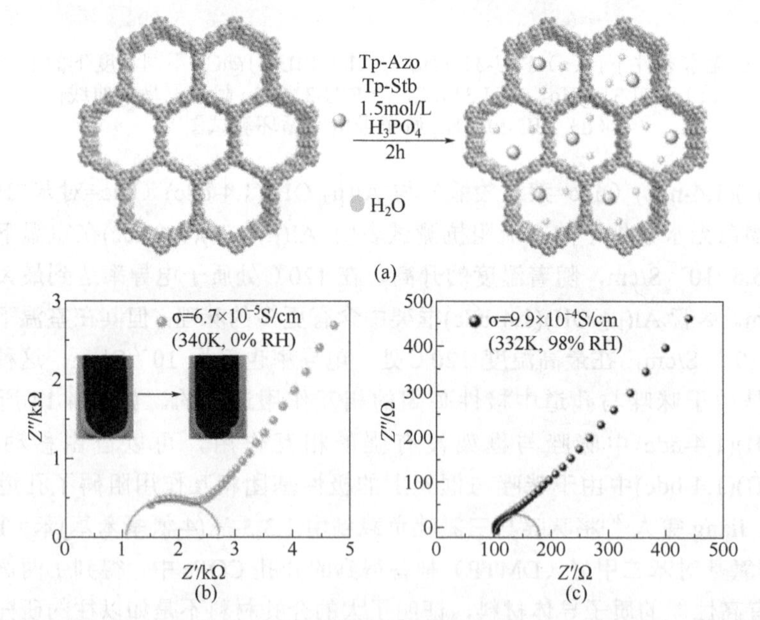


图 4-15 （a）PA@Tp-Azo 复合材料的合成示意图；（b）与（c）分别是 PA@Tp-Azo 在湿度环境与无水条件下的尼奎斯特图[27]

Kitagawa 课题组[28]通过硫酸亚铁与草酸合成了一种富含亲水基团羧基的亚铁 MOFs $Fe(OX)_2·2H_2O$（OX=草酸）。如图 4-16 所示，二价铁离子与草酸根配位形成一维链，再与水分子经氢键形成一个具有亲水通道的三维孔材料。该 MOFs 在 98% RH、25℃条件下电导率为 $1.3×10^{-3}$ S/cm。

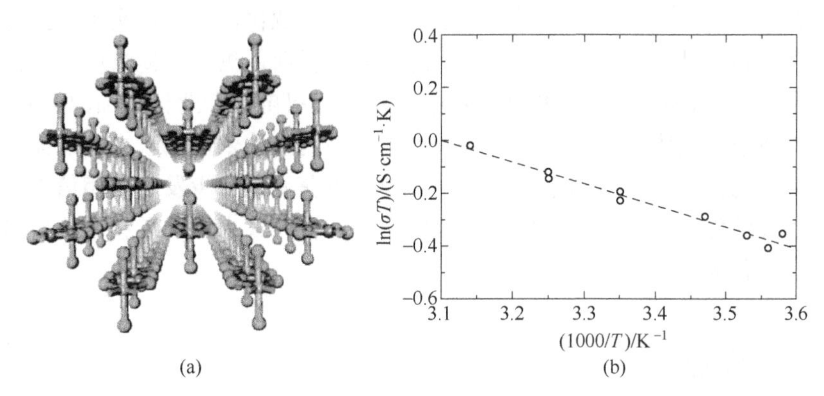


图 4-16 （a）$Fe(OX)_2·2H_2O$ 结构图；（b）$Fe(OX)_2·2H_2O$ 在 98% RH、25℃条件下的尼奎斯特图[28]

由 Ghosh 等人[29]报道了一例由阴离子框架的$[Zn_2(OX)_3]_n^{2-}$与硫酸铵阳离子$[(Me_2NH_2)_3SO_4]_n^{+}$合成含酸碱对（二甲基铵阳离子和硫酸根阴离子）的质子导电 MOFs $\{[(Me_2NH_2)_3SO_4]_2[Zn_2(OX)_3]\}_n$（图 4-17）。由于该 MOFs 中酸碱对（硫

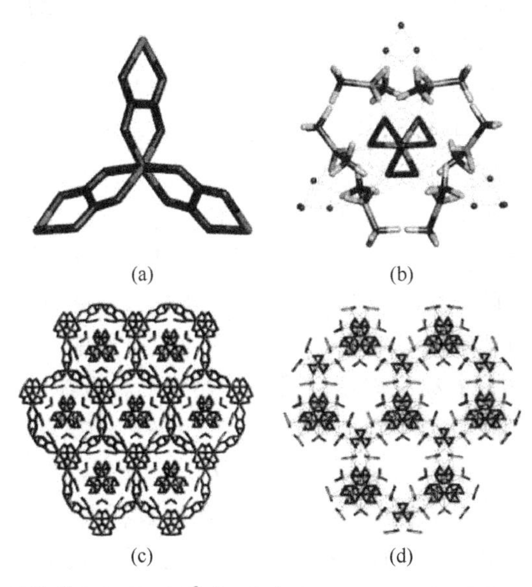


图 4-17 （a）D3 对称的$[Zn_2(OX)_3]^{2-}$与（b）$\{[(Me_2NH_2)_3SO_4]_2[Zn_2(OX)_3]\}_n$ 结构图；（c）二甲铵与硫酸根间的氢键图；（d）二甲铵与硫酸根氢键形成的超分子网格$[(Me_2NH_2)_3SO_4]^+$网格结构[29]

酸根与二甲铵离子）之间形成的有效质子传递氢键网格，该 MOFs 在 150℃的无水条件下表现出较好的质子电导率（$1\times10^{-4}$ S/cm）与较低的活化能（0.129 eV），并且在 25℃、98% RH 条件下质子电导率高达 $4.2\times10^{-2}$ S/cm。

质子交换膜是燃料电池的核心材料，质子交换膜性能的好坏将直接影响燃料电池产业化进程。为了实现燃料电池的实用化与产业化，人们在质子交换膜的制造工艺和材料改性方面已经进行了大量的研究。目前，进一步提高质子交换膜的使用耐久性、寿命和工作性能仍然是质子交换膜燃料电池产业化面临的主要任务。燃料电池质子交换膜市场还是一个新兴市场，国内外均未形成较大的规模。在燃料电池巨大的市场需求推动下，质子交换膜必将获得进一步发展。相信不久的将来会有更高性能、更低成本的质子交换膜产品问世，大力推动燃料电池技术的发展及其产业化应用。

## 4.2.4 水管理

### 4.2.4.1 水管理内容

水管理在 PEMFC 中诞生的原因是由于该类型电池中用了 Nafion 系的全氟磺酸隔膜。这类隔膜的应用需要特定的环境，如必须在高湿的环境下其才会表现出较好的质子传输能力[30,31]。一旦膜失水变干，质子无法有效地迁移，就会造成质子交换膜电阻增大，欧姆损失增加。同时，质子电导率低还会阻碍质子达到催化剂表面，使得催化剂层有效反应表面积下降，极化损失也会增大。另外膜干情况下还容易出现局部的热点。由于全氟磺酸膜在高温条件下并不稳定，局部的温度升高还会造成质子交换膜出现不可逆转的衰退甚至失效，比如出现脱层和穿孔[32,33]。因此对于全氟磺酸膜这种质子交换膜，增湿十分重要。但另一方面，车用燃料电池工作温度较低，一般不超过 100℃，电化学反应本身还要产生水，燃料电池内部不可避免地会有液态水生成。如果这些液态水不能通过水传递的方式快速排出燃料电池，就会进一步造成液态水在电极（催化剂层）和气体扩散层内的不断积累，产生所谓的水淹现象。水淹现象不仅会影响质子交换膜的性能，还会对耐久性造成影响。有研究表明，质子交换膜燃料电池诸多衰退现象，如 Pt 的有效表面积损失、质子交换膜的溶解腐蚀和污染、MEA 和 GDL 材料的变性以及金属双极板的腐蚀，都与液态水的存在有关[34]。此外，在温度低于零度的环境中，燃料电池内部留存的液态水会凝固结冰，结冰过程很有可能会破坏内部结构。膜干与水淹是车用燃料电池运行过程中常见的两类故障现象，与燃料电池的操作环境有关，一旦操作条件不当，就可能会引起水淹或者膜干[35]。

理想的水管理是要实现[36,37]：质子交换膜和催化剂层内的质子交换膜既要得到充分的湿润，同时也要避免大量液态水在电极、气体扩散层和流道位置的出现和积累，在膜干和水淹之间寻求平衡点来获取质子交换膜燃料电池的最优工作性能。研究质子交换膜燃料电池内部的水传递过程是提出完美水管理方案的前提和基础。对于质子交换膜燃料电池而言，水的来源有二：阴极电化学反应的生成水和反应气体带入燃料电池的水。电化学反应的生成水量可以由工作电流直接计算得到。而反应气体带入燃料电池的水分为通过外部增湿和不增湿两种情况，也可以通过测量进气湿度、温度和流量计算得到。相比而言，质子交换膜燃料电池内部的水传递过程则十分复杂。首先，与其他进入燃料电池的气体组分（如氢气、氧气和氮气）不一样，水在燃料电池各个部件位置中存在多个不同的状态，水的状态差异受到燃料电池各个部件的材料差异、局部工况差异的影响。天津大学的焦魁教授对质子交换膜、催化剂层、气体扩散层和流道内水的主要状态和主要相变过程进行了总结，正常工作温度条件下的结果如图 4-18 所示[38]。质子交换膜内存在与 $H^+$以氢键形式绑定的水分子（$H^+$来自磺酸基团）和液态水，在正常工作温度下都可以非冻结膜中水（non-frozen membrane water）来归类。在气体扩散层的孔隙中和双极板的流道内，水一般以气态水（水蒸气）和液态水形式出现。催化剂层由于连接了质子交换膜和气体扩散层，所以催化剂层中可能会同时出现非冻结膜中水（在质子交换膜中）、气态水和液态水。

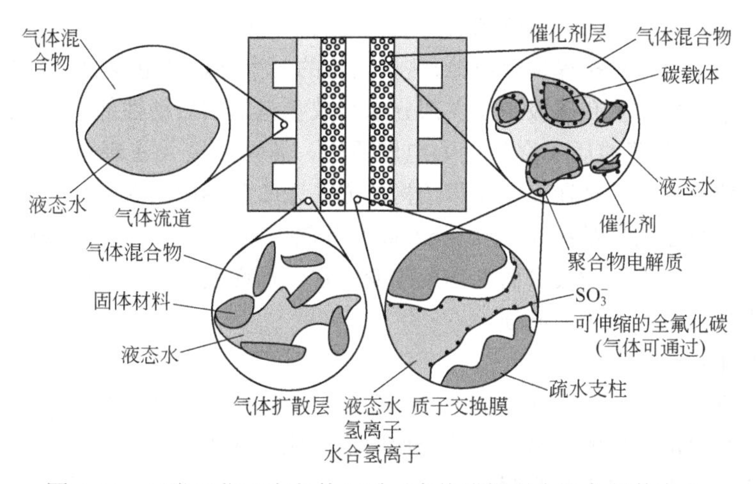


图 4-18　正常工作温度条件下质子交换膜燃料电池各部件内水状态和主要相变过程[38]

水的不同状态也意味着物质传输方式的差异，甚至在同一区域也会同时存在多个不同形式的水传递过程，质子交换膜燃料电池内部的主要水传递过程如图 4-19 所示[39]。多个物理状态、多个复杂的物理过程相互耦合影响，使得质子交换膜燃料电池的水传递过程研究相对困难且极富挑战性。

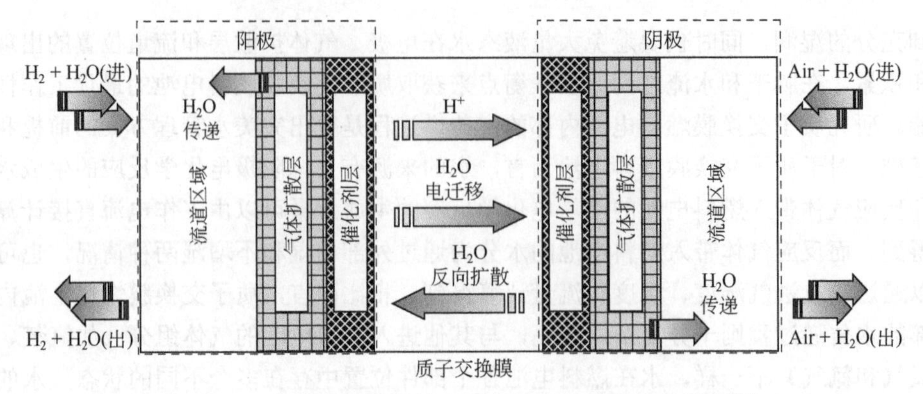


图 4-19 质子交换膜燃料电池内部的主要水传递过程[39]

#### 4.2.4.2 水管理方式

有效水管理途径普遍采用的方法主要有三种：①电池结构内部优化法，其中包含 MEA 结构优化；②排水法；③反应气体加湿法。

（1）电池结构内部优化法

由于 PEMFC 工作过程要产生一部分水，因而实现有效水管理的一个目标就是如何利用并控制这部分水。通过改变导流板的结构，可以利用反应生成水来防止膜失水，采用一个多孔的碳极替代传统的刻有导流槽的极板，碳极要保证足够高的孔隙度，以便反应气体能顺利到达催化层，同时，也起到热交换的作用。反应气体可在室温下直接提供给电池，这种结构的一个不足是电池的启动性能较差。不过可通过预先向多孔碳极中注入部分水来改善电池的启动性能[40]。Watanabe 等人[41]通过采用较薄的质子交换膜为电解质时，膜两侧会发生轻微的氢和氧的渗漏，于是他们提出一种通过改变膜结构的方法来改善膜内的含水量。这种方法的基本原理是将超细铂微粒（1～2 μm）高度分散于 Nafion 膜中，使膜两侧微量渗漏的氢和氧在这些铂微粒表面催化反应变成水，从而使膜内保持一定的含水量，避免了由外部增湿带来的麻烦。

（2）排水法

PEMFC 的排水法有两种：一种是液态排水；另一种是气态排水。液态排水主要是提高电池阴极的防水性，从而使阴极一侧的水以液态形式经过阴极液体通道直接排放出来，但不阻塞阴极气体通道。液态排水或多或少会损失一部分阴极区的反应面积，同时增强阴极极化。考虑到 PEMFC 的极化主要集中在阴极，因此采用直接阴极液态排水并不是最佳选择。气体排水是指通过改进电池结构，使电池内部由阴极至阳极形成一定的水浓度梯度，这样阴极产生的水可以反扩散回阳极，并随阳极尾气以气态形式排放出来。由于这种方法是通过阳极排水，因而对阴极极化影响较小，电池性能也较高。

（3）反应气体加湿法

为防止质子交换膜失水而导致 PEMFC 性能下降，在排放阴极生成水的同时，还需要对进入电池的气体进行适当的加湿处理。PEMFC 电堆一般容易干燥。因为氢电极一面，水会随 $H^+$迁移而迁移到氧电极一面。而在氧电极一面，用空气中氧作氧化剂时，空气的流量较大，因此，会把氧电极一面吹干。所以，在 PEMFC 堆中，一般采用增湿的方式来控制水。常用的增湿可分为外增湿方式和内增湿方式。

① 外增湿方式

a．鼓泡法　将反应气体通过水温可控的鼓泡器进行增湿，称为鼓泡法。这种方法一般适用于实验室使用，而不适用于实际的电池系统。

b．喷射法　将水喷射到反应气中来使反应气增湿，称为喷射法。这种方法需要加压泵和阀门等，这些设备要消耗能量，但该技术比较成熟，一般在大型 PEMFC 电堆上广泛使用。

c．自吸法　该法在电极的扩散层中，加入灯芯，这些灯芯浸在水中，将水直接吸入 Nafion 膜中。这种方法可实现膜湿度的自我调节，缺点是灯芯的使用增加了电池的密封难度，因此，这种方法很少使用。

② 内增湿方式　相对较好的内增湿方式是让空气和氢气呈逆向流动排列，各干燥的反应气在进入电池后从膜中吸收水分，而膜要从电池的潮湿反应气中吸收水分，在电池组内部形成水循环，从而使安全操作成为可能。

### 4.2.5　质子交换膜燃料电池需解决的关键问题

PEMFC 作为新一代的发电技术，以其特有的高效率和环保性引起了全世界的关注，但至今还有诸多因素限制其发展。

（1）价格问题

从 PEMFC 的发展历程可以看出，PEMFC 的高价格严重影响了其商业化进程。美国能源部认为，汽车用 PEMFC 的最终价格达到 50～100 美元/kW，才能有竞争能力，因为现在内燃机的价格为 50 美元/kW 左右。另外，除了 PEMFC 电动车本身造价高的原因外，其使用时所需的燃料氢气价格高也致使其运行成本远高于燃油汽车，这进一步妨碍了 PEMFC 的商业化。

（2）氢源问题

目前，氢源也是限制 PEMFC 发展的一个问题。做氢源的办法有许多，但常用的有 3 种办法：一是高压钢瓶储氢，这种方法危险性较大，而且储氢量较少；二是甲醇等的高温热解制氢，这种方法的缺点是产生的氢气内会含能使 Pt 催化剂中毒的 CO，而且当反应在高温进行时，不利于间歇工作；三是用储氢材料做氢源，其可逆储氢量较低，只有 2%左右。

（3）低温性能问题

PEMFC 含水，在 0℃以下会结冰而使电池不能启动。这个问题解决起来比较困难，虽然目前大量的人力及物力投入到相关方面的研究中，但还没有很好的解决办法。

（4）贵金属资源问题

PEMFC 大规模使用后，会有作为催化剂的贵金属的资源匮乏问题。

（5）运行寿命问题

汽车用电池的目标寿命为 5000 h，家用 PEMFC 的目标寿命为 40000 h。目前，实验室内运行的 PEMFC 寿命可达 10000 h，还远远达不到家用 PEMFC 的目标。表面上看，现在 PEMFC 的寿命已经达到对汽车使用寿命的要求，但实际上，由于汽车经常发生启动、停车及负载变化，PEMFC 在汽车上的运行寿命一般仅为 2000 h 左右。

## 4.3 固体氧化物燃料电池

### 4.3.1 固体氧化物燃料电池工作原理

相比于其他类型的燃料电池，固体氧化物燃料电池（SOFC）的最大优势在于其整个电池的构造是全固态的，避免了电解液的泄漏和电极的腐蚀[42]；另外，SOFC 同时还表现出较高的单位体积能量密度，其具有 70%～80%的能量转换率，因此，受到了科研工作者与产业界领导者的广泛关注[43]。

SOFC 单电池通常由多孔阳极（燃料极）、电解质以及多孔阴极（空气极）组成，其中电解质必须是电子绝缘体，传输离子的同时还必须隔离燃料气体与空气的作用。SOFC 根据电解质载流子的不同可以分为氧离子导体 SOFCs（O-SOFCs）和质子导体 SOFCs（H-SOFCs），SOFCs 的整个运转过程是一个传质的过程，O-SOFCs 运输的是 $O^{2-}$，其工作原理是：空气中的氧气首先在阴极发生还原反应生成氧离子（$O^{2-}$），$O^{2-}$在固态电解质两侧化学位差的作用下经电解质中的氧空位传输到阳极一侧。燃料气，在这以氢气为例，氢气在阳极被氧化成 $H^+$，与源自阴极侧的 $O^{2-}$在三相界面处反应在阳极侧生成 $H_2O$，同时电子通过外电路形成一个完整的回路，其运行示意图如图 4-20（a）所示。H-SOFC 具有不同的工作机制，载流子 $H^+$传输过程如图 4-20（b）所示，氢气首先在阳极发生氧化反应生成 $H^+$，随着反应的进行，阴阳两极 $H^+$浓度差的作用下，$H^+$经电解质由阳极扩散至阴极，最后在阴极与 $O^{2-}$生成水。

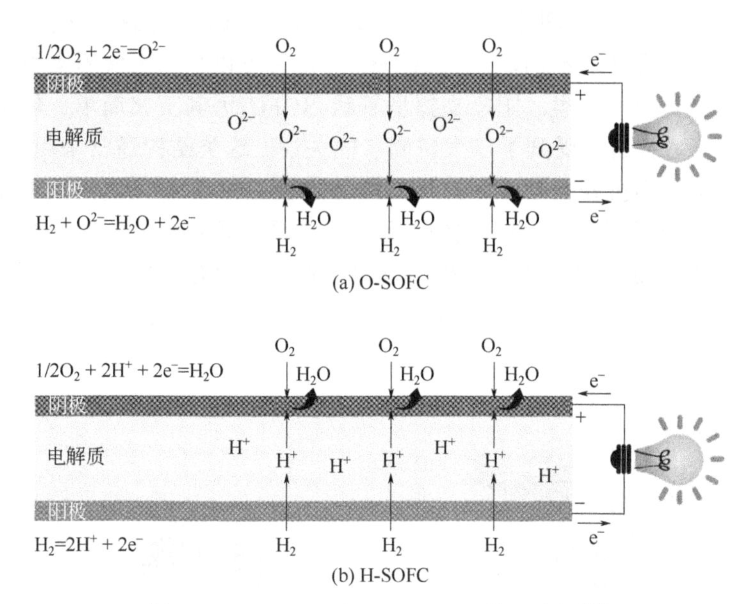


图 4-20　O-SOFC 与 H-SOFC 工作示意图[44]

## 4.3.2　固体氧化物燃料电池的结构类型

SOFC 最为常见的有平板状 SOFC、管状 SOFC 两种结构，各自的结构特点如下：

（1）平板状 SOFC

多孔阳极、致密电解质、多孔阴极和连接材料组成三明治结构［图 4-21（a）］，即是正极电解质负极连接板（Positive electrolyte negative plate，PEN）的连接方式，带有导气槽的连接板再将各个 PEN 连接组装在一起。简易的电池结构与制备方法是平板型 SOFC 最大的优点，流延、丝网印刷、共烧、等离子喷涂等方法常用来制备平板型单电池。薄膜化的电解质可以使电池的工作温度降低至中温区域（600～800℃），再配合金属连接材料，不仅可以大幅度降低电池成本，还可以提高电池的稳定性能。然而，电池高温运行条件下的密封性是目前平板状 SOFC 所面临的最大挑战。另外，高温条件下 PEN 板温度的不均匀，将对电池组件的热匹配性要求高，不易实现产业化。玻璃-陶瓷复合无机密封材料的迅速发展，使平板状 SOFC 高温运行条件下的密封性得到缓解。因此，平板状的 SOFC 近年来受到研究者及产业者的广泛关注。

（2）管状 SOFC

管状 SOFC 的基本组件如图 4-21（b）所示，其一端密闭，另一端是开口的单管电池，单电池结构与平板状电池相似，由阴极-电解质-阳极构成。

根据支撑体组件的不同，管状 SOFC 通常又可以分为电解质支撑型、阴极支撑型与阳极支撑型三类。阳极支撑型管状 SOFC 因其工艺简单、输出功率密度高和长期稳定性好，受到了广大研究者的关注。这类结构通常采用挤出成型、辊压成型、电化学沉积及喷涂等方法制备。管状 SOFC 最大优势是不需要进行高温密封，避免了因密封而产生的热匹配性问题。另外，单电池的组装也相对简单，制备大规模、大尺寸的电池堆也相对容易，但是总体而言，管状 SOFC 电池制备方法复杂，原料利用率低以及过高的成本在一定层面限制了管状 SOFC 的发展。

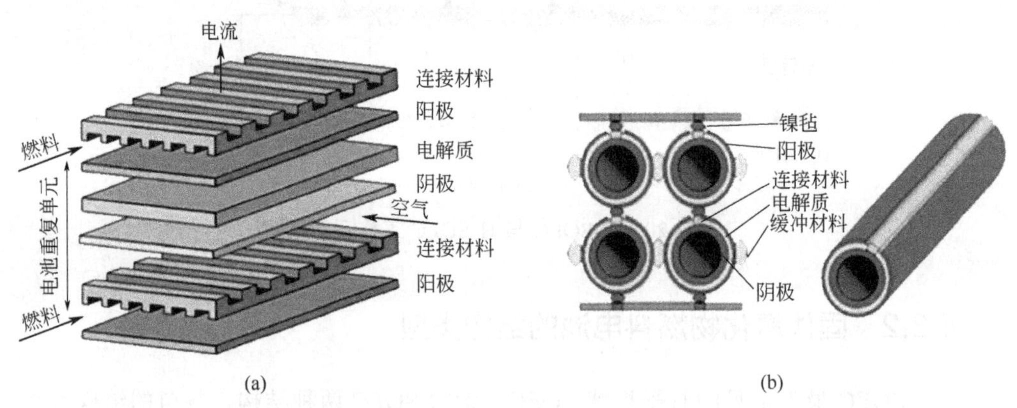


图 4-21 平板状与管状 SOFC 的示意图[45]

## 4.3.3 固体氧化物燃料电池构件

### 4.3.3.1 电解质

SOFC 要求电解质材料在氧化及还原气氛下都能稳定存在，并且在工作时，电解质还必须要具有一定的离子电导率和几乎可忽略的电子电导率。另外，SOFC 电解质还应易于加工成致密的、机械性能好的薄膜，以防止氧化剂和燃料气的接触以及气体泄漏。在电池制备与运行过程中，电解质材料必须具有较好的化学稳定性，不与其它部件发生化学反应。电解质是 SOFC 的核心部件，电解质的离子电导率、化学稳定性、热膨胀系数以及致密化温度等性质不仅影响着 SOFC 的能量转换效率和工作温域，还决定着电极材料的选择和制备条件[46]。目前固体电解质材料主要有氧化锆（$ZrO_2$）基电解质、氧化铈（$CeO_2$）基电解质、氧化铋（$Bi_2O_3$）

基电解质、镓酸镧（$LaGaO_3$）基电解质和质子传导电解质材料等几种类型[47]，这些常见电解质材料的离子电导率如图 4-22 所示。

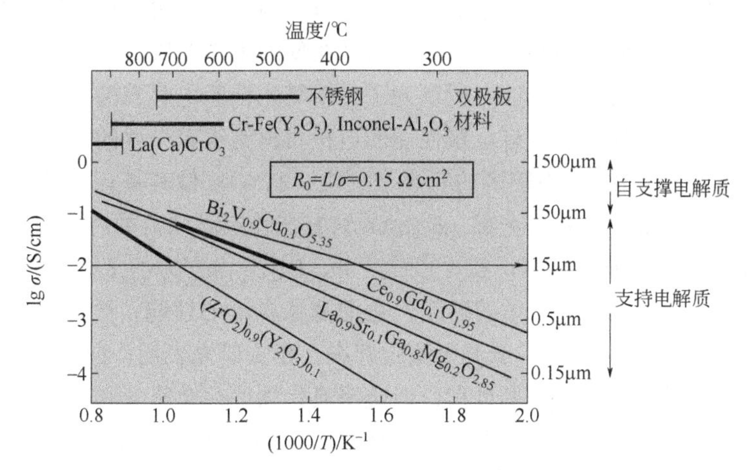


图 4-22　几种典型 SOFC 电解质电导率与温度的关系图[48]

稳定性 $ZrO_2$ 陶瓷是目前在 SOFC 应用最广的电解质材料，纯的 $ZrO_2$ 在高温条件下会发生单斜相和四方相的相转变，会致使 $ZrO_2$ 有 5%～7%的体积变化，进而使 $ZrO_2$ 基体开裂影响其使用。为了得到稳定的 $ZrO_2$ 基体，向其中掺入定量的金属氧化物，掺入进去的二价或三价的金属阳离子可以取代 $ZrO_2$ 中的部分 Zr 离子，同时材料为了保持中性，会有部分氧空位产生，从而形成了稳定的立方萤石结构。在电池运行过程中，氧离子通过掺杂后的 $ZrO_2$ 氧空穴来传输。常见的掺杂金属氧化物有 $Gd_2O_3$、$Y_2O_3$、$Nd_2O_3$、CaO、$Sc_2O_3$ 等。其中最为成熟的是 $Y_2O_3$ 掺杂的 $ZrO_2$（Yttria stabilized zirconia，YSZ），这也是目前商业化 SOFC 所用的电解质。在 SOFC 制作和运行过程中，YSZ 表现出高的稳定性以及和其他部件良好的兼容性。在 YSZ 中，只有当 $Y_2O_3$ 增加到 8%以上的摩尔分数才能形成稳定的立方晶体结构。氧空位活性不随着 $Y_2O_3$ 掺杂量增加而逐渐递增，在 $Y_2O_3$ 的摩尔分数为 8%～9%时氧空位活性最大，表现出最大的电导率。虽然 YSZ 电解质具备以上诸多优点，但其离子电导率还偏低，以其为电解质的 SOFC 往往在高温下才能具有较好的性能。

目前有关 $CeO_2$ 基电解质的研究也很多，纯的 $CeO_2$ 是双导电材料，既是电子导电又是离子导电，并且电子电导率要高于离子电导率。矛盾的是 SOFC 要求电解质材料要具有较高的离子电导率及较低的电子电导率。为了解决这种矛盾，在保证萤石结构的前提下，向纯的 $CeO_2$ 掺入低价的稀土金属氧化物和碱土金属氧化物，与 $CeO_2$ 形成置换式固溶体来增加氧空位以阻止 $CeO_2$ 被还原，从而降低电子电导率。氧化铈基电解质中氧化钆掺杂的氧化铈 GDC 被认为是最有希望被商业化的。GDC 通常是指 $Ce_{0.9}Gd_{0.1}O_{1.95}$（GDC10）和 $Ce_{0.8}Gd_{0.2}O_{1.9}$（GDC20）。

在中温区，掺杂的 $CeO_2$ 离子电导率要比掺杂的 $ZrO_2$ 高，但温度的升高，会提高其电子电导率，从而降低电池的开路电压。因此，使用氧化铈基电解质时，电池的工作温度应低于 600℃。但矛盾的是在低的工作温域范围，电极的反应速率会很慢，从而降低电池性能。所以为了使用氧化铈基电解质的电池能在较低的温域下运行，开发低温下具有电极性能的电极材料是很有必要的。

萤石结构的 δ-$Bi_2O_3$ 中较多的氧离子空位（25%），使其具有很好的离子电导率，因此受到大量研究者的重视。δ-$Bi_2O_3$ 只有在特定温域范围内（730～825℃）才表现出较高的离子电导率，在 700℃以下，$Bi_2O_3$ 由立方的 δ 相转变为单斜的 α 相。相变会引起 $Bi_2O_3$ 基体的断裂，进而降低电池的性能。要将 $Bi_2O_3$ 应用到 SOFC 中，需要使 δ-$Bi_2O_3$ 在低温区稳定存在。相关研究表明，向 δ-$Bi_2O_3$ 中掺杂金属氧化物可以有效阻止相变过程，但金属氧化物往往会降低其离子电导率。另外，虽然在同等条件下，$Bi_2O_3$ 基电解质比 $ZrO_2$ 基电解质要有更高的离子电导率，但是 $Bi_2O_3$ 在氧化气氛下易被氧化，所以 $Bi_2O_3$ 基电解质的实际应用还有很多问题需进一步解决。

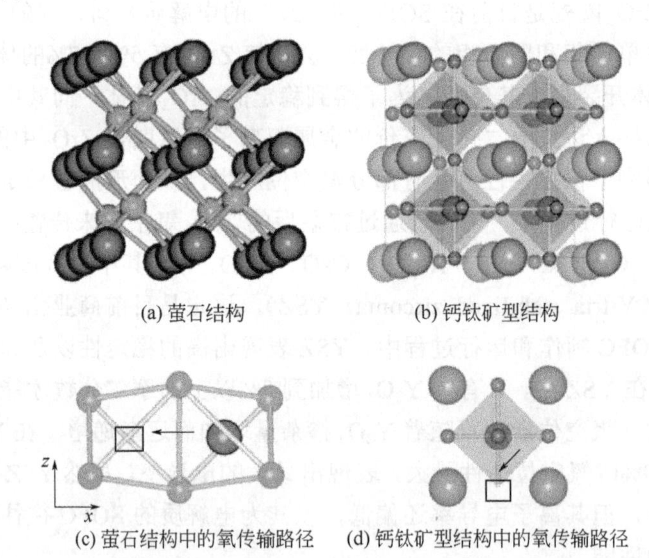


图 4-23 萤石结构 SOFC 与钙钛矿型结构 SOFC 电解质的晶体结构和氧离子在对应结构中的传输路径示意图[49]

氧化锆基、氧化铈基和氧化铋基电解质材料都是萤石结构。钙钛矿型结构（$ABO_3$）氧化物材料（A=$M^{2+}$或 $M^{3+}$；B=$M^{4+}$或 $M^{3+}$）是近年来人们发现的电导率较高的一种电解质材料。钙钛矿型结构氧化物不仅具有稳定的晶体结构，而且对 A 位和 B 位离子半径变化有较强的容忍性，并可通过 A 位或 B 位被低价金属离子掺杂，在结构中引入大量的氧空位，从而实现氧离子传导。图 4-23 分别展示了萤石结构和钙钛矿型结构电解质材料的晶体结构和氧离子传导路径。在众多的钙钛矿结构材料中，综合性能最好的为镓酸镧基钙钛矿型复合氧化物。镓酸镧基电解质的电导率高于氧化锆基和氧化铈基电解质的电导率，仅低于氧化铋基电解质的电导率。$LaGaO_3$ 基材料多采用 A、B 位双重掺杂，A 位掺杂钙、锶、钡等，B 位掺杂镁、铝、钪等。在镓酸镧基电解质中研究得较多的包括 LSGM8282（$La_{0.8}Sr_{0.2}Ga_{0.8}Mg_{0.2}O_{3-\delta}$）、LSGM9182（$La_{0.9}Sr_{0.1}Ga_{0.8}Mg_{0.2}O_{3-\delta}$）和 LBGM9182（$La_{0.9}Ba_{0.1}Ga_{0.8}Mg_{0.2}O_{3-\delta}$）。镓酸镧基电解质材料是最有希望成为中温 SOFC 电解质的材料之一。但是，高温下与传统阳极材料相容性较差，需要制备一层隔离层。此外，由于 Ga 资源匮乏，所以镓酸镧基电解质的成本很高，限制了该材料的广泛应用。

#### 4.3.3.2 阳极材料

在 SOFC 电池运行时，阳极要同时兼顾着三项作用：①为燃料的氧化反应提供场所；②在氧化反应中起催化作用；③转移氧化反应产生的电子。SOFC 阳极材料不仅要有较高的电子电导率，在还原气体中能稳定存在并始终保持着良好的透气性。金属陶瓷复合材料和混合导体氧化物材料是常见的两类 SOFC 阳极材料。高催化活性的金属催化剂是制备金属陶瓷复合材料的必备材料，将其分散在电解质中即可得到金属陶瓷复合阳极材料。这样在保留阳极的高电子电导率与催化活性的前提下，还能提高阳极材料的离子电导率，以及解决阳极与电解质材料热膨胀系数的不匹配性问题。目前使用最为广泛的金属陶瓷复合阳极材料是 Ni-YSZ。Ni-YSZ 最大的优点在于其制作成本低，在还原气氛下表现出较高的催化活性。Ni-YSZ 阳极微观结构和三相反应界面如图 4-24 所示。

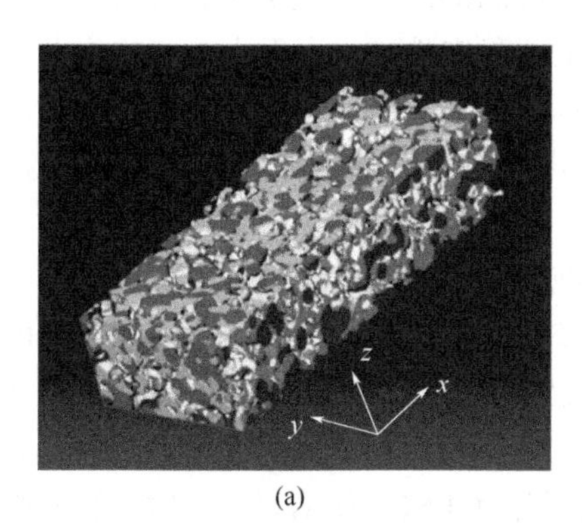


(a)

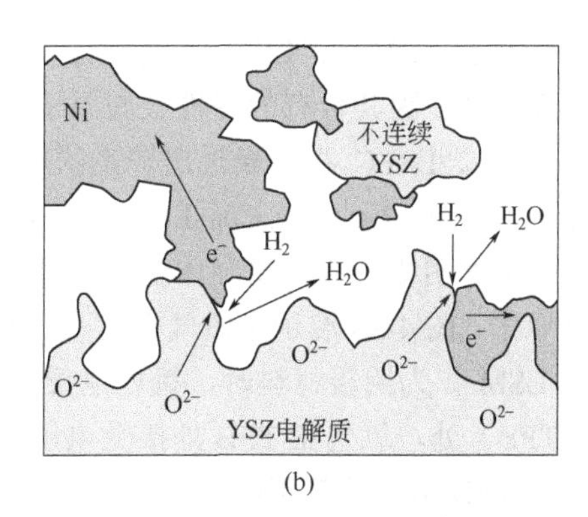


(b)

图 4-24 （a）Ni-YSZ 阳极微观结构图[53]和（b）三相反应界面图[54]

电解质、电极和燃料气体三相中任意一相出现问题都会导致电池性能下降。换句话说，氧离子与气相燃料都必须同时能达到反应位，并且电子也能顺利从反应位中迁移出。综上所述，三相界面的长度对 SOFC 的性能有着至关重要的影响，增加阳极侧三相界面的长度可以明显改善 SOFC 的性能。三相界面的长度可以通过调节阳极的微观结构来提高[50]。此外，通过浸渍法制备的纳米颗粒的催化剂，也可以增加三相界面的长度[51]。夏长荣等[52]通过模型计算的方法率先论证了浸渍法对三相界面的影响，为实验结果提供了理论依据。

#### 4.3.3.3 阴极材料

理想的 SOFC 材料需同时具有高的电子与离子电导率、高氧化还原催化活性、高温抗氧化性以及较好的热稳定性，同时还必须不能与相邻的材料（如电解质、连接体）发生反应。具有高电子与氧离子电导率的阴极材料，一方面会降低电子传输中带来的欧姆损耗，另一方面促进氧离子扩散速率与表面反应速率。目前阴极材料主要有金属、金属陶瓷复合阴极材料和钙钛矿结构的氧化物材料三大类[55]。

钙钛矿结构（$ABO_3$）的氧化物是研究较多的 SOFC 阴极材料。其中，在钴酸镧（$LaCoO_3$）、锰酸镧（$LaMnO_3$）、铁酸镧（$LaFeO_3$）、铬酸镧（$LaCrO_3$）的 A 位中掺入碱土金属氧化物后，各氧化物表现出极高的电子导电率。目前 $LaCoO_3$ 具有最高的电子导电率，但其较大的热膨胀系数，与常用 SOFC 电解质材料的热膨胀系数不匹配。目前应用最为广泛的阴极材料为 LSM（$La_{0.65}Sr_{0.3}MnO_{3-\delta}$）和 LSCF（$La_{0.6}Sr_{0.4}Co_{0.2}Fe_{0.8}O_{3-\delta}$）。其中，LSM 在 800℃以下时电导率迅速下降，所以 LSM 较适合用作高温 SOFC 的阴极材料。值得注意的是，在制备以 YSZ 为电解质、LSM 为阴极的 SOFC 时，烧结温度不能太高，因为 LSM 与 YSZ 在高温下会形成绝缘相的锆酸镧，导致电池性能下降。LSCF 在中低温下仍表现出较高的电导率，往往与 GDC 电解质搭配应用于中低温 SOFC，但是 LSCF 的相结构稳定性要略差于 LSM[56]。LSM 不仅具有较好的相稳定性，也表现出较高的价态稳定性，而 LSFC 因其含有的变价金属原子 Fe 与 Co 存在 $Fe^{4+}$、$Fe^{3+}$及 $Co^{4+}$、$Co^{3+}$等价态，所以 LSFC 往往表现出较高的电子电导率。另外研究发现，在 B 位掺杂 Nb 的 LSCFN（$La_{0.4}Sr_{0.6}Co_{0.2}Fe_{0.7}Nb_{0.1}O_{3-\delta}$）可以明显改善其稳定性[57]。

SOFC 阴极材料按照导体性质可分为纯电子导体、混合导体以及离子和电子复合导体。图 4-25 展示了氧气在这三类材料上的反应过程。例如，当低离子电导率的 LSM 作为阴极材料时，氧还原反应发生在氧气、LSM 与电解质的三相交界处（TPB）处，氧气在 TPB 处接受电子发生还原反应生成氧负离子，紧接着氧负离子从 TPB 出来扩散到电解质。当混合离子导体 LSCF 做阴极材料时，氧还原反应发生在整个 LSCF 的表面，即氧气与 LSCF 的两相界面处（DPB）或者氧气、LSCF 与电解质的三相交界处（TPB）处，氧分子在 LSCF 表面接收电子还原成氧负离子，然后经过 LSCF 扩散到电解质中。因此，在实际应用时，LSM 通常与电解质（如 YSZ）组合成复合阴极材料来增加 TPB 的有效长度，而 LSCF 则可以直接用作 SOFC 阴极材料。

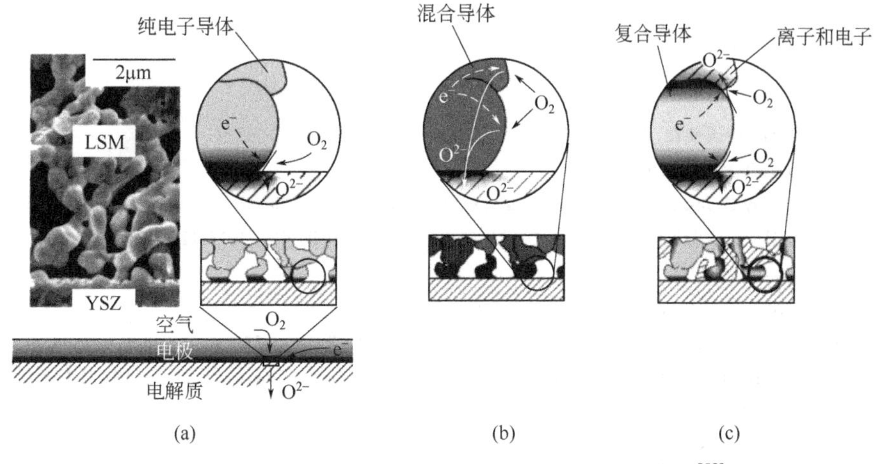


图 4-25　氧气在不同阴极材料上的反应过程示意图[58]

## 4.3.4　固体氧化物燃料电池需解决的关键问题

尽管 SOFC 技术表现出较好的应用前景，并且取得了一些令人可喜的成果，但是离普及应用还有漫长的道路要走。成本和稳定性是 SOFC 目前亟须攻破的两座大山。由前面的介绍我们可知，一些特定的材料才可应用于 SOFC 的电极或电解质上，但这些材料大部分包含稀有金属，价格昂贵。另外，不管是材料的加工工艺还是电池的组装工艺都十分复杂，这无形之中又提升了 SOFC 成本。据相关 SOFC 热电联供模型分析，若想要商业应用 SOFC，需使其成本降低到 1500 欧元/kW 以下[59]。然而，关于 SOFC 商业应用的研究结果表明，在 2020 年才有可能将 1～2 kW 的 SOFC 成本降低至 3000～5000 美元[60]。另外，美国能源局指出，当电池堆量产超过 250 MW/a 时，每千瓦的成本不能高于 225 美元，扣除燃料供应、杂质消除和 $CO_2$ 捕集等子系统，SOFC 电池系统的成本不能高于 9001 美元/kW。除成本外，稳定性是 SOFC 电池所面临的另一技术难题。阴极腐蚀、阳极的积炭、界面反应、电池结构的损坏等都会影响 SOFC 稳定性。日本新能源与工业技术发展机构（New energy and industrial technology development organization，NEDO）预期的标准是每千小时衰减率不能高于 0.25%。美国能源局预期的终极目标值要略低于 NEDO，即每千小时衰减率小于 0.20%，或者电池堆的寿命要超过 5 年。相比于国外，国内的 SOFC 电池堆还没有上万小时的测试结果。虽然目前较为先进的 SOFC 电池堆在氢气燃料条件下能够稳定上万小时，但在碳氢燃料下的稳定性却十分的差，阳极积炭尤为突出，致使SOFC使用的燃料受限于氢燃料。

## 参考文献


[1] 刘坚, 钟财富. 中国能源, 2019, 41: 32-36.

[2] 刘贤涛. 现代商贸工业, 2019, 10: 189-191.

[3] İnci M, Türksoy Ö. Journal of Cleaner Production, 2019, 213: 1353-1370.

[4] 尚勇, 赵世佳. 日本发展氢燃料电池汽车对我国的启示. 新能源汽车报. 2018-12-13.

[5] Surdoval W. USA: SECA 2003（http://www.netl. doe. gov）

[6] Sgroi M, Zedde F, Barbera O, et al. Energies, 2016, 9: 1008.

[7] Meyer Q, Mansor N, Iacoviello F, et al. Electrochimica Acta, 2017, 242: 125-136.

[8] Wang Y T, Zheng L, Han G M, et al. International Journal of Hydrogen Energy, 2014, 39: 19132-19139.

[9] 蒋尚峰, 衣宝廉. 电化学, 2016, 22: 213-218.

[10] Xie Z, Navessin T, Shi K, et al. Journal of the Electrochemical Society, 2005, 152: A1171-A1179.

[11] Taylor A D, Kim E Y, Humes V P, et al. Journal of Power Sources, 2007, 171: 101-106.

[12] Middelman E. Fuel Cells Bulletin, 2002, 2002: 9-12.

[13] Tian Z Q, Lim S H, Poh C K, et al. Advanced Energy Materials, 2011, 1: 1205-1214.

[14] Zeng Y C, Shao Z G, Zhang H J, et al. Nano Energy, 2017, 34: 344-355.

[15] Zeng Y C, Zhang H J, Wang Z Q, et al. Journal of Materials Chemistry A, 2018, 6: 6521-6533.

[16] Jang S, Kim S, Kim S M, et al. Nano Energy, 2018, 43: 149-158.

[17] Lee D H, Jo W, Yuk S, et al. ACS Applied Materials & Interfaces, 2018, 10: 4682-4688.

[18] 刘义鹤, 江洪. 新材料产业, 2018, 5: 27-30.

[19] Mishra A K, Kim N H, Jung D, et al. Journal of Membrane Science, 2014, 458: 128-135.

[20] Wang B L, Cai Z Z, Zhang N, et al. RSC Advances, 2015, 5: 536-544.

[21] Yildirim M H, Stamatialis D, Wessling M. Journal of Membrane Science, 2008, 321: 364-372.

[22] Li Z, He G W, Zhang B, et al. ACS Applied Materials & Interfaces, 2014, 6: 9799-9807.

[23] Lee D C, Yang H N, Park S H. Journal of Membrane Science, 2014, 452: 20-28.

[24] Ye Y X, Wu X Z, Yao Z Z, et al. Journal of Materials Chemistry A, 2016, 4: 4062-4070.

[25] Bureekaew S, Satoshi H, Higuchi M, et al. Nature Materials, 2009, 8: 831-836.

[26] Xu H, Tao S S, Jiang D L. Nature Materials, 2016, 15: 722-726.

[27] Chandra S, Kundu T, Kandambeth S, et al. Journal of the American Chemical Society, 2014, 136: 6570-6573.

[28] Shigematsu A, Yamada T, Kitagawa H. Journal of the American Chemical Society, 2011, 133: 2034-2036.

[29] Nagarkar S S, Unni S M, Sharma A, et al. Angewandte Chemie International Edition, 2014, 53: 2638-2642.

[30] Jiao K, Li X G. Progress in Energy and Combustion Science, 2011, 37: 221-291.

[31] Ji M B, Wei Z D. Energies, 2009, 2: 1057-1106.

[32] Wu J F, Yuan X Z, Martin J J, et al. Journal of Power Sources, 2008, 184: 104-119.

[33] Borup R, Meyers J, Pivovar B, et al. Chemical Reviews, 2007, 107: 3904-3951.

[34] Ous T, Arcoumanis C. Journal of Power Sources, 2013, 240: 558-582.

[35] Fouquet N, Doulet C, Nouillant C, et al. Journal of Power Sources, 2006, 159: 905-913.
[36] Lu Z, Kandlikar S G, Rath C, et al. International Journal of Hydrogen Energy, 2009, 34: 3445-3456
[37] Lu Z, Rath C, Zhang G S, et al. International Journal of Hydrogen Energy, 2011, 36: 9864-9875.
[38] Jiao K, Li X G. Progress in Energy and Combustion Science, 2011, 37: 221-291.
[39] Kim J, Lee J, Cho B H. IEEE Transactions on Industrial Electronics, 2012, 60: 5086-5094
[40] Mosdale R. Research and Development of Hydrogen/Oxygen Fuel Cells in Solid Polymer Electrolyte Technology. Ph. D Thesis, INPG, Grenoble, France, 1992.
[41] Watanabe M, Uchida H, Emori M. Journal of the Electrochemical Society, 1998, 145: 1137-1141
[42] Bhattacharyya D, Rengaswamy R. Industrial & Engineering Chemistry Research, 2009, 48: 6068-6086.
[43] Sun C, Hui R, Roller J. Journal of Solid State Electrochemistry, 2010, 14: 1125-1144.
[44] Zhang Y, Knibbe R, Sunarso J, et al. Advanced Materials, 2017, 29: 1700132.
[45] Mahato N, Banerjee A, Gupta A, et al. Progress in Materials Science, 2015, 72: 141-337.
[46] Kharton V V, Marques F M B, Atkinson A. Solid State Ionics, 2004, 174: 135-149.
[47] 徐旭东，田长安，尹奇异，等. 硅酸盐通报, 2011, 30: 593-596.
[48] Steele B C H, Heinzel A. Nature, 2001, 414, 345-349.
[49] Chroneos A, Yildiz B, Tarancón A, et al. Energy & Environmental Science, 2011, 4: 2774-2789.
[50] Kishimoto M, Iwai H, Saito M, et al. Journal of Power Sources, 2011, 196: 4555-4563.
[51] Jiang S P. Materials Science and Engineering: A, 2006, 418: 199-210.
[52] Zhu W, Ding D, Xia C. Electrochemical and Solid-State Letters, 2008, 11: B83-B86.
[53] Iwai H, Shikazono N, Matsui T, et al. Journal of Power Sources, 2010, 195: 955-961.
[54] McIntosh S, Gorte R J. Chemical Reviews, 2004, 104: 4845-4866.
[55] 沈薇，赵海雷，王治峰，等. 电池, 2009, 39: 173-175.
[56] 辛显双，朱庆山. 化学进展, 2009, 21: 227-234.
[57] Yang Z, Chen Y, Xu N, et al. Journal of the Electrochemical Society, 2015, 162: F718-F721.
[58] Adler S B. Chemical Reviews, 2004, 104: 4791-4844.
[59] Fontell E, Kivisaari T, Christiansen N, et al. Journal of Power Sources, 2004, 131: 49-56.
[60] Staffell I, Green R. International Journal of Hydrogen Energy, 2013, 38: 1088-1102.

# 第5章

# 金属-空气电池

## 5.1 概论

金属-空气电池被认为是一种极具发展前景的电池。它具有能量密度高、成本低和环境友好的优点，能够为移动电力设备和电动车提供电源。金属-空气电池是一个开放的结构单元，其中阴极活性物质氧气，可直接从大气中摄取。因此，电池的重量相对其它电池要小，它具有较高的能量密度。金属-空气电池一般由多孔阴极、电解液和金属阳极等组成。阳极材料多为锂、钠、锌等金属。其中，锂元素在地壳中主要分布在南美地区，含量不太丰富。与锂相比，钠元素是海洋最丰富的元素，且是仅次于锂、第二轻的碱金属元素。锌金属具有高丰度、低毒性的特点，因此，常用作锌-空气电池的阳极材料。金属-空气电池，特别是锂-空气电池具有较高的理论容量，它的能量密度也比其它可充电系统如锂-硫电池（Li-S）和锂离子电池（LIBs）要高得多。所以金属-空气电池有望成为下一代高性能和环境友好的能源，应用于大型的供能系统、移动能源领域和航空航天工业。

20 世纪 70 年代，锂-氧气（Li-$O_2$）电池首次被提出作为电动汽车的动力能源[1]。1996 年，全固态锂-氧气电池第一次由 Abraham 等人提出。该电池是以锂箔为阳极，含锂离子的导电有机聚合物为电解质膜，铂碳复合电极为阴极。它成功实现了三个充放电循环[2]。接着，Read 研究了电解液和空气阴极在充放电过程中的变化对锂-氧气电池放电容量、倍率能力和充电性能的影响[3]。2006 年，Bruce 课题组分析了锂-空气电池的电化学性能的可发展性[4]。从此，金属-空气电池，尤其是无水系锂-空气电池，引起了研究者的浓厚兴趣。Li-空气电池的比能量密度在基于碳电极质量时可达 3500 Wh/kg；若以整个电池质量为基准，它可达到 400～800 Wh/kg。该值是现有技术 LIBs 能量密度的 2～10 倍。因此，如何用成本低、环境友好的方式开发高能量密度的锂-空气电池是一个值得研究的课题。尽管大家付出了很多努力来提高锂-空气电池的性能，但是此类电池离产业化的要求还很远。并且金属锂的可采含量非常有限。如果锂被广泛用于大型能源存储和转换设施，那么未来的资源短缺是可以预见的。相比之下，Zn、Al、Mg 和 Na 以储量丰富、成本低等优点引起人们的关注。Al 在当中是最丰富的金属元素。Na-空气和 Al-空气电池，成本效益更高。2011 年 Na-空气电池首次映入大家眼帘。由于 Na 和 Li 具有相似的化学特性，被认为是锂-空气电池的一种很有希望的替代品。目前，关于钠-空气电池的电化学反应机理、电解质的稳定性以及电极材料的性能等问题还未解决。另一方面，锌-空气电池、铝-空气电池和镁-空气电池还存在着充放电循环能力差和阳极易腐蚀的问题。

金属-空气电池根据不同的金属阳极和可充电性分为三大类，即一次电池、二次电池和机械式充电电池。根据电解液和电池结构的不同，它们可分为四种类型，包括水系电池、无水质子型电池、杂化电池和固态金属-空气电池。采用不同的金属、电解质和催化材料，所涉及的电化学和反应产物差异很大。详细的讨论见以下章节。常提及的金属-空气电池多为一次性或机械型，其电解质为中性或碱性水系电解质。使用过程中，可通过更换金属阳极或添加电解质实现可再充电。例如，最早商业化用于助听器中的锌-空气电池；用作铁路和航行信号灯动力能源的镁-空气电池和铝-空气电池。目前，要完全实现可再充金属-空气电池仍然是一项攻坚难题。另外，金属-空气电池是以氧气为阳极材料，但是目前的膜技术仍不能有效地分离空气中的一些有害成分（如二氧化碳和水），因此，降低了空气原料的使用效率。同时，金属阳极的活性太高，易发生副反应，降低整体性能。目前，大多数关于金属-空气电池的研究仅限于实验室。

随着纳米材料和现代科学技术的迅速发展，金属-空气电池的研究工作也取得巨大的发展。目前，有关金属-空气电池中的电化学行为、阴极空气的材料选择和形貌调控设计、电催化剂的研究以及性能稳定的电解液的稳定性等方面都得到了深入的研究。但是，金属-空气电池离商业化应用还有一段距离。这与空气阴极的缓慢的动力学和金属阳极的利用率低以及安全性有很大的关系。金属-空气电池的电化学性能在很大程度上取决于阴极材料的物理和电化学性质。理想的金属-空气电池空气阴极应具有良好的导电性和合理的结构设计，从而有利于充放电过程电解物的沉积，连续不断的氧和电解质输送，优异的氧还原反应（ORR）和氧析出反应（OER）催化活性和结构稳定，从而能连续循环充放电。事实上，空气阴极涉及一系列复杂的过程，到目前为止，对其电化学的基础理论认识尚不完全。当前，ORR 最有效的电催化剂是贵金属及其合金。但是，不溶的放电产物如 $Li_2O_2$ 在无水质子锂-空气电池中的电导率很差，动力学缓慢，导致了其高度极化，从而加速了电解质的分解。完全可再充电的金属-空气电池需要有效的 OER 催化剂来降低超电势并提高能量效率。

本章我们将全面系统地总结、比较和讨论各种重要的水系和无水质子金属-空气电池的发展。其中，我们从氧电化学、电催化剂、转移/扩散和界面、电极和电解质材料等各个方面介绍金属-空气电池的研究进展。

# 5.2 不同类型的金属-空气电池及其电化学反应

根据电解质和电池结构的不同，金属-空气电池可以分为四类，即水系、杂化型、无水质子型和固态金属-空气电池（见图 5-1）[5]。这四种类型的电池系统都由金属阳极和有利于从空气中获得氧气的多孔气体扩散电极为阴极组装而成。多孔碳材料由于其成本低、质轻、导电性优异、机械稳定性优良和化学性能稳定而被广泛作为空气阴极。空气阴极处氧的总反应分别是放电和充电时的 ORR 和 OER 反应，而放电反应途径和相应的反应随着不同的金属阳极、电解质和催化材料而

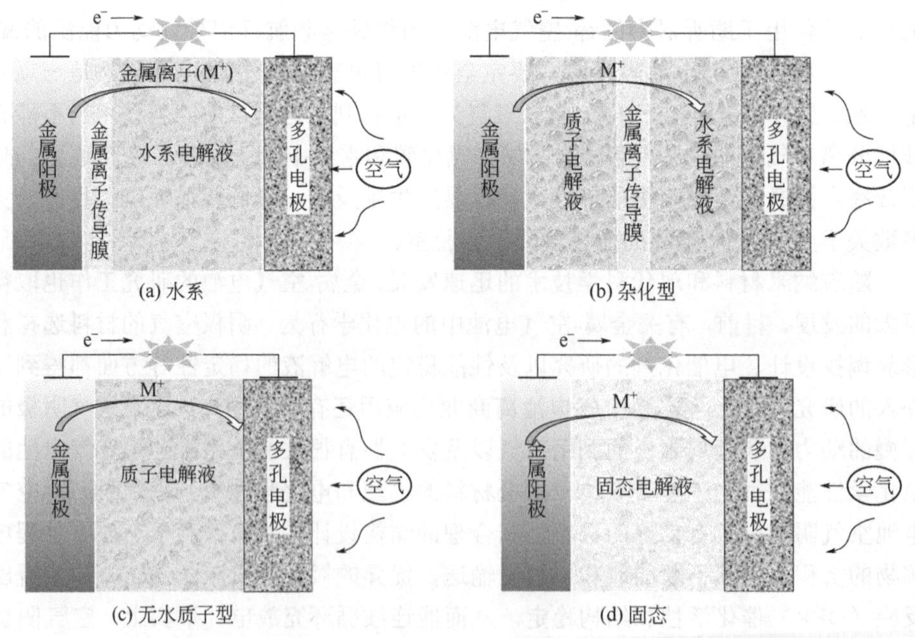


图 5-1　四种金属-空气电池（$M^+$代表金属阳离子）的示意图[5]

有不同。对于一个典型的电池电化学反应，当电池放电时，金属阳极被氧化并释放电子到外电路，生成金属离子；同时，在阴极中的氧气接受电子，还原成含氧物质。金属阳离子和含氧物质在电解液中传输形成放电产物。充电时，放电产物在外加电压下分解，金属阳离子在阳极表面还原，氧气在阴极处析出。通常，氧电化学放电和充电过程中的动力学相当缓慢；因此必须引入氧电催化剂来促进ORR和OER。本节我们将着重讨论基于不同电解质，金属-空气电池中的氧电化学反应。

### 5.2.1 水系体系

锌-空气电池是最常见的水系金属-空气电池。它一般由阳极（金属锌），阴极（多孔碳）和电解质（呈碱性的溶液）组成。水系金属-空气电池最大的优点是其容量不受阴极材料的限制。因为放电产物能够溶解在水系电解质中，而不是储存在阴极碳孔隙中，这样便于气体在多孔阴极扩散，形成连续工作。因此，它的电化学性能受电解质的传输性能影响很大。但是，由于水系金属-空气电池无空气选择隔膜，在碱性电解质中，碳酸盐不易溶解，易堆积，堵塞阴极碳材料孔洞；在酸性电解液中，金属阳极容易腐蚀，发生剧烈反应，从而引起电池短路等安全问题。综合考虑各方面因素，水系金属-空气电池常选用碱性电解液。另外，如图5-1（a）所示，当使用非常活泼的金属锂、钠和镁作阳极时，需要使用金属离子导电膜，阻隔金属阳极和水，防止双方反应。目前，没有确切证据证明锂-空气电池组中的阳极和阴极反应是可逆的。鉴于锌的成本低且应用制备简单的原因，锌-空气电池是在水系金属-空气电池使用效益最高的。

因为氧在水溶液中的电化学反应动力学相当缓慢，所以需要电催化剂促进ORR反应。氧气的电化学还原反应是一个多电子过程，反应包含多个基元步骤，形成一系列多种平行的反应组合，反应速率受最小速率步骤决定。基于不同的电催化剂，氧电化学反应的机理也会随之不同。根据氧气吸附在金属催化剂中的类型，当下广泛认同的阴极反应为两电子转移途径和四电子转移途径。

在碱性水系体系下，四电子转移途径中，两氧原子吸附在催化剂表面，形成双配位氧气吸附，具体的反应过程如下：

总反应： $$2H_2O + O_2 + 4e^- \longrightarrow 4OH^-$$

$$O_2 + 2H_2O + 2e^- \longrightarrow 2OH_{ads} + 2OH^-$$

$$2OH_{ads} + 2e^- \longrightarrow 2OH^-$$

在碱性水系体系下，二电子途径中，氧分子中只有一个氧原子吸附表面，反应过程如下：

总反应：　　$O_2 + H_2O + 2e^- \longrightarrow OH^- + HO_2^-$

$$O_2 + H_2O + e^- \longrightarrow HO_{2,ads} + OH^-$$

$$HO_{2,ads} + e^- \longrightarrow HO_2^-$$

氧的电化学反应在金属氧化物催化剂表面与在金属催化剂表面的反应虽然相同，但是在催化剂表面的电荷分布情况不同。$H_2O$ 分子中的氧比化学计量氧化物的氧更易形成配位阴离子。质子化的配位氧通过得到电荷来还原表面阳离子。因此，一个四步 ORR 途径机制如下：

$$M^{m+} - O^{2-} + H_2O + e^- \longrightarrow M^{(m-1)+} - OH^- + OH^-$$

$$O_2 + e^- \longrightarrow O_{2,ads}^-$$

$$M^{(m-1)+} - OH^- + O_{2,ads}^- \longrightarrow M^{m+} - O - O^{2-} + OH^-$$

$$M^{m+} - O - O^{2-} + H_2O + e^- \longrightarrow M^{(m-1)+} - O - O^{2-} + OH^-$$

$$M^{(m-1)+} - O - OH^- + e^- \longrightarrow M^{m+} - O^{2-} + OH^-$$

ORR 反应途径和机制因不同电催化剂和电子结构而不同，二电子和四电子反应路径可以同时进行并彼此竞争[6]。高电位时，四电子途径内占主导地位；但在低电位时，还原反应更易为生成过氧化物的途径[7]。四电子的还原途径占主导的原因在于其高能效，且主导贵金属的还原反应。而双电子的还原过程中容易生成腐蚀性的过氧化物，这是造成电池性能衰退的主要原因。此类反应过程容易发生在碳质材料上。对于其它电催化剂，如金属大环化合物和过渡金属氧化物，根据不同的电子结构、分子组成、实验参数等，多种 ORR 途径都会存在。得益于过去几十年人们对水系金属-空气系统的研究，其 ORR 机制的摸索研究有很多。但由于当前分析手段的局限性，真正的表面反应不是很明确，可能有更多的反应机制还没有被发现。

锌-空气电池作为一个典型的水系金属-空气电池，已经得到了广泛的应用。当放电时，阴极中的氧被还原为羟基离子，金属锌放出电子，然后羟基离子迁移到阳极，与锌离子结合生成锌酸盐离子［$Zn(OH)_4^{2-}$］，可进一步分解生成氧化锌。锌-空气电池在碱性电解质中，其放电过程中的电化学反应如下：

阳极：　　$Zn \longrightarrow Zn^{2+} + 2e^-$

$$Zn^{2+} + 4OH^- \longrightarrow Zn(OH)_4^{2-}$$

$$Zn(OH)_4^{2-} \longrightarrow ZnO + H_2O + 2OH^-$$

阴极：　　$O_2 + 2H_2O + 4e^- \longrightarrow 4OH^-$

总反应：　　$2Zn + O_2 \longrightarrow 2ZnO$

锌-空气电池的平衡电压为 1.65 V，而由于活化反应中的欧姆效应、浓度降低和活化引起的内部损失，实际电压通常小于 1.65 V。根据 $Zn+2H_2O \longrightarrow Zn(OH)_2+H_2$ 反应，氢气析出反应（HER）同样会引起锌的损失。然而，对于锌-空气电池而言，存在的主要问题是有限的使用寿命和差的循环稳定性。当充电时，锌金属阳极由于锌枝晶生成造成的形变，进而导致短路。在阳极表面的固体氧化锌粉末也作为一个绝缘体，进一步减弱电池的可充电性。相应地，锌-空气电池被广泛应用在军事和民用领域。为开发全充电锌-空气电池，必须提高锌阳极在碱性介质中的电化学性质的认识，从而找出对应的研究解决方法。

而对于镁-空气电池，其组成有阳极镁、碱性电解液和多孔碳支撑的催化剂。放电过程中，镁-空气电池在碱性电解液中的电化学反应如下：

阳极：$$Mg \longrightarrow Mg^{2+} + 2e^-$$

$$Mg^{2+} + 2OH^- \longrightarrow Mg(OH)_2$$

阴极：$$O_2 + 2H_2O + 4e^- \longrightarrow 4OH^-$$

总反应：$$2Mg + O_2 + 2H_2O \longrightarrow 2Mg(OH)_2$$

同样地，铁-空气电池由阳极铁、碱性电解液和催化剂负载的多孔碳阴极组成。铁-空气电池在碱性电解液放电时的电化学反应如下[8]：

$$Fe + 2OH^- \longrightarrow Fe(OH)_2 + 2e^-，E_0=-0.975V（vs\ Hg/HgO）$$

$$Fe(OH)_2 + OH^- \longrightarrow FeOOH + H_2O + e^-，E_0=-0.658V（vs\ Hg/HgO）$$

且/或

$$3Fe(OH)_2 + 2OH^- \longrightarrow Fe_3O_4 \cdot 4H_2O + 2e^-，E_0 = -0.758V（vs\ Hg/HgO）$$

同样地，铝-空气电池电化学反应也可以表示如下[9]：

阳极：$$Al \longrightarrow Al^{3+} + 3e^-$$

$$Al^{3+} + 3OH^- \longrightarrow Al(OH)_3$$

阴极：$$O_2 + 2H_2O + 4e^- \longrightarrow 4OH^-$$

总反应：$$4Al + 3O_2 + 6H_2O \longrightarrow 4Al(OH)_3$$

值得注意的是，铝-空气电池不可充电。一旦阳极完全消耗，放电过程将终止。该电池常用中性电解液，如氯化钠溶液。水系金属-空气的普遍问题是金属阳极易腐蚀，这将导致使用寿命缩短、容量的降低和库伦效率降低。有些方法可以提高金属阳极的耐腐蚀性能，如与其它金属合金化或提高阳极的纯度。

对于反向反应，反应的途径也是非常复杂的。放电反应机制可能会根据电极材料及其电化学结构而改变。过渡金属氧化物，特别是钙钛矿，在碱性介质中表现出优异的 OER 性能。由于缺乏有效的催化剂，充电时需要过电位，导致巨大的能量损失和库伦效率降低。为实现金属-空气电池的完全充电性，开发双功能催化剂至关重要。OER 过程可以描述如下，其中 $M^{m+}$表示多价金属阳离子：

$$M_xO_y + OH^- \longrightarrow M_xO_y\,OH_{ads} + e^-$$

$$M_xO_y\,OH_{ads} + OH^- \longrightarrow M_xO_y\,O_{ads} + H_2O + e^-$$

$$2M_xO_y + O_{ads} \longrightarrow 2M_xO_y + O_2$$

## 5.2.2 无水质子体系

与发展了几十年的水系金属-空气电池相比，无水质子型金属-空气电池最近十年才开始发展。水系金属-空气电池虽然具有很多优点，如低成本、高离子电导率和可广泛应用，但由于水的 HER 或 OER 限制了其工作窗口，导致无法完全达到金属阳极可允许的理论电压窗口。另外，还需要配置隔膜阻隔水和活性金属阳极（如 Li 和 Na），进一步增加了制作成本和工艺复杂性。相对而言，无水金属-空气电池，尤其锂-空气电池具有高能量密度和良好的可充电性，具有无水系统的优势和实际应用的潜力。它的电池构型与传统 LIB 相似，是由阳极、阴极和溶解了金属盐的质子型溶剂作为电解液组成［图 5-1（c）］。与 LIB 最大的区别在于，金属锂-空气电池的阴极是多孔和开放型。因此，此电池系统对湿度敏感，很有必要使用选择性透氧膜。到目前为止，常见的无水质子型金属-空气电池有 Li-空气和 Na-空气电池。例如，典型的锂-空气电池是由阳极锂金属、质子型电解液、隔膜和多孔气体阴极组成。无水质子型金属-空气电池中氧化学反应机理研究比较复杂，也是目前研究的一个热点。研究其反应机理对此类金属-空气电池的应用能够起到很大的促进作用。由于 Li-空气电池的超高能量密度，科研者对其氧电化学反应研究较多，下面我们以它为例，阐述无水质子型金属-空气电池的工作机制。

最早用聚合物有机电解液取代水电解液是在 1996 年[4]。将电池置于纯氧环境中测试，开路电压为 3 V，在 2.5～4.1 V 工作窗口区间充放电三次。由拉曼光谱和定性分析，无水金属锂-空气电池的反应为 $2Li + O_2 \longrightarrow Li_2O_2$，并且放电产物 $Li_2O_2$ 沉积在阴极，而不是在阳极，但在水系金属-空气电池的放电产物中没有 $Li_2O_2$。

之后，Read 等人研究了有机电解质对锂-空气电池的性能[3,10,11]。研究表明，电解液的成分对氧气的溶解度和扩散特性起到了很大的作用，进而很大程度上影响了锂-空气电池的放电容量和倍率性能。当氧浓度比较低时，产物 $Li_2O$ 比 $Li_2O_2$ 更易生成。而通过优化电解液的黏度可以提高氧气含量。因此，他们得出以下结论：氧含量和电解液黏度与电池的放电容量紧密相关。放电产物 $Li_2O$ 和 $Li_2O_2$ 以及它们的分解产物同样受电解液的种类和放电倍率影响。另外，研究还表明，当工作电压低于 2.0 V（vs $Li/Li^+$）时，电解产物主要为 $Li_2O$。但是该产物是比较稳定的物质，在充电时不易分解，导致电极高度极化。因此，研究人员测试锂-空气电池的放电/充电性能时，截止电压不超过 2.0 V。通过比较不同阴极材料，发现具有高比表面积的阴极碳材料不一定就有高的比容量。这要从碳材料中的微孔、介孔和大孔对氧电极的电容影响解释。作者认为与电解液有接触的介孔和大孔能够有效的溶解氧，但是没有 ORR 催化活性。而颗粒之间的孔对锂-空气电池的能量密度起到了关键性的作用。电解液随着孔隙进入电极材料内部，能够形成电解液与催化剂的良好接触，同时，空气可以沿着孔隙有效传输。

2006 年，Bruce 等人研发了一种锂-氧电池，并且能够循环测试 50 圈[4]。该电池基于一个 Swagelok 结构设计，以金属锂为阳极，1 mol/L $LiPF_6$/聚碳酸酯为电解液，玻璃纤维为隔膜和负载了电解型二氧化锰的碳材料为催化剂组装成电池。该电池充电时的质谱分析表明电池在充放电过程中发生着可逆的 $2Li^+ + 2e^- + O_2 \longrightarrow Li_2O_2$ 电化学反应。这项工作充分证明了锂-氧电池的可行性。虽然一些基本实际问题还有待解决，例如促进电极反应的催化剂、阴极结构的优化和电解液组成等。这项工作为锂-空气电池的进一步研究开辟了一条重要的途径。

随着对无水锂-氧气电池电化学的深入研究，人们取得了一定研究结果。研究发现，在此类电池中，ORR 反应机理不是水系中的二电子或四电子反应生成水或过氧化氢，而是在无水溶剂中，生成含氧化合物，沉积在阴极表面。它在相对于 $Li^+/Li$ 3.0V 的电压窗口下，其工作反应方程式可如下：

$$2Li + O_2 \rightleftharpoons Li_2O_2 \quad (E^0=2.96V\ vs\ Li^+/Li)$$

$$4Li + O_2 \rightleftharpoons 2Li_2O \quad (E^0=2.91V\ vs\ Li^+/Li)$$

为进一步探索反应机制，人们从研究反应途径、电解液与外界接触面积、电催化剂和电极表面，氧压力等各个影响因素来考虑。Abraham 课题组用循环伏安法和旋转电化学盘状电极（RDE）技术研究了电解质及其离子导电盐和溶剂对氧可逆性和动力学的影响[12,13]。对于阳离子效应，以乙腈为电解液，发现氧反应机制受导电盐中的阳离子影响很大。如果电解液中含有半径大的阳离子，如四丁基铵（$TBA^+$）和四乙基铵（$TEA^+$），反应时则有可逆的 $O_2/O_2^-$ 还原对；而电解液含有更小的锂离子，则发生准-可逆的单电子还原反应，氧气 $O_2$ 还原生成 $O_2^-$、$O_2^{2-}$、$O^{2-}$。这表明当在电解液中加入用 Li 和/或用 TBA 的混合物，可以增强电池的容量。根据软硬酸碱（HSAB）理论，硬酸亲硬碱，软酸亲软碱。$TBA^+$是一种软酸，易与软碱 $O_2^-$ 结合，能够进一步防止超氧化物还原成过氧化物。碱金属离子如 $Li^+$、$Na^+$、$K^+$等，是硬 Lewis 酸，易与硬如 Lewis 碱 $O_2^{2-}$ 和 $O^{2-}$结合。鉴于此，软碱 $O_2^-$ 不易与硬酸 $Li^+$结合，更易进行第二次还原，形成硬碱或者分解。也就是说，基于 HSAB 理论，含锂电解液中氧气的还原产物更倾向于是 $Li_2O_2$ 和 $Li_2O$。

最近，该课题组用 HSAB 理论，通过一系列 Lewis 酸增强的阳离子（即阳离子硬度，$TBA^+<PyR^+<EMI^+<K^+<Na^+<Li^+$）来研究探讨电池中的 ORR 和 OER 过程（图 5-2）[13]。研究表明，$O^{2-}$与 $TBA^+$、$PyR^+$、$EMI^+$和 $K^+$阳离子稳定结合，不能歧化生成 $O_2^{2-}$，进而发生可逆一次电子反应。相反地，硬阳离子 $Na^+$和 $Li^+$能够提高歧化金属超氧化物生成金属过氧化物，进而发生不可逆的二次电池反应。

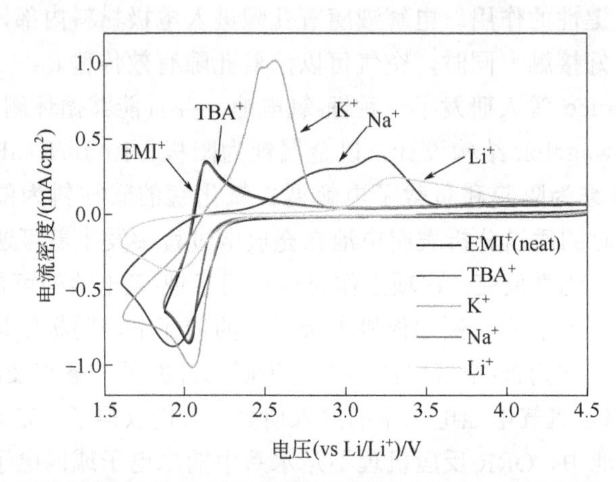


图 5-2　玻碳电极在纯 EMITFSI 溶液与添加 0.025 mol/L 各种不同的盐混合电解液测试在 100 mV/s 扫速下的 CV 曲线[13]

除了 CV 外，研究者还通过利用多种测试手段，如密度泛函理论（DFT），原位 TEM、XRD，傅里叶变换红外光谱（FTIR），X 射线光电子能谱（XPS），拉曼光谱，核磁共振（NMR）等方法，来研究金属-空气电池在无水质子电解质的放电/充电反应机理[14-18]。这些研究也表明，当空气电极上有 $Li^+$存在时，$LiO_2$ 通过二氧化物的单电子还原反应，最终生成放电产物为 $Li_2O_2$。

在无水质子锂-空气电池中，阴极上的反应由于涉及到一系列复杂的过程，人们采用各种先进技术来研究其中的机理，但是仍然有许多反应无法解释清楚[19,20]。实际的氧电化学会受到各种电催化剂、电极材料、电解质、氧气压力等因素影响[21,22]。因此，关于无水质子型金属-空气电池的电化学原理还有许多细节去探讨和研究。

## 5.2.3　杂化体系和固态体系

由于杂化型和固态金属-空气电池的电池性能差，优质的电解质少，因此关于此类型金属-空气电池的报道很少。从保护阳极的角度考虑，杂化体系电池的电解质常为三层结构（例如，无水质子/LATP/水溶液）。对于典型的杂化体系动力车电池，阳极和阴极通过离子导电隔膜，在阳极区域使用无水电解质，而在阴极区域用含水电解质。这个电池系统与水系的氧电化学系统相同，无需担心堵塞无水质子系统的空气阴极和水溶液电解质腐蚀金属阳极（特别是 Li 和 Na）的问题。但是，低电导率和较差的膜循环稳定性，增加了开发杂化动力电池的难度。

固态金属-空气电池与无水质子系统有类似的反应机制，它引入了离子导电固体电解质，也可以作为一种隔膜［图 5-1（d）］。这种电解质常为聚合物、玻璃、陶瓷及其复合物。

但是，与杂化金属-空气电池的情况一样，电解质材料低导电性和缓慢传递动力学是这两类电池系统应用的制约因素。

## 5.3 电催化剂

金属-空气电池的阴极反应通常涉及氧还原和/或析氧的电化学过程。因此，阴极中的氧电催化剂对金属-空气电池的倍率性能、功率密度、循环稳定性和容量保持效率等方面影响很大。在过去的几十年里，燃料电池中 ORR 催化剂得到了广泛的研究。金属-空气电池与燃料电池与非常相似，因此，可以借鉴燃料电池中催化剂的经验，应用到金属-空气电池中。一般来说，大多数燃料电池的 ORR 催化剂都适用于金属-空气电池，但是弱的 OER 活性导致低的能量转换效率是阻碍可充电金属-空气电池实现的原因。近年来，对可充电锂-空气电池的电催化剂进行了大量的研究，进一步推动了金属-空气领域的发展。据报道，有多种材料能积极促进氧的还原和/或析氧反应，包括：①贵金属及其合金、贵金属或其合金氧化物；②过渡金属氧化物；③碳质氧化物；④金属-氮络合物；⑤导电聚合物。本节主要介绍了金属-空气电池中催化剂的结构设计、合成方法、催化机理和活性等方面的研究进展。

### 5.3.1 贵金属催化剂

贵金属［如铂（Pt）、金（Au）、钯（Pd）、钌（Ru）、银（Ag）等］被认为是最有效的电催化剂，在锂-氧电池中得到了广泛的应用。例如，Arava 等人制备了一种催化剂，将铂纳米团簇负载在氮掺杂的单壁碳纳米管（Pt/N-SWCNTs），该催化剂在 100 mA/g 和 500 mA/g 电流密度下具有分别为 7685 mAh/g 和 5907 mAh/g 高的放电容量，并具有良好的容量保留能力。在循环条件下，500 mA/g 时，库伦效率为 100%，容量稳定维持在 3000 mAh/g（相对于 100 mA/g）[23]。Wang 等人报道了用表面活性剂辅助法合成负载在炭黑衬底上的钌纳米晶阴极催化剂。制备的钌纳米晶在锂-氧电池中具有良好的阴极催化活性，可逆容量约为 9800 mAh/g，低的充放电过电位（约 0.37 V）和优异的循环性能，即高达 150 次循环后，容量为 1000 mAh/g）。电化学测试表明，与活性炭催化剂相比，钌纳米晶具有明显的降低电荷电位的作用。这也说明钌基纳米材料具有良好的电化学性能，可作为高性能锂-氧电池的有效阴极催化剂[24]。

尽管近几十年来人们对水系中氧电化学进行了广泛的研究，但对无水体系催化机理的研究相对较少。此外，实现可充电的金属-空气电池要求催化剂具有良好的 ORR 和 OER 活性。近年来，随着无水锂-空气电池研究领域的日益普及，贵金属由于在水系电解质中具有优异的活性也被首次作为阴极催化剂进行研究[25-28]。通过密度泛函理论（DFT）计算研究探讨了在锂的作用下，Au（111）和 Pt（111）ORR 的反应机理[25]。最早由 Shao-Horn 的小组研究使用的旋转圆盘电极（RDE）测量，计算出催化剂的活性。在含有锂离子的质子电解质体系中，Au 的 ORR 活性高于 Pt 的 ORR 活性[26]。另外，该课题组通过研究还得出 Au/C 具有最高的放电活性，而 Pt/C 具有极高的充电活性的结论[29]。结合两者优点，他们将 PtAu 纳米颗粒均匀分散在碳支撑材料上，制备了双功能催化剂，以应用于无水质子型锂-氧电池[27]。

随后，该小组进一步通过 RDE 测试方法，在更加稳定的 0.1 mol/L $LiClO_4$，2-二甲氧基乙烷电解液中，测量得到了多晶 Pd、Pt、Ru 的本征 ORR 动力学[28]。研究表明，当 $Li^+$存在时，各种材料表面的氧还原活性与它的氧吸附自由能有关，形成了一个火山图形状。这表明在 Pd 的表面能展现出最高的电势，并且其表面活性大小随着与基于纳米粒子催化剂的锂-氧电池的放电电压大小变化一致。

### 5.3.2 过渡金属氧化物和氮化物

过渡金属氧化物是目前最热门的氧催化剂。它们具有来源丰富、成本低、易制备和环境友好的特点。另外，由于其结构易调控，能够大量应用在锂离子电池和超级电容器领域。最近，它们才被应用于金属-空气电池中。过渡金属氧化物可分为多种类型，例如尖晶石型和钙钛矿型氧化物。目前，能作氧电催化剂的过渡金属氧化物和过渡金属氮化物占了一定的比例。因为燃料电池中的大多数此类物质，只要经过微调就能用于碱性电解液的金属-空气电池中。但是由于在不同电解液中，电池中的反应机理不同，因此，氧还原反应催化剂不能直接用于无水金属-空气电池中。本章节，我们将主要讨论过渡金属氧化物以及其它过渡金属催化剂，如氮化物、碳氮化物和氮氧化物。

#### 5.3.2.1 单金属氧化物

在金属-空气电池里，单金属氧化物，如锰的氧化物（$MnO_x$）和钴的氧化物（$CoO_x$），由于其优异的氧电化学催化活性和低成本，引起大家广泛研究。其中，锰的氧化物被广泛认为是取代贵金属的最有前途的双功能催化剂之一。锰具有多种可变价态，有 MnO、$Mn_2O_3$、$MnO_4$ 和 $MnO_2$ 等多种氧化物。每种氧化物具有不同的晶体结构。同时，它们还具有成本低、环境友好、化学稳定性高等优点。其独特的性质赋予了 $MnO_x$ 多种氧化还原电化学和材料化学性能，令其能作为金属-空气电池中非贵金属电催化剂。自 20 世纪 70 年代初首次报道 $MnO_x$ 用于 ORR 以来，许多研究人员致力于研究和优化其电化学行为，以制备高性能空气阴极[30]。人们具体研究了它们的化学组成、晶体结构、氧化态和形貌与其 ORR 和 OER 的催化活性之间的关系。例如，Cheng 等人报道了 $MnO_2$ 在碱性电解液中，氧还原反应的催化活性大小顺序如下：$\alpha$-$MnO_2$ > $\beta$-$MnO_2$ > $\gamma$-$MnO_2$[31]。其催化活性的差异是由不同构造的 $MnO_2$（[$MNO_6$] 八面体）的基本单元有关。由于不同的构型具有不同的孔道尺寸，从而影响晶格骨架中离子的插入和转移。$\alpha$-$MnO_2$ 为锰矿晶形结构，它是由 [$MnO_6$] 八面体结构组成的双链结构 [(2×2)(1×1)] 构成的，这种结构有利于吸附氧气和锂离子。另外，$\alpha$-$MnO_2$ 含有更多的缺陷和—OH 基团，有利于 $O_2$ 的表面吸附和 O—O 键的离解。研究还发现，峰电流随 $MnO_x$/Nafion 修饰金电极中的 $MnO_x$ 种类的不同而变化很大。在碱性溶液中，$MnO_x$ 的活性顺序为 MnOOH > $Mn_2O_3$ > $Mn_3O_4$ > $Mn_5O_8$[32]。

除了化学成分和晶体结构外，$MnO_x$ 的形貌结构对其氧电化学反应性能也有影响。因为形貌结构与材料的比表面积和催化位点有关。研究表明 $\alpha$-$MnO_2$ 纳米球和纳米线的催化活性要优于 $\alpha$-$MnO_2$ 微粒[31]。Benbow 等人比较了不同形貌的 $\alpha$-$MnO_2$ 催化剂在碱性和无水电解质中的催化活性[33]。在所有制备的催化剂中，采用无溶剂法制备的纳米棒型 $\alpha$-$MnO_2$，无论是在水介质还是无水介质中均表现出最高的 ORR 活性，这要得益于纳米棒型 $\alpha$-$MnO_2$ 的晶粒尺寸小、平均氧化态低、比表面积大、孔容大的特性。通常，纳米结构由于其尺寸小和比表面积大，其催化活性要比块状颗粒的大。随着尺寸的减小，表面/体积比增大，表面缺陷增多，反应活性位增强。较高的比表面积使反应物与电解质接触的活性中心更多。最初，Bruce 等人用 $\alpha$-$MnO_2$ 纳米线为阴极催化剂，应用的 Li-$O_2$ 电池容量为 3000 mAh/g，循环稳定表现得也很好[34]。由于 $\alpha$-$MnO_2$ 独特的晶型结构和多孔形貌的协同作用，相比其它类型的锰氧化物，$\alpha$-$MnO_2$ 的催化性能要更优异。此项工作后，大量关于 $MnO_x$ 在催化领域应用的报道相继出现。有研究人员用一步水热法合成了 $\gamma$-MnOOH 纳米线，作为锂-氧电池正极催化剂[35]。疏松的多孔结构提供了大量的空隙空间，有利于放电产物的储存、气体的流动和电解质的浸泡。依据 Bruce 等人研究的结论，研究者们采用各种方法，大大提高了锰氧化物的放电容量、循环稳定性和倍率性能。Bent 等人通过原子层沉积（ALD）法制备 $MnO_x$，并研究了 $MnO_x$ 的 ORR 和 OER 性能[36]。通过这种方法可以实现复杂纳米结构的 $MnO_x$ 生长，并允许在复杂衬底上共沉积生长催化剂薄膜。结果表明，ALD 合成的催化剂的催化活性与文献中最佳的 $MnO_x$ 催化剂活性相当。这表明了 ALD 是一种制备高活性和催化剂薄膜的可行方法。然而，与贵金属催化剂相比，特别是在过电位和催化四电子还原反应途径时，锰氧化物的活性较低。因此，研究人员通过阳离子掺杂、金属包覆和集成导电纳米结构等方法提高其催化性能[37]。

除锰氧化物外，钴氧化物（$Co_3O_4$）也是替代贵金属催化剂的又一重要且有发展前景的候选材料。$Co_3O_4$ 在碱性电解液中具有双功能催化性能并组分可调[38,39]。$Co_3O_4$ 是具有尖晶石晶体结构的 $Co^{2+}[Co_2^{3+}]O_4^{2-}$，其结构基于一种密实的面心立方-离子结构，其中 $Co^{2+}$ 离子占据八面体 A 位的八分之一，而 $Co^{3+}$ 离子占据八面体 B 位的一半[38]。由于 ORR 是一种涉及表面-结构的反应，催化活性在很大程度上与表面较高氧化状态下的阳离子有关，因此，暴露的 $Co^{3+}$ 位点在 ORR 中起了主要的作用。在此基础上，通过纳米调控 $Co_3O_4$ 的结构，增加了暴露的 $Co^{3+}$ 位点。与水体系相比，$Co_3O_4$ 在无水体系中的应用报道相对较少。

还有一些高性能的阴极催化剂被开发出来，特别是应用于无水质子锂-空气电池中。其它金属氧化物如 NiO、CuO、$Fe_xO_y$ 对氧电化学也具有本征活性。Bruce 等人用 $H_2O_2$ 分解反应，筛选了一些常用的氧电催化剂，如 $Fe_2O_3$、$Fe_3O_4$、NiO、CuO 和混合金属氧化物 $CoFe_2O_4$。结果表明，$Fe_2O_3$、NiO 和 $Li_{0.8}Sr_{0.2}MnO_4$ 在无水锂-空气电池种性能表现较差。另一方面，$Fe_3O_4$、CuO 和 $CoFe_2O_4$ 具有良好的容量保持性，$Co_3O_4$ 既有良好的放电容量也有优异的循环性能。

#### 5.3.2.2 混合金属氧化物

除了单金属氧化物外，尖晶石、钙钛矿和焦绿石结构的混合金属氧化物也被广泛地用作金属-空气电池的阴极催化剂。它们独特的电化学和物理特性也被应用于 FCs、LIBs 和 SCs 中。在催化应用中，由于复杂的化学成分和合成协同作用，电化学活性高。混合金属氧化物的不同成分受纳米粒子大小和晶形结构影响。此外，与单金属氧化物相比，在混合金属氧化物中引入多价阳离子可以获得理想的电催化剂的电化学行为，为金属-空气电池阴极氧反应提供给体-受体化学吸附中心。

（1）尖晶石型氧化物

尖晶石化合物可以描述为 $AB_2X_4$，其中 A 表示四面体位（如 Mn、Fe、Co、Ni）中的二价金属离子，B 表示八面体位（如 Al、Fe、Co、Mn）中的三价金属离子，X 表示硫族离子。尖晶石根据晶体结构的不同可分为正尖晶石、反尖晶石和无规晶石。在尖晶石结构中，A 和 B 位点阳离子可分别占据部分或全部四面体和八面体位置。由于组成的多样性，尖晶石表现出许多优异的性质，可以应用于许多方面，包括磁性、电子学和催化。在催化应用中，具有尖晶石结构的过渡金属混合价氧化物具有导电性或半导电性，可直接用作阴极材料。混合价阳离子的独特结构使电子在低活化能下也能够跃迁。目前关于各种尖晶石在碱性条件下表现出 ORR 和 OER 催化活性有很多。尖晶石作为一类重要的金属氧化物，具有活性高、成本低、制备简单和稳定性高等优点，在金属-空气电池中具有广阔的应用前景。Yang 等人报道了 $CoFe_2O_4$/石墨烯纳米复合材料在碱性溶液中是一种高效的双功能电催化剂，可用于氧还原反应和氧析出反应[40]。据报道，在相同的质量负载下，ORR 用 $CoFe_2O_4$/石墨烯电催化剂的 Tafel 斜率与商用 Pt/C 相当（Vulcan XC-72 上含有质量分数 20%的 Pt 负载，Johnson Matthey）。$CoFe_2O_4$/石墨烯上的氧还原反应主要倾向于直接的四电子反应途径。同时，$CoFe_2O_4$/石墨烯纳米复合材料对 OER 也具有较高的催化活性。$CoFe_2O_4$/石墨烯催化剂对 ORR 和 OER 均表现出良好的稳定性，优于商用 Pt/C。另外，由于 $CoFe_2O_4$ 纳米粒子与石墨烯之间存在强耦合作用，该复合材料具有较高的电催化活性和耐久性。也有报道表明，$NiCo_2O_4$（NCO）尖晶石纳米线阵列也能作为氧还原反应和氧析出反应的双功能催化剂[41]。采用旋转环盘电极（RRDE）技术研究了尖晶石纳米线阵列在 0.1 mol/L KOH 溶液中对 ORR 和 OER 的催化活性。RRDE 结果表明，NCO 尖晶石纳米线阵列催化剂对 ORR 具有良好的催化活性。在相同的测试条件下，它的 ORR 主要倾向于直接四电子途径，与 Pt/C［20%（质量分数）Pt 对碳］电催化剂的行为相似。线性扫描伏安图结果表明，NCO 尖晶石纳米线阵列催化剂对 OER 活性更高。计时电位测试和循环伏安测试结构还表明，NCO 尖晶石纳米线阵列催化剂对 ORR 和 OER 具有良好的稳定性和可逆性。各种尖晶石氧化物用在金属-空气电池领域处处可见。例如，Shanmugam 等人报道了分级纳米结构 $NiCo_2O_4$ 作为一种高效的双功能非贵金属催化剂在可充电锌-空气电池中的应用[42]。研究表明，多级纳米结构一维尖晶石 $NiCo_2O_4$ 材料在水系碱性电解液中对氧还原和析出反应具有显著的电催化活性。并且该材料比贵金属催化剂［Pt/C（1.16 V），Ru/C（1.01 V），Ir/C（0.92 V）］还要低的过电位（0.84 V），是一类具有发展前景的金属-空气电池极阴极催化剂。此外，以 NCo-A1 为双功能电催化剂的可充电锌-空气电池具有高的充放电活性和循环稳定性。

（2）钙钛矿型氧化物

钙钛矿也是一类重要的过渡金属氧化物电催化剂，其化学结构为 $AA'BB'O_3$。其中，A、A′代表稀土或碱土金属离子（如 La、Ca、Sr 等），B、B′代表过渡金属离子（如 Co、Mn、Fe 等）。由于它们在酸性和碱性介质中都具有优异的 ORR 催化性能，因此，钙钛矿氧化物受到广泛的关注。一般而言，A 取代位主要与吸附氧的能力有关，而 B 取代则与吸附氧的活性有关。在不改变其晶型结构的前提下，可以采用不同的取代元素形成一系列的钙钛矿氧化物。它们的催化活性受过渡金属阳离子不同价态影响。特别是在 ORR 和 OER 电位范围内，钙钛矿能形成氧化还原对的价态。

早在 20 世纪 80 年代，Bockris 和 Otagawa 首次提出钙钛矿氧化物具有 ORR 催化活性[43]。他们研究提出 ORR 活性与过渡金属阳离子的 d-电子数有关。到目前为止，虽然关于这种混合金属氧化物的物理和固态化学性质的研究有很多。但是，其 ORR 机制和材料性质与催化活性之间的关系理解还不够明确。为此，Shao-Horn 等人通过改变 A 位和 B 位元素，对 15 种钙钛矿的 ORR 机制进行研究[44]。通过 O K-edge X 射线吸收谱（XAS）分析，这 15 种钙钛矿的 ORR 活性与表面过渡金属阳离子的 σ*-抗键合（$e_g$）轨道褶皱程度有关。实验结论表明，B-O(B 位金属和氧)共价键的杂化程度越大，其 ORR 催化活性更好。同样验证了上述结论。然而，对于大多数二次金属-空气电池，OER 的缓慢动力学极大地限制了它们的效率。随后，Shao-Horn 进一步拓展了相关钙钛矿氧化物表面阳离子的 $E_g$ 占位和高 B 位氧共价与 OER 催化活性的关系的研究[45]。通过对比 10 种不同的过渡金属（$ABO_3$ 中的 B）$e_g$-对称电子的占有率，其 OER 表现的火山曲线相同（以 OER 电流 $25\mu A/cm^2_{ox}$ 处的过电位为准）。

还有一种钙钛矿氧化物类似物“双钙钛矿”。它可以用一般公式 $A_2BB'O_6$ 表示，其中 A 是碱原子（例如 Sr、Ba），B 和 B′是过渡金属原子。在这些过渡金属氧化物的理想结构中，$BO_6$ 和 $B'O_6$ 沿八面体方向有序交替排列。由于钙钛矿作为电催化剂的性能都是由其内在性质决定的，因此，通过改变不同的 B 和 B′阳离子能够得到不同的催化剂。

（3）焦绿石型氧化物

焦绿石型氧化物在水系电解质中具有优异的 ORR 和 OER 电催化活性。它们可以用化学式 $A_2B_2X_6O'_{1-\delta}$ 来描述，其中 A 代表 Pb 或 Bi，B 代表 Ru 或 Ir。焦绿石的晶体结构可以看作是两个交织子结构的复合，其中，角落共享的金属-氧八面体（$BO_6$）产生笼状的 $B_2O_6$ 框架，该框架为电子提供传递途径，具有金属氧化物的特性。同时，A 元素与特殊氧原子（O′）作用，生成 A-O′-A 链接，形成角共享的 $O'A_4$ 四面体。焦绿石在化学计量和结构上具有很强的多变性。有些焦绿石具有金属氧化物的特性，如 $Pb_2Ru_2O_{6.5}$ 单晶的电导率在 300 K 时可高达 $2\approx5\times10^3$ S/cm。此外，B 位中的一部分贵金属可以被 A 位阳离子取代，生成更多种类的焦绿石 $A_2[B_{2-x}A_x]O_{7-\delta}$，其中，$x$ 范围从 0 到 1。虽然部分取代会导致电子电导率下降，但这些改性氧化物在强碱中作为 ORR 和 OER 的双功能催化剂表现出优异的性能。当 B 为 Ru 或 Ir 时，焦绿石金属氧化物作为 OER 催化剂应用在强碱性电解液中的锌-空气[46]。它们的高催化性能被认为源于 B 阳离子的可变价和氧空位。它们的催化活性也很大，得益于其有效输运电子的反应中心和高比表面积的协同效应。焦绿石金属氧化物在水系电解质中的ORR和OER反应过程机理基本相似。需要注意的是，对于实现具有良好循环性能的二次金属-空气电池，OER的高催化性能至关重要，以便在充电过程中，阳极过电位能够较低。此外，低电荷过电位可以避免碳腐蚀和减少电解质氧化。在金属-空气电池上的许多成功的例子证明，电催化剂的高比表面积和丰富表面缺陷对金属-空气电池的发展具有重要的意义。

#### 5.3.2.3 金属氮化物和碳化物

由于金属原子和氮原子之间电负性的显著差异，氮化物中存在电荷转移，从而形成催化活性中心。此外，过渡金属氮化物在酸性/碱性条件下具有良好的稳定性，并且具有较高的电化学电位，从而使其具有 ORR 电催化性能。例如，有人研究了具有 ORR 特性的多种氮化物，如 TiN、CuN、MoN 和 $Co_3N$ 等[47-49]。以 MPG-$C_3N_4$/CB（炭黑）复合材料为模板，制备了分散在炭黑（CB）上的纳米 TiN。TiN 与 CB 的良好接触使复合材料成为一种有效 ORR 阴极催化剂[47]。此外，该合成方法可用于制备各种负载型纳米氮化物催化剂。用镁热还原普通滤纸制备的 TiN 纳米管具有较低的电荷转移电阻和优良的电化学性能[48]。Chen 等人首次报道了利用简单的均相法制备了粒径可调的立方 $Cu_3N$ 纳米晶[49]。因为催化剂的催化活性部分取决于尺寸大小和形貌，该类过渡金属化合物具有尺寸和形貌可调性，这赋予了该类金属氧化物可用作非贵金属 ORR 电催化剂。

与其它过渡金属氧化物催化剂相比，金属氮化物和碳化物在金属-空气电池中的应用报道相对较少。然而，已经取得了很大的进展[50,51]。Bruce 等人利用其良好的稳定性和催化活性，成功地利用 TiC 基阴极，制备了无水 Li-$O_2$ 电池[50]。以往的研究表明，碳可以催化电解液在充放电过程中的分解。与碳基阴极相比，TiC 的应用大大减少了与之相关的电解质/阴极界面的副反应。在另一项研究中，Kwak 等人制备了分散在碳纳米管上的碳酸钼纳米粒子（$Mo_2C$），该物质的电子效率大大提升至 88%并且循环寿命超过 100 个循环周期[52]。Zhou 等人制备了具有大比表面积（746.6 $m^2/g$）的有序介孔 TiC（OMTC）复合材料，并将其用作 Li-$O_2$ 电池的催化剂。有序介孔结构有利于电解质的浸入，促进了 $Li^+$的扩散。TiC 颗粒均匀分布在碳骨架中，以增强 OER 活性，同时相互之间的接触保证了电子高效转移。采用 OMTC 电极的锂-氧电池比纯 SP 电极具有更高的放电平台（约 60 mV）和更低的充电平台（约 200 mV）[51]。

目前，以过渡金属氮化物为基础的金属-空气电池均表现出相对较低的容量，主要原因是催化剂的催化活性有限。然而，高稳定性和导电性表明它们作为催化剂载体有潜在的应用前景，需要进一步优化，以充分发挥这种材料的潜力。

### 5.3.3 碳酸酯材料

贵金属的有限资源和高成本是阻碍贵金属电池大规模发展的主要因素。通过提高贵金属催化剂的催化性能来降低贵金属催化剂的负载量是一种可行的解决方案。然而，开发非贵金属电催化剂是解决贵金属稀缺性和高成本障碍的最终目标。碳质材料作为地球上最丰富的资源之一，由于其良好的催化活性、高导电性、高催化性能、比表面积大、稳定性好、重量轻和成本低等优点，在电催化领域受到了广泛的关注。它们主要被作为无金属氧催化剂或催化剂载体。碳材料可以以各种形式存在，具有不同的物理、电和化学特性。碳原子可被 $sp^2$ 或 $sp^3$ 杂化，分别形成石墨或金刚石结构。$sp^3$ 杂化碳，是与四面体键合的碳材料，电导率低、致密，不利于催化应用。$sp^2$ 杂化碳材料，如石墨、石墨烯和碳纳米管，具有很高的导电性，适合于电极的应用。近几十年来，碳质材料在水系电解液中的氧催化活性得到了很好的研究。对无水金属-空气电池的研究也显示了它们的潜在应用。一般来说，碳基氧催化剂可分为纳米结构碳、掺杂碳和金属/金属氧化碳杂化材料。

#### 5.3.3.1 纳米结构碳

原始纳米碳材料常在无水锂-空气电池中作为催化剂的载体和 ORR 催化剂。但它们在水系电解液中的 ORR 和 OER 的催化性能，完全不能与在无水电解质的催化活性抗衡。碳材料具有优良的导电性能、良好的 ORR 活性、易于加工、低成本等优点，被广泛应用于锂-氧电池的阴极中。目前，各种碳素材料，如 Super P、Ketjen black（KB）（通常为 EC600JD 和 EC300JD）、VulcanXC-72、CNT、石墨烯等已被用作锂-氧电池的阴极材料。在传统的方法中，这些碳质粉末与黏结剂混合制备成阴极。常用的碳材料需要将其制备成多孔结构，该结构能促进快速 $O_2$ 扩散。然而，尽管在多孔结构特别是微孔通道有利于氧气的快速流通和为反应提供了纳米通道。但这些多孔碳颗粒由于黏结剂紧密接触，容易造成堆积，导致低的氧传输率和较小的 $Li_2O_2$ 堆积的空间，碳颗粒利用率低，进而使锂-氧电池容量低和倍率性能差。因此，以集成的方式建造多孔阴极受到大家的关注。Wang 等人报道了在锂-氧电池中制备石墨烯氧化物凝胶、自支撑、分级多孔碳阴极的结构[53]。在此研究中，由泡沫镍中的石墨烯氧化物（GO）凝胶制备的自支撑、分级多孔碳（FHPC），不需要任何额外的黏结剂，其合成方法简单有效。该阴极的 $Li-O_2$ 电池在电流密度为 0.2 $mA/cm^2$ 时，容量可达 11060 mAh/g；在电流密度为 2 $mA/cm^2$ 时，其高容量仍为 2020 mAh/g，这是当时报道的最佳表现。该优异的性能归因于碳的疏松和分级多孔的结构以及高电子电导率的泡沫镍的协同作用。

#### 5.3.3.2 掺杂碳

原始碳材料在水系电解质中催化活性有限。在碳材料中，掺杂原子（如N、B、S和P）是一种提高催化活性有效的方法。掺杂能够有效增加石墨碳网络中边缘面中心的结构缺陷量，从而诱导了产生 ORR 的活性中心。掺杂碳可通过氮气热处理、水热法、化学气相沉积（CVD）等方法来实现。氮已被证明是一种非常有效提高 ORR 活性的功能成分或掺杂剂。氮可以石墨、吡啶和吡咯的形式存在于石墨网络中。除氮外，B、P、S 等其它元素也能提高碳材料的活性。掺杂元素的电负性大于氮（N）或小于（P，B），能显著提高碳材料 ORR 活性。

受掺杂工艺在 ORR 催化活性方面取得重大进展的启发，共掺杂技术最近发展起来，以进一步提高 ORR 的催化活性[54-56]。共掺杂碳材料，与相应的单原子掺杂材料，具有更高的活性，这可以用协同共掺杂效应来解释。掺杂不同原子在碳骨架中的分布是一个值得探讨的问题。例如，当 B 和 N 共存在 $sp^2$ 碳中时，由于 B 和 N 位置的不同，生成的材料电子结构不同，从而产生不同的 ORR 活性[55]。

掺杂碳材料除了在水系碱性电解质中具有优异的 ORR 性能，在无水电解质体系中也具有催化活性，但对其反应机理研究尚不全面[57,58]。

#### 5.3.3.3 金属氧化物-碳杂化材料

如上所述，纯碳材料在水系电解质中的活性相对较低，而贵金属催化剂在水电解质和无水电解质中都表现出良好的活性。这两种材料的组合在降低贵金属的负载方面是有效的，并且在金属-空气电池中表现出显著的性能。例如，Pt 纳米粒子负载在定向多壁碳纳米管（CNTs），应用在无水锂-空气电池的空气阴极[59]。Pt-CNT 纤维排列良好的孔结构，不仅便利了 Li 离子和氧的接触，而且提供了良好的电极/电解质界面。用该杂化物制备的 $Li\text{-}O_2$ 电池，相比基于原始 CNT 纤维电极制备的电池，表现出更优异的低过电位。此外，在高电流密度下（2 A/g），电池循环寿命高于 100 次，进一步突出了 Pt-CNTs 复合材料的催化优点。

通过将过渡金属氧化物负载在纳米碳上面，作为电催化剂，也能够避免过渡金属氧化物电传导率低的问题。纳米碳载体提升了复合物的导电性，赋予金属氧化物-碳复合材料良好的 ORR 和 OER 催化活性。除了提高电催化剂的活性外，纳米碳载体的结构和性能还能影响金属-空气电池的整个性能。对于空气电极，碳材料不仅是催化剂的载体和传导途径，也有助于三相边界和结构的稳定，为 ORR 提供反应中心。

### 5.3.4 金属–氮化合物

还有一种 ORR 非贵金属催化剂是以碳为载体的过渡金属基材料氮材料

（M-N$_x$/C，M 代表 Fe、Co、Ni、Cu、Mn 等，通常 $x$=2 或 4）。自 1964 年首次报道 M-N$_4$ 大环螯合物钴酞菁（Co-Pc）具有 ORR 催化活性以来[60]，M-N$_x$/C 材料作为燃料电池中催化剂里取代贵金属催化剂的候选材料。到目前为止，已经开发了一系列 M-N$_x$/C 材料，其中，特别是过渡金属卟啉及其类似物引起了特别的关注[61]。这些材料的 ORR 活性与金属离子中心和所含配体直接相关。金属离子的电荷转移中心 $\pi^*$轨道被认为导致 O—O 键键能减低，因此有利于 ORR 反应[61]。过渡金属离子中心，主要以含 Fe 和 Co 的金属氮化物表现出最优的 ORR 催化性能。此外，通过简单的合成方法能够精确调控大环和配体结构，从而进一步控制 ORR 性能[62]。

### 5.3.5 导电聚合物

导电聚合物（CPs），如聚苯胺（PANI）、聚吡咯（PPy）、聚噻吩（PTh）、聚(3-甲基)噻吩（PMeT）和聚(3,4-乙二氧噻吩)，是金属-空气电池中取代贵金属的阴极电催化剂。CPs 通常表现出金属和聚合物的混合性质，由于其低成本、高导电性和独特的氧化还原性能而受到一定的关注。CPs 作为电极催化剂的研究已处于起步阶段，但由于其电导率低、效率低等缺点，进一步阻碍了其研究。近年来，随着化学聚合的发展，如气相聚合（VPP），人们实现了 CPs 的高导电性、高稳定性和形貌的可控[63,64]。CPs 作为空气阴极催化剂或支撑材料的研究可以分为三种方法：①直接利用 CPs 作为阴极催化剂[64]；②将过渡金属配合物纳入 CP 矩阵[65]；③用作制备热解 M-N$_x$/C 催化剂的前驱体[66]。后两种方法目前还没有应用于金属-空气电池的制备，但已成功地应用于燃料电池中，且具有良好的催化活性和稳定的性能。燃料电池与金属-空气电池的相似之处表明了制备阴极催化剂的新方法。目前，CPs 在金属-空气电池中的应用报道相对较少。但这些研究表明，CPs 可作为可逆空气阴极的催化剂和载体，为开发高性能金属-空气电池开辟了新的途径。

## 5.4 隔膜

虽然目前对金属-空气电池中隔膜的研究较少，但它们对电池性能有重要的影响。在电池中，隔膜起到了隔离阴、阳两极，防止电路短路的作用。它要求具有不导电、高的离子传导性、良好的机械性能和尺寸稳定性、对电解质耐化学腐蚀、易于组装等性能；在电池运行过程中，不易与被还原的氧气成分发生反应；在高电位循环过程中，限制氧气的流动，防止阳极发生反应[67,68]。此外，隔膜还应该是高度多孔的并具有良好的润湿性，可以维持电解质并抑制阳极枝晶的形成。目前，大多数金属-空气电池隔膜是基于聚乙烯、聚丙烯、聚乙烯醇、聚环氧乙烷的微孔聚烯烃膜。例如，Dewi 等人研究了一种聚硫-1［聚(甲基磺酰-1,4-亚苯基硫代-1,4-亚苯基三氟甲磺酸酯)］,作为新型 Zn-空气电池的隔膜。该膜具有高选择性，可有效阻止阳离子由阳极到阴极的渗透引起的自放电，其应用性能是目前商业化聚丙烯隔膜的放电容量的六倍[69]。

# 5.5 阳极

金属-空气电池目前使用金属箔（例如，Li、Na、Zn、Mg、Al 等）作为金属阳极。金属阳极在放电时被氧化以释放电子，形成金属阳离子（$M^+$）；在充电时被还原。在所有金属阳极中，金属锂具有高达 3860 mAh/g 的超高比容量和−3.04 V 的低负电位（与标准氢电极为参考）。

对于锂-空气电池，Li 阳极面临两个主要问题，即随着循环次数的增加，锂枝晶的形成和固体电解质界面（SEI）的连续生长。前者可能导致内部短路，引起严重的安全问题；SEI 的增长会消耗 Li 阳极和电解质，引起低库伦效率并最终导致不可逆的阳极失效[70]。其中一个解决方案是在金属锂阳极上面，涂敷一层固态锂导电保护层，例如 LiPON、LATP 和 LAGP[71-74]。使用保护层可能有效地保护锂阳极，特别是在水系电解质以及有湿度的无水电解质情况下，免受腐蚀。但是，应该注意的是这些导电离子保护层不利于电池的极化。而且，这些保护层弱的机械性能和不稳定的化学性质导致电池在运行过程中结构和性能的不稳定。锂-空气电池中锂枝晶的形成，会导致潜在的安全隐患。通过隔膜改性[75]、在电解液中添加一些低浓度的阳离子[76]以及使用锂化硅碳阳极取代金属锂阳极[77]能够抑制锂枝晶的形成，提高电池安全性能。

其它金属-空气电池（如锌-空气、铝-空气和镁-空气电池），由于使用碱性电解液，因此，金属阳极容易腐蚀，从而导致自放电。为降低金属阳极的腐蚀速率，已经提出了各种方法，例如增加金属阳极的纯度，用其它金属的合金涂覆阳极表面，在电解质中添加添加剂，或使用中性电解液[78-81]。同时，通过调整形态以增加表面积可以有效地提高阳极性能。

在金属-空气电池技术的当前发展阶段，大家对性能提高的考虑为首位，有关金属-空气电池阳极的研究相对较少。金属阳极最大的问题是，随着循环次数的增加，金属阳极被腐蚀、不可逆以及枝晶形成。为实现金属-空气电池更好的电化学和安全性能，需要进一步研究解决上述这些问题。

## 5.6 动力学和界面

金属-空气电池中的反应动力学与其电化学性能有关，具体表现在电池的倍率性能、能量密度、循环寿命、过电位等。例如，ORR 和 OER 的反应动力学与氧的溶解和扩散、电解质黏度、电解质和金属阳离子在整个空气阴极多孔结构中的传输、电催化剂的催化活性、放电产物的形态和电荷传输等有关系[82-85]。如 Read 等人研究所述，电解质的黏度、氧气溶解度和扩散性能等对放电性能有很大的影响[3,10,11,85,86]。此外，电解质应具有良好的润湿性以保证与空气阴极的有效的接触，同时不会在多孔结构过度溢出以保证氧气在三相界面处发生还原反应。同时，空气阴极结构应精心设计，以促进氧气和电解质的快速输送。此外，已被证明在阴极纳米结构中添加电催化剂能够有效促进 ORR 和 OER 反应。对于无水 Li-空气电池和 Na-空气电池而言，阴极结构的设计还要考虑到固态的放电产物的堆积以及维持连续放电过程。另外，有效控制固态放电产物，能对电池中电化学动力学的影响起到重要作用，这进一步影响放电容量、倍率性能、可逆性等。例如，若 $Li_2O_2$ 为层状结构、结晶性差和类金属的结构特性时，它在低电流密度作用下会更易被分解，进而降低能量损失[87,88]。这要得益于这种结构能够加速 ORR 动力学和优先催化沉积 $Li_2O_2$。另外，具有催化活性位点的 $Li_2O_2$ 与高导电性的阴极形成良好的界面特性，从而增强 OER 的反应动力学。加上 $Li_2O_2$ 的类金属特性有利于电荷的传输。另外，越低的电荷过电位，有利于抑制电解质和碳阴极的降解，从而保证电池更稳定和更长的循环使用寿命。相反，当使用的 $Li_2O_2$ 是常见的环形球状结构，那么由于粒径大，与阴极表面的接触面积小，则会导致过高电荷过电位和较差的可逆性。另外，通过引入可溶性氧化还原介质为电解质和 $Li_2O_2$ 界面的电子传输提供桥梁，有效催化 $Li_2O_2$ 的分解[89-91]。总之，提高金属-空气电池电化学性能很大程度上取决于动力学和界面的改性。这需要建立高催化活性的阴极结构，更利于氧气溶解和电解液的扩散，以及在电化学过程中能够降低界面的能垒。

## 5.7 展望

金属-空气电池比其它电池（如锂离子电池、铅酸电池和镍氢电池）具有发展前景。半开式结构可以有效地减少电池重量，从而得到更大的比能量密度。锂-空气电池在所有的金属-空气电池中具有最高的理论比容量，并且比燃料电池更易组装、成本更低。若充分利用高比能量的金属-空气电池，则其有望应用于下一代高性能和环境友好的大规模储能系统、移动能源和航空航天工业的电源领域。

随着全球化石能源危机，纳米科技和相应的表征研究技术的快速发展，金属-空气电池，特别是锂-空气电池，已经越来越受到大家的关注。迄今为止，一些高能量密度、低成本和环境友好的金属-空气电池得到商业化应用。例如，铝-空气电池已应用于动力海洋导航信标；锌-空气电池广泛用于助听器及某些铁路信号灯。更有甚者，探索它们在电动汽车中取代锂离子电池。

尽管金属-空气电池具有良好的性能并且有一些成功的实际应用例子，但是在某些方面性能仍然较差，阻碍其大规模的应用。例如，目前，商用金属-空气电池是一次性的或机械可再充电的，而商用锂离子电池充电次数至少平均 1000 次。半开放结构可以有效地简化配置并降低电池重量和成本，但是这种设计还可能存在严重的振动或挤压条件下造成的电解质泄漏问题。虽然封闭式设计可以有效地解决这个问题，但需要额外的供气系统，使电池配置复杂化，从而失去了优于锂离子电池的优势。另外，对废弃电池的回收成本高，对于金属-空气电池也是一个问题。此外，空气中的 $CO_2$ 和 $H_2O$ 会干扰金属-空气电池中所需的电化学过程，然而现有的电流膜技术无法保证 $O_2$ 的快速渗透且能阻挡那些不必要的气体。因此，关于金属-空气电池方面仍有很大的研究空间。

首先，在金属-空气电池规模化生产之前，还需要解决一些基本的问题。针对水系金属-空气电池（诸如 Zn-空气、Al-空气和 Mg-空气电池）存在着可再充电性差，动力学迟缓和阳极降解的问题。目前已研发出多种 ORR 和 OER 电催化剂以提高电池的可再充电性和动力学，通过提高阳极的纯度来改善它们的耐腐蚀性。然而，水系金属-空气燃料电池的概念虽然已经提出了相当长的时间，但是它的实际应用远不及锂离子电池的商业化广泛。对于无水金属-空气电池尤其是锂-空气电池而言，目前还许多问题没有研究清楚。例如在无水状态下的 ORR、OER 的催化原理和反应机理；电解液的不稳定性和碳阴极造成的循环性能差；如何设计空气阴极，以充分利用多孔纳米结构，以提高比容量等。

因此，关于金属-空气电池最重要的难点和研究领域应该是弄清电池在循环过程中的氧电化学反应机理。这样才能从根本上解决阴极多孔结构的设计、催化剂的特性的设计、电解液的设计和隔膜的功能化等问题，以得到循环稳定性优良、能量密度高、成本低和环境友好的金属-空气电池。

## 参考文献


[1] Littauer E L, Tsai K C. Journal of the Electrochemical Society, 1976, 123: 771-776.

[2] Abraham K M, Jiang Z. Journal of the Electrochemical Society, 1996, 143: 1-5.

[3] Read J. Journal of the Electrochemical Society, 2002, 149: A1190-A1195.

[4] Ogasawara T, Débart A, Holzapfel M, et al. Journal of the American Chemical Society, 2006, 128: 1390-1393.

[5] Li L, Chang Z W, Zhang X B. Advanced Sustainable Systems, 2017, 1: 1700036.

[6] Ruvinskiy P S, Bonnefont A, Pham Huu C, et al. Langmuir, 2011, 27: 9018-9027.

[7] Schneider A, Colmenares L, Seidel Y E, et al. Physical Chemistry Chemical Physics, 2008, 10: 1931-1943.

[8] Ito A, Zhao L W, Okada S, et al. Journal of Power Sources, 2011, 196: 8154-8159.

[9] Jing Ling M, Jiu Ba W, Hong Xi Z, et al. Journal of Power Sources, 2015, 293: 592-598.

[10] Read J, Mutolo K, Ervin M, et al. Journal of the Electrochemical Society, 2003, 150: A1351-A1356.

[11] Zhang S S, Foster D, Read J. Journal of Power Sources, 2010, 195: 1235-1240.

[12] Laoire C O, Mukerjee S, Abraham K M, et al. the Journal of Physical Chemistry C, 2009, 113: 20127-20134.

[13] Allen C J, Hwang J, Kautz R, et al. the Journal of Physical Chemistry C, 2012, 116: 20755-20764.

[14] Lu Y C, Gasteiger H A, Shao-Horn Y. Electrochemical and Solid-State Letters, 2011, 14: A70-A74.

[15] Peng Z, Freunberger S A, Hardwick L J, et al. Angewandte Chemie International Edition, 2011, 50: 6351-6355.

[16] Hummelshøj J S, Blomqvist J, Datta S, et al. The Journal of Chemical Physics, 2010, 132: 071101.

[17] Guo X X, Zhao N. Advanced Energy Materials, 2013, 3: 1413-1416.

[18] Zhu J Z, Wang F, Wang B Z, et al. Journal of the American Chemical Society, 2015, 137: 13572-13579.

[19] Lim H K, Lim H D, Park K Y, et al. Journal of The American Chemical Society, 2013, 135: 9733-9742.

[20] Aetukuri N B, McCloskey B D, García J M, et al. Nature Chemistry, 2015, 7: 50.

[21] Lu J, Lee Y J, Luo X Y, et al. Nature, 2016, 529: 377.

[22] Park J B, Hassoun J, Jung H G, et al. Nano Letters, 2013, 13: 2971-2975.

[23] Chitturi V R, Ara M, Fawaz W, et al. ACS Catalysis, 2016, 6: 7088-7097.

[24] Sun B, Munroe P, Wang G. Scientific Reports, 2013, 3: 2247.

[25] Xu Y, Shelton W A. The Journal of Chemical Physics, 2010, 133: 024703.

[26] Lu Y C, Gasteiger H A, Crumlin E, et al. Journal of the Electrochemical Society, 2010, 157: A1016-A1025.

[27] Lu Y C, Xu Z C, Gasteiger H A, et al. Journal of the American Chemical Society, 2010, 132: 12170-12171.

[28] Lu Y C, Gasteiger H A, Shao Horn Y. Journal of the American Chemical Society, 2011, 133: 19048-19051.

[29] Lu Y C, Gasteiger H A, Parent M C, et al. Electrochemical and Solid-State Letters, 2010, 13: A69-A72.

[30] Żółtowski P, Dražić D, Vorkapić L. Journal of Applied Electrochemistry, 1973, 3: 271-283.

[31] Hu X F, Cheng F Y, Zhang N, et al. Small, 2015, 11: 5545-5550.

[32] Wang H Q, Chen J, Hu S J, et al. RSC Advances, 2015, 5: 72495-72499.

[33] Benbow E M, Kelly S P, Zhao L, et al. Journal of Physical Chemistry C, 2011, 115: 22009-22017.

[34] Débart A, Paterson A J, Bao J, et al. Angewandte Chemie International Edition, 2008, 47: 4521-4524.

[35] Hu X F, Cheng F Y, Han X P, et al. Small, 2015, 11: 809-813.

[36] Picbrahn K L, Park S W, Gorlin Y, et al. Advanced Energy Materials, 2012, 2: 1269-1277.

[37] Jung H G, Jeong Y S, Park J B, et al. ACS Nano, 2013, 7: 3532-3539.
[38] Švegl F, Orel B, Grabec Švegl I, et al. Electrochimica Acta, 2000, 45: 4359-4371.
[39] Yang Y B, Yin W, Wu S T, et al. ACS Nano, 2015, 10: 1240-1248.
[40] Bian W Y, Yang Z R, Strasser P, et al. Journal of Power Sources, 2014, 250: 196-203.
[41] Jin C, Lu F L, Cao X C, et al. Journal of Materials Chemistry A, 2013, 1: 12170-12177.
[42] Prabu M, Ketpang K, Shanmugam S. Nanoscale, 2014, 6: 3173-3181.
[43] Bockris J O M, Otagawa T. Journal of The Electrochemical Society, 1984, 131: 290-302.
[44] Suntivich J, Gasteiger H A, Yabuuchi N, et al. Nature Chemistry, 2011, 3: 546.
[45] Suntivich J, May K J, Gasteiger H A, et al. Science, 2011, 334: 1383-1385.
[46] Zhang L, Zhang S, Zhang K, et al. Chemical Communications, 2013, 49: 3540-3542.
[47] Nikolova V, Iliev P, Petrov K, et al. Journal of Power Sources, 2008, 185: 727-733.
[48] Ponce J, Rehspringer J L, Poillerat G, et al. Electrochimica Acta, 2001, 46: 3373-3380.
[49] Wu H, Chen W. Joural of the American Chemical Society, 2011, 133: 15236-15239.
[50] Thotiyl M M O, Freunberger S A, Peng Z, et al. Nature Materials, 2013, 12: 1050.
[51] Qiu F L, He P, Jiang J, et al. Chemical Communications, 2016, 52: 2713-2716.
[52] Kwak W-J, Lau K C, Shin C-D, et al. ACS Nano, 2015, 9: 4129-4137.
[53] Wang Z L, Xu D, Xu J J, et al. Advanced Functional Materals 2012, 22: 3699-3705.
[54] Yang D-S, Bhattacharjya D, Inamdar S, et al. Journal of the American Chemical Society, 2012, 134: 16127-16130.
[55] Zhao Y, Yang L, Chen S, et al. Journal of the American Chemical Society, 2013, 135: 1201-1204.
[56] Ma X, Ning G, Qi C, et al. ACS Applied Materials & Interfaces, 2014, 6: 14415-14422.
[57] Kim J-H, Kannan A G, Woo H-S, et al. Journal of Materials Chemistry A, 2015, 3: 18456-18465.
[58] Shu C, Lin Y, Su D. Journal of Materials Chemistry A, 2016, 4: 2128-2136.
[59] Lim H D, Song H, Gwon H, et al. Energy & Environmental Science, 2013, 6: 3570-3575.
[60] Jasinski R. Nature, 1964, 201: 1212.
[61] Su D S, Sun G Q. Angewandte Chemie International Edition, 2011, 50: 11570-11572.
[62] Li W M, Yu A P, Higgins D C, et al. Journal of the American Chemical Society, 2010, 132: 17056-17058.
[63] Winther Jensen B, West K. Macromolecules, 2004, 37: 4538-4543.
[64] Subramanian P, Clark N B, Spiccia L, et al. Synthetic Metals, 2008, 158: 704-711.
[65] Cui Y M, Wen Z Y, Liang X, et al. Energy & Environmental Science, 2012, 5: 7893-7897.
[66] Wang S Y, Yu D S, Dai L M, et al. ACS Nano, 2011, 5: 6202-6209.
[67] Gao X W, Chen Y H, Johnson L, et al. Nature Materials, 2016, 15: 882.
[68] Arora P, Zhang Z M. Chemical Reviews, 2004, 104: 4419-4462.
[69] Dewi E L, Oyaizu K, Nishide H, et al. Journal of Power Sources, 2003, 115: 149-152.
[70] Jang I C, Hidaka Y, Ishihara T. Journal of Power Sources, 2013, 244: 606-609.
[71] Gopalan A I, Santhosh P, Manesh K M, et al. Journal of Membrane Science, 2008, 325: 683-690.
[72] Puech L, Cantau C, Vinatier P, et al. Journal of Power Sources, 2012, 214: 330-336.
[73] Aleshin G Y, Semenenko D A, Belova A I, et al. Solid State Ionics, 2011, 184: 62-64.
[74] Visco S J, Nimon V Y, Petrov A, et al. Journal of Solid State Electrochemistry, 2014, 18: 1443-1456.
[75] Kang S J, Mori T, Suk J, et al. Journal of Materials Chemistry A, 2014, 2: 9970-9974.
[76] Ding F, Xu W, Graff G L, et al. Journal of the American Chemical Society, 2013, 135: 4450-4456.
[77] Hassoun J, Jung H G, Lee D J, et al. Nano Letters, 2012, 12: 5775-5779.

[78] Li Y G, Dai H J. Chemical Society Reviews, 2014, 43: 5257-5275.
[79] Smoljko I, Gudić S, Kuzmanić N, et al. Journal of Applied Electrochemistry, 2012, 42: 969-977.
[80] Liu Q C, Xu J J, Yuan S, et al. Advanced Materials, 2015, 27: 5241-5247.
[81] Lv Y Z, Liu M, Xu Y, et al. Journal of Power Sources, 2013, 225: 124-128.
[82] Xu J J, Xu D, Wang Z L, et al. Angewandte Chemie International Edition, 2013, 52: 3887-3890.
[83] Xu J J, Wang Z L, Xu D, et al. Energy & Environmental Science, 2014, 7: 2213-2219.
[84] Luo L L, Liu B, Song S D, et al. Nature Nanotechnology, 2017, 12: 535.
[85] Yang C Z, Wong R A, Hong M S, et al. Nano Letters, 2016, 16: 2969-2974.
[86] Read J. Journal of the Electrochemical Society, 2006, 153: A96-A100.
[87] Lu J, Lei Y, Lau K C, et al. Nature Communications, 2013, 4: 2383.
[88] Smedley S I, Zhang X G. Journal of Power Sources, 2007, 165: 897-904.
[89] Lim H D, Song H, Kim J, et al. Angewandte Chemie International Edition, 2014, 53: 3926-3931.
[90] Bergner B J, Schürmann A, Peppler K, et al. Journal of the American Chemical Society, 2014, 136: 15054-15064.
[91] Sun D, Shen Y, Zhang W, et al. Journal of the American Chemical Society, 2014, 136: 8941-8946.

# 缩 略 语 表

| 英文缩写 | 英文全称 | 中文全称 |
| --- | --- | --- |
| AFC | Alkaline fuel cell | 碱性燃料电池 |
| AIB | Aluminum-ion battery | 铝锂离子电池 |
| ALD | Atomic layer deposition | 原子层沉积技术 |
| BC | Butylene carbonate | 碳酸丁烯酯 |
| γBL | γ-Butyrolactone | γ-丁内酯 |
| BMITFSI | 1-Butyl-3-methylimidazolium bis[(trifluoromethyl)sulfonyl]imide | [1-丁基-3-甲基咪唑双(三氟甲基磺酰)亚胺] 离子液体 |
| CE | Coulombic efficiency | 库伦效率 |
| CNT | Carbon nanotubes | 碳纳米管 |
| COFs | Covalent organic frameworks | 共价有机框架 |
| CPs | Conductive polymers | 导电聚合物 |
| CV | Cyclic voltammetry | 循环伏安法 |
| CVD | Chemical vapor deposition | 化学气相沉积 |
| DBA | 1,4-Benzenediboronic acid | 1,4-苯二硼酸 |
| DEC | Diethyl carbonate | 碳酸二乙酯 |
| DFT | Density function theory | 密度泛函理论 |
| DMC | Dimethyl carbonate | 碳酸二甲酯 |
| DME | 1,1-Dimethoxyethane | 1,2-二甲氧基乙烷 |
| DMM | Dimethoxymethane | 二甲氧基甲烷 |
| DOL | 1,3-Dioxolane | 1,3-二氧戊环 |
| EA | Ethyl acetate | 乙酸乙酯 |
| EB | Ethyl butyrate | 丁酸乙酯 |
| EC | Ethylene carbonate | 碳酸乙烯酯 |
| EDL | Electrical double layer | 双电层 |
| EDLC | Electrical double layer capacitor | 双电层超级电容器 |
| EIS | Electrochemical impedance spectroscopy | 电化学交流阻抗谱 |
| EMC | Ethyl methyl carbonate | 碳酸甲乙酯 |
| [EMIm]Cl | 1-Ethyl-3-methylimidazolium chloride | 1-乙基-3-甲基咪唑氯盐 |
| FC | Faradaic | 法拉第赝电容 |
| FC | Fuel cell | 燃料电池 |
| FEC | Fluoroethylene carbonate | 氟代碳酸乙烯酯 |
| FTIR | Fourier transform infrared spectroscopy | 傅里叶变换红外光谱 |
| G | Graphene | 石墨烯 |

| 英文缩写 | 英文全称 | 中文全称 |
|---|---|---|
| GF | Graphene foam | 石墨烯泡沫 |
| GO | Graphene oxide | 氧化石墨烯 |
| GPE | Gel polymer electrolyte | 凝胶聚合物电解质 |
| GS | Graphene sponge | 石墨烯海绵 |
| HCNs | Hollow carbon nanosphere | 中空碳纳米球 |
| HER | Hydrogen evolution reaction | 析氢反应 |
| HITP | Hexaiminotriphenylene | 六氨基三苯 |
| HOMO | Highest occupied molecular orbital | 最高占据分子轨道 |
| HPC | Hierarchically porous carbon | 分级多孔碳 |
| HSAB | Hard soft acid base | 软硬酸碱 |
| IHP | Inner Helmholtz plane | 内部亥姆霍兹层 |
| IL | Ionic liquids | 离子液体 |
| LiBMFMB | Lithium bis(2-fuoromalonato)borate | 双(2-甲基-2-焦丙二酸)硼酸锂 |
| LE | Liquid electrolyte | 液态电解质 |
| LHCE | Localized high-concentration electrolyte | 局部高浓度电解液 |
| LIB | Lithium ion battery | 锂离子电池 |
| LLTO | Lanthanum titanate lithium | 钛酸镧锂 |
| LiMNT | Lithium montmorillonite | 锂蒙脱石 |
| LISICON | Lithium superionic conductor | 锂超离子导体 |
| LiTFSI | Lithium bis (trifluorosulfonyl) imide | 双(三氟甲磺酰基)酰亚胺锂 |
| LSV | Liner sweep voltammetry | 线性扫描伏安法 |
| LUMO | Lowest unoccupied molecular orbital | 最低未占分子轨道 |
| NCA | Lithium nickel cobalt aluminate | 镍钴铝酸锂 |
| NCM | Lithium nickel cobalt manganate | 镍钴锰酸锂 |
| NMR | Nuclear Magnetic Resonance Spectroscopy | 核磁共振波谱 |
| MA | Methyl acetate | 乙酸甲酯 |
| MB | Methyl butyrate | 丁酸甲酯 |
| MCFC | Molten carbonate fuel cell | 熔融碳酸盐燃料电池 |
| MF | Methyl formate | 甲酸甲酯 |
| MSC | Micro-supercapacitor | 微型超级电容器 |
| MOF | Metal organic frame material | 金属有机框架材料 |
| MP | Methyl propionate | 丙酸甲酯 |
| MXenes | Transition metal carbides /carbonitrides | 过渡金属碳化物/氮化物 |
| NASICON | Sodium super ionic conductor | 钠超离子导体 |
| NEDO | New energy and industrial technology development organization | 日本新能源与工业技术发展机构 |
| NMO | *N*-methyl-2-oxazolidinone | 3-甲基-2-噁唑烷酮 |
| OER | Oxygen evolution reaction | 析氧反应 |

| 英文缩写 | 英文全称 | 中文全称 |
|---|---|---|
| OHP | Outer Helmholtz plane | 外部亥姆霍兹层 |
| ORR | Oxygen reduction reaction | 氧还原反应 |
| PA | Polyamide | 聚酰胺 |
| PAA-P(HEA-co-DMA | poly(acrylic acid)-poly(2-hydroxyethyl acrylate-co-dopamine methacrylate) | 聚丙烯酸-聚(2-羟乙基丙烯酸-co-甲基丙烯酸多巴胺)共聚物 |
| PAFC | Phosphoric acid fuel cell | 磷酸燃料电池 |
| PAN | Polyacrylonitrile | 聚丙烯腈 |
| PANI | Polyaniline | 聚苯胺 |
| PBA | Prussian blue analogs | 普鲁士蓝衍生物 |
| PC | Propylene carbonate | 碳酸丙烯酯 |
| PDMS | Polydimethylsiloxane | 聚二甲基硅氧烷 |
| PDTT | Poly[(dimercapto-3,4-b:3',4'd)thiophene] | 聚[二蒽基-3,4-b: 3',4'd)噻吩] |
| PE | Polyethylene | 聚乙烯 |
| PEC | Poly(ethylene carbonate) | 聚碳酸乙烯酯 |
| PEDOT | Poly(3,4-ethylenedioxythiophene) | 聚(3,4-亚乙基二氧噻吩) |
| PEG | Polyethylene glycol | 聚乙二醇 |
| PEMFC | Proton exchange membrane fuel cell | 质子交换膜燃料电池 |
| PEN | Positive electrolyte negative plate | 正极电解质负极连接板 |
| PEO | Polyethylene oxide | 聚环氧乙烷，聚氧化乙烯 |
| PET | Polyethylene terephthalate | 聚对苯二甲酸乙二醇酯 |
| PFPT | Poly[3-(4-fluorophenyl)thiophene] | 聚[3-(4-氟苯基)噻吩] |
| PI | Polyimide | 聚酰亚胺 |
| PLI | Plasticizing Li-ion | 塑料锂离子电池 |
| PMA | Poly (*N*-methyl-malonic amide) | 聚 *N*-甲基丙酰胺 |
| PMMA | Polymethyl methacrylate | 聚甲基丙烯酸甲酯 |
| $PM_{2.5}$ | Fine particulate matter | 细颗粒物 |
| PMeT | Poly(3-methylthiophene) | 聚(3-甲基噻吩) |
| PP | Polypropylene | 聚丙烯 |
| PPV | Poly(*p*-phenylene vinylene) | 聚对亚苯基乙烯 |
| PPy | polypyrrole | 聚吡咯 |
| PVDF | Polyvinylidene fluoride | 聚偏氟乙烯 |
| PVDF-HFP | Polyvinylidene fluoride-hexafluoropropylene | 聚偏氟乙烯-六氟丙烯 |
| PVP | Polyvinyl pyrrolidone | 聚乙烯吡咯烷酮 |
| PTH | Polythiophene | 聚噻吩 |
| RDE | Rotating electrochemical disk electrode | 旋转电化学盘状电极 |
| RE | Reference electrode | 参比电极 |
| RF | Resorcinol-formaldehyde resin | 间苯二酚-甲醛树脂 |

| 英文缩写 | 英文全称 | 中文全称 |
| --- | --- | --- |
| rGO | Reduced graphene oxide | 还原氧化石墨烯 |
| SC | Supercapacitors | 超级电容器 |
| SCE | Saturated calomel electrode | 饱和甘汞电极 |
| SEI | Solid electrolyte interphase | 固体电解质界面膜 |
| SEM | Scanning electron microscope | 扫描电子显微镜 |
| SHE | Standard hydrogen electrode | 标准氢电极 |
| SOFC | Solid oxide fuel cell | 固体氧化物燃料电池 |
| SWCNTs | Single-walled carbon nanotubes | 单壁碳纳米管 |
| $TBA^+$ | Tetrabutylammonium | 四丁基铵 |
| $TEA^+$ | Tetraethylammonium | 四乙基铵 |
| TEM | Transmission electron microscope | 透射电子显微镜 |
| TEP | Triethyl phosphate | 磷酸三乙酯 |
| TIPS | Thermally induced phase separation | 热致相分离法 |
| UPy | Ureido-pyrimidinone | 2-脲基-4[H]啶酮 |
| VC | Vinylene carbonate | 碳酸亚乙烯酯 |
| γVL | *γ*-Valerolactone | *γ*-戊内酯 |
| VOC | The open-circuit voltage | 开路电压 |
| VPP | Vapor phase polymerization | 气相聚合 |
| WE | Working electrode | 工作电极 |
| XPS | X-ray photoelectron spectroscopy | X 射线光电子能谱 |
| XRD | X-ray diffraction | X 射线衍射 |
| YSZ | Yttria stabilized zirconia | $Y_2O_3$ 掺杂的 $ZrO_2$ |
| ZIB | Zinc ion battery | 锌离子电池 |